普通高等教育教材

无机及分析化学实验

第三版

龚银香　主编

化学工业出版社

·北京·

内容简介

《无机及分析化学实验》(第三版)是将无机化学实验、分析化学实验等内容有机结合编写而成。全书共分 7 章,包括化学实验基础知识和基本操作技术、物质的制备及基本性质实验、元素化学实验、定量分析实验、常数测定实验、综合及设计性实验、现代仪器分析实验。

全书实验项目共有 72 个。基础实验部分强调基本操作和基本技术的训练;仪器分析实验部分编入了目前实验室常用的各种分析仪器所涉及的实验;而综合及设计性实验部分编入的内容较全面,能够锻炼学生综合运用所学知识的能力并培养其逻辑思维能力。

本书可作为普通高等学校化学化工、材料、环境、生物和农业等专业类的实验教材,也可供其他相关专业人员参考。

图书在版编目（CIP）数据

无机及分析化学实验 / 龚银香主编 . -- 3 版 .

北京：化学工业出版社，2024.10. -- ISBN 978-7-122-46191-9

Ⅰ. O61-33；O65-33

中国国家版本馆 CIP 数据核字第 2024J382N1 号

责任编辑：周家羽　旷英姿　　　　装帧设计：王晓宇
责任校对：边　涛

出版发行：化学工业出版社
　　　　　（北京市东城区青年湖南街 13 号　邮政编码 100011）
印　　装：大厂聚鑫印刷有限责任公司
787mm×1092mm　1/16　印张 13¾　字数 327 千字
2024 年 10 月北京第 3 版第 1 次印刷

购书咨询：010-64518888　　　　售后服务：010-64518899
网　　址：http://www.cip.com.cn
凡购买本书，如有缺损质量问题，本社销售中心负责调换。

定　　价：42.00 元　　　　　　　版权所有　违者必究

编写人员名单

主　编　龚银香

副主编　谷惠文　刘华荣

参　编　童金强　易洪潮　周享春　孙代红　黄剑平

第三版前言

　　《无机及分析化学实验》自 2011 年由化学工业出版社出版以来，在长江大学和其他兄弟院校中被广泛使用，是一本实用性较强的高等教育实验教材。近些年来，随着实验教学改革的深入，实验教学内容随之发生变化。在此情况下，我们决定对教材再一次进行修订。

　　本次修订仍然保留原版教材的框架，并对第二版教材的内容再行审定。修改了部分实验项目的内容，增加了部分元素化学实验项目、定量分析实验项目、常数测定实验项目和综合及设计性实验项目。修订后的《无机及分析化学实验》（第三版）教材内容包括无机化学实验、分析化学实验等。

　　本教材的特点是立足基础训练，强调操作规范，兼顾先进仪器与方法，突出应用性和设计性，让学生在掌握实验基本知识和操作技能的基础上，着重培养和提高其分析问题、解决问题、拓展知识和开展研究的能力。

　　本书由龚银香担任主编，谷惠文、刘华荣担任副主编。教材内容共分 7 章。第 1 章由龚银香编写，第 2 章、第 5 章和附录由黄剑平编写，第 3 章由刘华荣和童金强编写，第 4 章由谷惠文和孙代红编写，第 6 章由刘华荣和周享春编写，第 7 章由易洪潮编写。

　　由于编者水平有限，不妥之处在所难免，敬请广大读者批评指正。

编者

2024 年 6 月

第一版前言

　　长江大学坚持开展教学研究和教学改革，尤其是实践教学环节，特别注重培养和提高学生的实践动手能力和创新能力。在多年基础化学实验教学改革的研究和实践中，我们构建了"化学基础实验层、综合提高实验层、研究创新实验层，以培养学生实践动手能力与创新意识为主线"的"三层一线"实验教学新体系。按照三层次实验教学要求，对各层次实验项目进行精心筛选和设置。在化学基础实验层，尽量减少验证性实验，加强对学生实验基本操作和技能的系统训练；在综合提高实验层，开设一些具有一定专业特色和针对性的学科交叉实验，以提高学生综合运用知识的能力；在研究创新实验层，主要依托自身学科建设和科研资源，注重科研成果向实验项目的转化，把教师的科研成果充实到实验教学中，着重培养学生的创新精神和创新能力。

　　在上述基础化学实验教学研究和实践的基础上，我们编写了本教材。

　　本书内容包括化学实验基础知识和基本操作技术、物质的制备与基本性质实验、元素化学实验、定量分析实验、常数测定实验、综合及设计性实验和现代仪器分析实验等部分。本书的特点是立足基础训练，兼顾先进仪器与方法，突出应用性和设计性，让学生在掌握实验基本知识和操作技能的基础上，着重培养和提高其分析问题、解决问题及拓展知识开展研究的能力。

　　本书由龚银香和童金强担任主编，周享春担任副主编。具体分工如下：第1、第3章由龚银香、童金强编写；第2、第5章及附录由黄剑平编写；第4章由孙代红编写；第6章由周享春、童金强编写；第7章由易洪潮编写。全书由龚银香统稿。

　　本书在编写过程中得到了长江大学有关领导的大力支持，在此向他们表示衷心的感谢！

　　限于编者水平，书中不妥之处在所难免，敬请读者批评指正。

编者

2011 年 5 月

目 录

第1章

Chapter 01

化学实验基础知识和基本操作技术

1.1 化学实验基础知识

1.1.1 化学实验的目的

化学是一门以实验为基础的学科，它的每一项重大发现都离不开实验。作为一门独立设置的课程，无机及分析化学实验的主要目的包括以下几个方面：

① 了解实验室工作的有关知识，如实验室试剂与仪器的管理，实验过程中可能发生的一般事故及其处理方法，实验室废液的处理方法等。

② 掌握重要化合物的制备、分离和分析方法，加深对基本原理和基本知识的理解，培养用实验方法获取新知识的能力。

③ 正确使用无机和分析化学实验中的各种常见仪器，熟练地掌握实验操作的基本技术，培养细致观察和及时记录实验现象以及归纳、处理数据、分析和表达结果的综合能力和一定的组织实验、科学研究和创新的能力。

④ 培养实事求是的科学态度，准确、细致、整洁等良好的科学习惯以及科学的思维方法，培养敬业、一丝不苟和团队合作的工作精神。

1.1.2 实验室规则

① 认真预习，明确实验目的和要求。实验前必须认真预习实验讲义，掌握实验的原理、方法和步骤；了解相关仪器的性能及操作方法；了解实验操作规程和安全注意事项。综合和设计性实验项目，需在实验教师指导下拟定正确实验方案。

② 严格遵守操作规程，科学进行实验。实验过程中要正确操作，仔细观察，积极思考，及时且真实地记录实验现象和数据，确保实验结果真实可靠。

③ 药品试剂应整齐摆放在一定的位置上；公用仪器和试剂用完后应立即放回原处；发现试剂或仪器有问题时应及时向指导教师报告，以便及时处理，保证实验顺利进行。使用大型或精密仪器时应记录使用情况，并由指导教师签字。

④ 实验时应按照教师的指导，在规定的课时内认真完成规定的实验内容，如打算做规

定内容以外的实验，须事先报告指导教师。

⑤ 遵守纪律，上课不迟到，保持实验室安静，禁止在实验室内聊天、打闹、吃东西、听音乐等。

⑥ 严格遵守实验室安全守则及易燃、易爆、具有腐蚀性及有毒药品的管理和使用规则。爱护公共财产，节约水、电和试剂。

⑦ 实验时要保持实验台面和地面清洁整齐。火柴梗、废纸、碎玻璃片及实验废液等应放在指定的地方或容器内，不准随处乱扔。

⑧ 实验结束后，根据原始记录，认真处理数据，对实验中的问题认真分析，写出实验报告，按时交给指导教师审阅。

⑨ 离开实验室前，将药品摆放整齐，仪器洗刷干净放回原位。值日生负责实验室清洁和安全，关好水、电及门窗。

1.1.3　实验室安全知识

进行化学实验，经常要使用水、电、煤气，各种仪器和易燃、易爆、具有腐蚀性以及有毒的药品等，因此，实验室安全极为重要。如不遵守安全规则而发生事故，不仅会导致实验失败，而且还会伤害人体健康，并给国家财产造成损失。所以，进入实验室前，学生必须了解实验室安全知识。

① 实验开始前应检查仪器是否完整无损，装置是否正确稳妥。了解实验室安全用具（如灭火器、喷淋室、洗眼器、急救箱、电闸等）放置的位置，熟悉使用各种安全用具的方法。

② 实验进行时，不得离开岗位，要经常注意反应情况是否正常，装置有无漏气、破裂等现象。

③ 做危险性较大的实验时，要根据情况采取必要的安全措施，如戴防护眼镜、面罩、橡胶手套等。

④ 使用易燃、易爆物品时要远离火源。不要用湿手、湿物接触电源。水、电、煤气用完立即关闭。点燃的火柴用后立即熄灭，不得乱扔。

⑤ 取用有毒药品如重铬酸钾、汞盐、砷化物、氰化物应特别小心。剩余的有毒废弃物不得倾入水槽，应倒入指定接受容器内，最后集中处理。剩余的有毒药品应交还教师。

⑥ 倾注试剂或加热液体时，不要俯视容器，以防溅出致伤。尤其是腐蚀性很强的浓酸、浓碱、强氧化剂等试剂，使用时切勿溅在衣服和皮肤上。稀释这些药品时（尤其是浓硫酸），应将它们慢慢倒入水中，而不能反向进行，以避免迸溅。加热试管时，切记不要使试管口对着自己或他人。

⑦ 绝不允许随意混合各种药品，以免发生意外事故。

⑧ 实验室内严禁饮食、吸烟或把餐具带入。实验完毕后必须洗净双手，方可离开实验室。

⑨ 实验室所有药品不得带出室外。

1.1.4　实验室事故的处理措施

（1）火灾　实验室中使用的许多药品是易燃的，着火是实验室最易发生的事故之一。一旦发生火灾，应保持沉着镇静。一方面应防止火势蔓延，如立即熄灭所有火源，关闭室内总电源，搬开易燃物品；另一方面应立即灭火。无论使用哪种灭火器材，都应从火的四周开始向中心扑灭，把灭火器的喷出口对准火焰的底部。

如果小器皿内着火（如烧杯或烧瓶），可盖上石棉网或瓷片等，使之隔绝空气而灭火，绝不能用嘴吹。

如果油类着火，要用沙或灭火器灭火。

如果电器着火，应切断电源，然后才能用二氧化碳或四氯化碳灭火器灭火。不能用泡沫灭火器，以免触电。

如果衣服着火，切勿奔跑而应立即在地上打滚，用防火毯包住起火部位，使之隔绝空气而熄灭。

总之，失火时，应根据起火的原因和火场周围的情况采取不同的方法扑灭火焰。

（2）中毒　化学药品大多数具有不同程度的毒性，主要通过皮肤接触或呼吸道吸入引起中毒。一旦发生中毒现象可视情况不同采取各种急救措施。

溅入口中而未咽下的毒物应立即吐出来，用大量水冲洗口腔；如果已咽下，应根据毒物的性质采取不同的解毒方法。

腐蚀性物质中毒，如强酸、强碱中毒都要先饮用大量的水。对于强酸中毒可服用氢氧化铝膏。不论酸碱中毒都需服牛奶，但不要吃呕吐剂。

刺激性及神经性中毒，要先服牛奶或蛋白质缓和，再服硫酸镁溶液催吐。

吸入有毒气体时，将中毒者搬到室外空气新鲜处，解开衣领纽扣。吸入少量氯气和溴气者，可用碳酸氢钠溶液漱口。

总之，实验室中若出现中毒症状时，应立即采取急救措施，严重者应及时送往医院。

（3）玻璃割伤　玻璃割伤也是常见事故。一旦被玻璃割伤，首先仔细检查伤口处有无玻璃碎片，若有先取出。如果伤口不大，可先用双氧水洗净伤口，涂上红汞，用纱布包扎好；若伤口较大，流血不止时，可在伤口上 10cm 处用带子扎紧，减缓流血，并立即送往医院就诊。

（4）灼伤、烫伤

① 酸灼伤。皮肤被酸灼伤应立即用大量水冲洗，再用饱和 Na_2CO_3 溶液或稀氨水溶液清洗，最后再用水冲洗。

衣服溅上酸后应先用水冲洗，再用稀氨水洗，最后用水冲洗净；地上有酸应先撒石灰粉，然后用水冲刷。

② 碱灼伤。皮肤被碱灼伤应用大量水冲洗，再用饱和硼酸溶液或 1% 醋酸溶液清洗，涂上油膏，包扎伤口。眼睛受伤应抹去眼外部的碱，用水冲洗，再用饱和硼酸溶液洗涤后，滴入蓖麻油。

衣服溅上碱液后先用水洗，然后用 10% 醋酸溶液洗涤，再用氨水中和多余的醋酸，最后用水洗净。

③ 溴灼伤。皮肤被溴灼伤应立即用水冲洗，也可用酒精洗涤或用 2% 硫代硫酸钠溶液洗至伤口呈白色，然后涂甘油加以按摩。如果眼睛被溴蒸气刺激后受伤，暂时不能睁开时，可以对着盛有卤仿或乙醇的瓶内注视片刻加以缓和。

④ 烫伤。皮肤接触高温（火焰、蒸气）会造成烫伤。轻伤者涂甘油、玉树油等，重伤

者涂烫伤油膏后速送医院治疗。

1.1.5　废物的处理与排放

化学实验中，常有废物（如废气、废渣、废液）的排放。废物中往往含有大量的有毒物质。为了保证实验人员的健康，防止环境污染，需处理后排放。

（1）汞蒸气或其他废气　为减少汞的蒸发，可在汞液面上覆盖化学液体，如甘油、5％的硫化钠溶液或水等。不慎溅落的少量汞，可以撒上多硫化钙、硫黄或漂白粉，干后扫除。产生大量有毒气体如 H_2S、HCN 和 SO_2 等的实验应在通风橱内进行，同时应采用适当的吸收装置进行吸收。

（2）废渣处理　碎玻璃及尖锐的废物不要丢入废纸篓中，应放入专用废物箱。实验室中少量有毒废渣应集中深埋于指定地点。有回收价值的废渣应回收利用。

（3）废液处理　不同的废液不能混装，应按不同性质分别倒入专门的废液缸，再集中处理。废液处理常采用燃烧法和深埋法。

含酸废液或含碱废液应用 $Ca(OH)_2$ 或 H_2SO_4 中和至 pH 为 6～8 后排放。

含汞、砷、锑和铋的废液可控制酸度在 $c(H^+)=0.3mol \cdot L^{-1}$，使其生成硫化物沉淀而除去。

少量含氰化物废液可用 NaOH 调节溶液至 pH＞10 时，加适量 $KMnO_4$ 将 CN^- 氧化。较大量的含氰化物废液可用次氯酸盐处理。

含铬废液一般可在调节溶液呈酸性后加入 $FeSO_4$，将 Cr(Ⅵ) 还原为 Cr(Ⅲ)，再加入 NaOH 调节溶液至 pH 为 6～8。加热至80℃左右，通入适量空气，使 Cr^{3+} 以 $Cr(OH)_3$ 的形式与 $Fe(OH)_3$ 一起沉淀除去。

1.1.6　化学实验的常用器具

化学实验常用仪器见表 1-1。

表 1-1　化学实验常用仪器

仪　器	规　格	用　途	注意事项
试管	以管口直径（mm）×管长（mm）表示,如 15×150、18×180、10×57	反应容器,便于操作和观察,试剂用量少	① 试管可以直接加热; ② 不能骤冷; ③ 加热时试管内液体不超过试管体积的 1/3; ④ 不需加热的反应液体一般不超过试管体积的 1/2
离心试管	以容积（mL）表示,如 5、10、15。有的有刻度,有的无刻度	用于少量沉淀的辨认、分离	
试管架	试管架有木质、塑料或铝质	用于盛放试管	

仪　器	规　格	用　途	注意事项
试管夹	用木料和钢丝制成	加热试管时用来夹持试管	防止烧损或锈蚀
毛刷	以大小和用途表示,如滴定管刷、试管刷等	洗刷玻璃仪器	防止刷顶的铁丝撞破玻璃仪器
烧杯	以容积(mL)表示	用作反应药品量较大的盛装仪器	加热时放在石棉网上,一般不直接加热
圆底烧瓶	以容积(mL)表示	反应物较多又须较长加热时间时,用作反应容器	加热时注意勿使温度变化过于剧烈。一般放在石棉网上或加热套内加热
锥形瓶	以容积(mL)表示	反应容器,振荡很方便,适用滴定操作	加热时注意勿使温度变化过于剧烈。一般放在石棉网上加热
碘量瓶	以容积(mL)表示,如 50、100、250	碘量法或其他生成易挥发性物质的定量分析	加热时放在石棉网上,一般不直接加热,直接加热时外部要擦干,不要有水珠,以防炸裂
长颈漏斗　短颈漏斗	分长颈、短颈,以口径(mm)表示,如 60、40、30 等	用于过滤	不能用火加热
保温漏斗	以口径(mm)表示,如 60、40、30 等。保温漏斗由普通玻璃漏斗和金属外套组成	用于热过滤	加水不超过其容积的 2/3

仪　器	规　格	用　途	注意事项
(梨形、球形)分液漏斗	以容积(mL)和漏斗的形状(球形、梨形)表示,如100mL球形分液漏斗	萃取时用于分离不相溶的液体	活塞要用橡皮筋系于漏斗颈上,避免滑出
布氏漏斗和吸滤瓶	① 布氏漏斗为瓷质,以容积(mL)或口径(mm)表示; ② 吸滤瓶以容积(mL)大小表示	两者配套用于分离沉淀与溶液。利用水泵或真空泵降低吸滤瓶中压力以加快过滤速度	滤纸要略小于漏斗内颈才能贴紧,先开水泵,后过滤。过滤完毕,先将泵与吸滤瓶的连接处断开,再关泵
量筒　量杯	以能度量的最大容积(mL)表示	用来度量一定体积的液体	不能加热
滴管	材料:尖嘴玻璃管和橡胶胶头	① 滴加少量试剂; ② 吸取沉淀的上层清液以分离沉淀	① 滴加试剂时要保持垂直,避免倾斜,尤忌倒立; ② 除吸取溶液外,管尖不可触及其他器物,以免沾污
吸量管　移液管	以所度量的最大容积(mL)表示。吸量管:10、5、2、1。移液管:50、25、20、10、5	用来准确吸取一定量的液体	不能加热

续表

仪　器	规　格	用　途	注意事项
容量瓶	以容积（mL）表示，如 1000、500、250、100、50、25	用于准确配制一定浓度的标准溶液或被测溶液	① 不能受热； ② 不能储存溶液； ③ 不能在其中溶解固体； ④ 塞子与瓶是配套的，不能互换； ⑤定容时溶液温度应与室温一致
试剂瓶（广口瓶、细口瓶）	分广口瓶和细口瓶，材质分玻璃或塑料，又分无色和有色，以容积（mL）表示，如 1000、500、250、125	广口瓶盛放固体试剂	① 盛碱性物质要用橡胶塞； ② 受光易分解的物质用棕色瓶； ③ 取用试剂时瓶塞要倒放在台面上
滴瓶	以容积（mL）表示，分无色和棕色	盛液体试剂用	① 受光易分解的试剂用棕色瓶盛放； ② 其他使用注意事项见滴管
称量瓶（扁形、高形）	以外径(mm)×高(mm)表示。有"扁形"和"高形"之分	用于准确称量时盛装固体物质	① 不能直接加热； ② 瓶与盖是配套的，不能互换
酸式滴定管　碱式滴定管	以量出容积(mL)表示。常量:25、50、100;微量:1、2、3、4、5、10。分碱式滴定管和酸式滴定管;颜色上有棕色和无色之分	用于溶液滴定操作。滴定管架用于夹持滴定管。滴定管架由滴定台与滴定管夹组成	① 碱式滴定管用于盛装碱液,但不能长久存放; ② 酸式滴定管用于盛装酸性溶液和氧化性溶液; ③ 受光易分解的滴定液要用棕色滴定管; ④ 活塞要原配,以防漏液
比色管	以容积(mL)表示,如 10、25、50、100 等。分具塞和不具塞	比色分析	不可直接加热,管塞必须原配,管壁必须清洁透明

仪　器	规　格	用　途	注意事项
干燥管		盛装干燥剂	干燥剂置球形部分,不宜过多,小管与球形交界处放棉花少许填充
抽气筒(水泵)	玻璃或铜制	上端接自来水龙头,侧端接吸滤瓶,可形成负压作减压抽滤	玻璃制品,易碎。抽滤结束后应先拨开侧管,再关水龙头
洗瓶	以容积(mL)表示,如 250、500 等。有玻璃、塑料之分	装蒸馏水,洗涤沉淀或容器	
表面皿	玻璃质,以直径（mm）表示,如 9、7、6	盖在蒸发皿上或烧杯上,以免液体溅出	不能直接加热
蒸发皿	瓷质,以容积(mL)表示,如 125、100、35	反应容器,用于蒸发液体	耐高温,能直接用火加热。高温时不能骤冷
干燥器	以直径(cm)表示	① 内放干燥剂,可保持样品干燥; ② 定量分析时将灼烧过的坩埚或烘干的称量瓶等置于其中冷却	① 灼烧过的物体放入干燥器时温度应接近室温; ② 干燥器内干燥剂要定期更换; ③ 磨口处要涂凡士林
点滴板	瓷质,分白色、黑色;有十二凹穴、九凹穴、六凹穴等	用于点滴反应,尤其是显色反应,和一般不需分离的沉淀反应	白色沉淀用黑色板;有色沉淀用白色板
研钵	有瓷、铁、玻璃、玛瑙等研钵;规格以口径(cm)表示	研磨固体物质用,按固体的性质、硬度和测定的要求选用不同的研钵	① 只能研磨,不能敲击(铁研钵除外); ② 不能用火直接加热; ③ 不能用作反应容器

续表

仪　器	规　格	用　途	注意事项
水浴锅	有铜、铝制品之分	用于间接加热,也用于控温实验	
石棉网	由铁丝编成,中间涂有石棉,有大小之分	石棉导热性差,能使加热的物体受热均匀,不致造成局部高温	
坩埚	以容积(mL)表示,如 30、25 等。 材质:有瓷、铁、银、镍、铂等之分	用以灼烧固体,耐高温	① 不同性质的样品选用不同材质的坩埚,比如铂坩埚不能用于碱性样品的处理; ② 放在泥三角上直接用火烧; ③ 取高温坩埚时,坩埚钳要预热; ④ 灼热的坩埚不能骤冷
坩埚钳		加热坩埚时夹取坩埚或坩埚盖	① 不要与化学药品接触,防止生锈; ② 放置时要头部朝上防止沾污
泥三角	由瓷管和铁丝组成	灼烧坩埚时用于支撑坩埚	
铁架台		用于固定或放置容器	

1.1.7　实验记录、数据处理及实验报告的基本要求

(1)实验记录　要做好实验,除了安全、规范操作外,还要做好实验工作的原始记录。实验过程中,应及时、真实、准确地记录实验现象和实验数据。

① 应准备专用的实验记录本,实验数据不可随意记录在小纸条上。

② 应注明实验日期和时间。

③ 实验过程中要仔细观察实验现象,并应及时记录实验现象。

④ 记录数据时要真实。如发现数据记错或算错而需要更改数据时，可将原来数据用一横线划去，并在其上方写出正确的数据。

⑤ 记录的数据应准确、有效。通常测量时，一般可估计到测量仪器最小刻度的十分位。在记录测定数据时，只应保留 1 位不确定数字，其余都应是准确的，通常称此时所记录的数字为有效数字。有效数字应体现出实验所用仪器和实验方法所能达到的精确度。任意超出或低于仪器精度的数字都是不恰当的。

（2）实验数据处理　实验中所得到的数据，尤其是测定实验，往往要经过几个不同的测量环节，经常会遇到大量数据的处理和运算。为了正确、直观地表达这些数据及其内在关系，需要将实验数据按有效数字的运算规则进行运算，用列表法和作图法来表示。

① 列表法。用列表法表示实验数据时，应注意以下几点：

a. 表格名称。每一表格均应有简明的名称。

b. 行名与量纲。每一行的第一列应写上该行变量的名称与量纲。

c. 有效数字。所记数字应注意其有效数字位数，各列的小数点对齐。

列表法的优点是简单，但不能表示出数字间连续变化的规律和实验数值范围内任意自变量与因变量的对应关系，故一般常与作图法混合应用。

② 作图法。作图法表示实验数据，能直接显示出自变量和因变量间的变化关系。从图上易于找出所需数据，还可用来求实验内插值、外推值、曲线某点的切线斜率、极值点、拐点及直线的斜率和截距等。为了准确，作图时要注意以下几点：

a. 坐标纸及比例尺的选择。最常用的坐标纸为直角坐标纸，对数坐标纸、半对数坐标纸和三角坐标纸也常用到。作图时以横坐标表示自变量，纵坐标表示因变量。横、纵坐标不一定由"0"开始，应视实验具体数值范围而定，比例尺的选择非常重要，需遵守以下几点：

ⅰ 坐标纸刻度要能表示出全部有效数字，使从图中得到的精密度与测量的精密度相当。

ⅱ 所选定的坐标标度应便于从图上读出任一点的坐标值，通常使用单位坐标格所代表的变量为 1、2、5 的倍数，不用 3、7、9 的倍数。

ⅲ 充分利用坐标纸的全部面积使全图分布均匀合理。

ⅳ 若作直线求斜率，则比例尺的选择应使直线倾角接近 45°，这样斜率测得误差最小。

ⅴ 若作曲线求特殊点，则比例尺的选择应使特殊点表现明显。

b. 画坐标轴。选定比例尺后，画上坐标轴，在轴旁说明该轴所代表的变量名称及单位。在纵坐标轴左边及横坐标轴的下面，每隔一定距离写下该处变量应有的值，以便作图及读数，但不应将实验值写在坐标轴旁或代表点旁。读数时，横坐标自左向右，纵坐标自下而上。

c. 作代表点。将相当于测量数值的各点绘于图上。在点的周围以圆圈、方块、三角、十字等不同符号在图上标出。点要有足够的大小，它可以粗略地表明测量误差范围。在一张图上，如有几组不同的测量值时，各组测量值的代表点应用不同的符号表示，以便区别，并在图上说明。

d. 连曲线。作出各点后用曲线尺作出尽可能接近于实验点的曲线。曲线应平滑均匀，细而清晰；曲线不必通过所有的点，但各点应在曲线两旁均匀分布，点和曲线间的距离表示测量误差。

e. 写图名。每个图应有简单的标题，横、纵坐标轴所代表的变量名称及单位，作图所依据的条件说明等。

（3）实验报告的内容　实验报告的内容包括实验目的、实验原理、仪器和药品、实验内容、数据记录与处理、结果与讨论等。下面介绍几种常见实验类型的报告格式，仅供参考。

【性质实验报告示例】

实验（　）_____

专业_____　班级_____　姓名_____　日期_____

一、实验目的

二、实验步骤

实验序号	实验内容	实验现象	反应方程式	结论解释
1				
2				

【制备实验报告示例】

实验（　）_____

专业_____　班级_____　姓名_____　日期_____

一、实验目的

二、实验原理

三、主要装置图

四、实验内容

五、产率计算

六、讨论（写出实验心得体会及意见和建议）

【定量分析实验报告示例】

实验（　）_____

专业_____　班级_____　姓名_____　日期_____

一、实验目的

二、实验原理

三、实验内容

四、数据记录与处理

五、讨论（分析误差产生的原因，实验中应注意的问题及某些改进措施）

1.2　化学实验基本操作技术

1.2.1　玻璃仪器的洗涤和干燥

（1）玻璃仪器的洗涤　仪器的洗涤是化学实验中最基本的一种操作。仪器洗涤是否符合要求，直接影响实验结果的准确性和可靠性，所以实验前必须将仪器洗涤干净。

玻璃仪器的洗涤方法很多，应根据实验要求、污物的性质和沾污的程度来选择合适的洗涤方法。

① 水洗。对水溶性污物，可以直接用水冲洗。冲洗不掉的污物可选用合适的毛刷刷洗。如果毛刷刷不到，可用碎纸捣成糊浆，放进容器，剧烈摇动，使污物脱落下来，再用水冲洗干净。

② 去污粉、洗衣粉或肥皂洗涤。这种方法可以洗去有机物和轻度油污。洗涤时需对仪器内外壁仔细擦洗，再用水冲洗干净，直到没有细小的去污粉颗粒为止。

③ 铬酸洗液洗涤。铬酸洗液由等体积的浓硫酸和饱和重铬酸钾溶液混合配制而成。铬酸洗液的强氧化性足以除去器壁上的有机物和油垢。前述洗法仍洗不净的仪器可用铬酸洗液清洗。

铬酸洗液洗涤仪器前，应尽可能倒尽仪器内残留的水分，再用洗液将仪器浸泡一段时间。对口小的仪器可先向仪器内注入约 1/5 体积的洗液，然后将仪器倾斜并慢慢转动仪器，让洗液充分浸润仪器内壁，然后将洗液倒出。如果仪器污染程度很重，采用热的洗液效果会更好。但加热洗液时，要防止洗液溅出。

洗液具有强腐蚀性，使用时千万不能用毛刷蘸取洗液刷洗仪器。如果不慎将洗液洒在衣物、皮肤或桌面上时，应立即用水冲洗。废的洗液应倒在废液缸里，不能倒入水槽，以免腐蚀下水道和污染环境。

洗液用后，应倒回原瓶。可反复多次使用。多次使用后，若铬酸洗液变成绿色，说明这时洗液已不具有强氧化性，不能再继续使用。

已洗净的玻璃仪器应该是清洁透明且内壁不挂水珠。在进行多次洗涤时，使用洗涤液应本着"少量多次"的原则，这样既可节约洗涤液，也能保证洗涤效果。用自来水洗净后，应根据实验要求，有时还需用蒸馏水、去离子水或试剂清洗。

(2) 玻璃仪器的干燥　有些实验要求仪器必须是干燥的，根据不同情况，可采用下列方法干燥仪器。

① 晾干。对于不急用的仪器，可将其倒插在格栅板上或实验室的干燥架上晾干。

② 吹干。将仪器倒空残留水分，再用电吹风直接将仪器吹干。若在吹风前用少量有机溶剂（如乙醇、丙酮等）淋洗一下，则干燥速度更快。

③ 烘干。将洗净的仪器倒空残留水分，放在电热干燥箱的隔板上，将温度控制在 105℃左右烘干。

一些常用的蒸发皿、试管等器具可直接用火烘干。火烤试管时，要用试管夹夹住试管，使试管口朝下倾斜在火上烘烤，以免水珠倒流炸裂试管。不断移动试管使其受热均匀，不见水珠后，关掉火源，将管口朝上让水蒸气挥发出去。

必须指出，在化学实验中，许多情况下并不需要将仪器干燥，如量器、容器等。使用前先用少量溶液润洗 2～3 次，洗去残留水滴即可。带有刻度的计量容器不能用加热法干燥，否则会影响仪器的精度。如需要干燥时，可采用晾干或冷风吹干的方法。

(3) 塞子的装配　有机化学实验室常用软木塞和胶塞。软木塞具有不易与有机化合物作用的特点，但易漏气或被酸碱腐蚀，所以在减压操作中不宜使用。胶塞虽不漏气，但易被有机物侵蚀和溶胀，高温易变形。究竟选用哪种塞子合适要视具体情况而定。

塞子的大小应与所塞仪器颈口相适应，塞子进入颈口的部分不能少于塞子本身高度的 1/3，也不能多于 2/3。有机化学实验往往需要在塞子内插入导管、温度计、滴液漏斗等，常需在塞子上钻孔。有靠手力钻孔的钻孔器（打孔器），也有把钻孔器固定在简单的机械上借机械力钻孔的钻孔器。

软木塞在钻孔前须在压塞机内碾压紧密，以免塞子在钻孔时裂开。在软木塞上钻孔，打孔器孔径应比要插入的物体口径略小一点。在橡胶塞上钻孔，打孔器的孔径要选用比欲插入的物体口径稍大一些。

钻孔时，将塞子放在一小块木板上，小的一端向上，钻孔器前端用水、肥皂水或甘油润湿，然后左手紧握塞子，右手将打孔器向下用力沿顺时针方向旋入。当钻至塞子 1/2 高度时，逆时针旋出打孔器，用细的金属棒捅掉打孔器内的碎屑，然后用塞子的大头对准原来的钻孔位置，按上述方法，垂直把孔钻通。

钻孔后要检查孔道是否合适，若不费力即能插入玻璃管等，说明孔道过大，不能使用；若孔道略小且不光滑，可以用圆锉修整。

将玻璃管或温度计插入塞中时，先用水或甘油润湿选好的一端，将手指捏住距离玻璃口较近的地方，均匀用力慢慢旋入孔内。另外，用力要适当，最好是用布包住玻璃管的手捏部位较为安全。

1.2.2　简单的玻璃工操作

在化学实验中，经常遇到对玻璃管进行加工的问题，如自己动手用玻璃管制作弯管、滴管、毛细管等。因此，熟悉简单玻璃工的操作，是必备的基本实验技术之一。

（1）玻璃管的截割　选择干净、粗细合适的玻璃管，平放在台面上，一手捏紧玻璃管，一手持锉刀，用锋利的边沿压在玻璃管截断处，如图 1-1（a）所示。从与玻璃管垂直的方向用力向内（或向外）划出一锉痕（只能按单一方向划入），然后用两手握住玻璃管，锉痕向外，两拇指压于痕口背面，轻轻用力推压，同时两手向外拉，玻璃管即在锉痕处断开，如图 1-1（b）所示。如果玻璃管较粗，用上述方法截断较困难，可利用玻璃管骤热、骤冷易裂的性质，采用下列方法进行：将一根末端拉细的玻璃管在灯焰上加热至白炽，使之成熔球，立即触及用水滴湿的粗玻璃管的锉痕处，锉痕处骤然受强热而断裂。为了使玻璃管截断面平滑，可用锉刀轻轻将其锉平，或将断口放在火焰氧化焰的边缘，不断转动玻璃管，烧到管口微红使其变得光滑即可，如图 1-1（c）所示。不可烧得太久，以免管口变形、缩小。

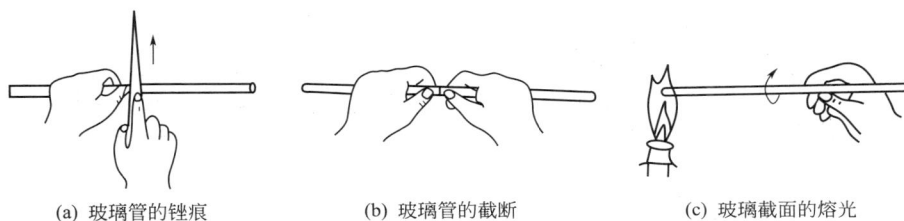

(a) 玻璃管的锉痕　　　　(b) 玻璃管的截断　　　　(c) 玻璃截面的熔光

图 1-1　玻璃管的截割和熔光

（2）玻璃管的弯曲　弯玻璃管时，先将玻璃管于较小火焰中左右移动预热，除去管中的水气，然后将欲弯曲的部位放在氧化焰中加热，并不断缓慢地移动玻璃管，使之受热均匀。为加宽玻璃管的受热面，可用鱼尾灯头，如图 1-2（a）所示，当玻璃管加热到适当软化但又不会自动变形时，迅速离开火焰，然后轻轻地顺势弯成所需角度，如图 1-2(b) 所示，若玻璃管要弯成较小的角度时，可分几次弯成。玻璃管的弯曲部位的厚度和粗细必须保持均匀。

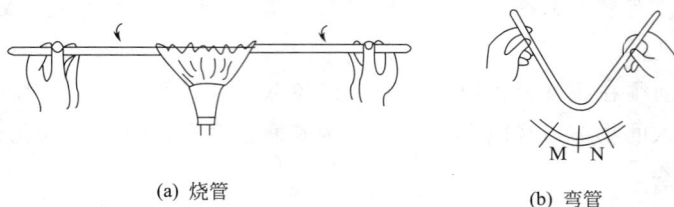

(a) 烧管

(b) 弯管

图 1-2　玻璃管弯曲

弯好的玻璃管可再次对弯管处进行加热修正，使弯管两侧处于同一平面中。若遇到弯管内侧凹陷时，可将凹进去的部位在火焰中烧软，用手或塞子封住弯管的一端，用嘴从另一端向管内吹气，直至凹进去的部位变得平滑为止（图 1-3）。

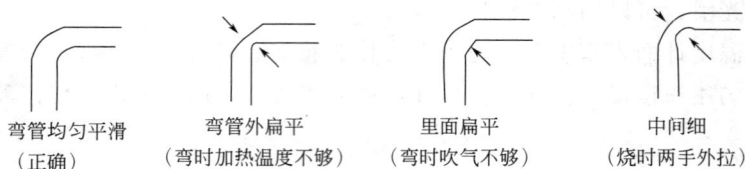

弯管均匀平滑　　弯管外扁平　　　　里面扁平　　　　中间细
（正确）　　（弯时加热温度不够）　（弯时吹气不够）　（烧时两手外拉）

图 1-3　弯管好坏的比较和分析

加工后的玻璃管应及时地进行退火处理，方法是将经高温熔烧的玻璃管，趁热用小火加热或烘烤片刻，然后慢慢地移出火焰，再放在石棉网上冷却至室温。不经退火的玻璃管质脆易碎。

（3）滴管的拉制　选取粗细、长度适当的干净玻璃管，两手持玻璃管的两端，将中间部位放入喷灯火焰中加热，并不断地朝一个方向慢慢转动，使之受热均匀，如图 1-4(a) 所示。为避免玻璃管熔化后，由于重力作用而造成的下垂，等玻璃管烧至发黄变软时，应立即离开火焰，两手以同样速度转动玻璃管，同时慢慢向两边拉伸，直到其粗、细程度符合要求时为止。拉出的细管应与原来的玻璃管在同一轴线上，不能歪斜，如图 1-4(b) 所示。待冷却后，从拉细部分中间切断，即得两根一头拉细的玻璃管。将拉细的尖嘴部分在小火中烧圆，再将粗的一端烧熔，在石棉网上垂直下压，使端头直径稍微变大，配上橡胶胶头，即得到滴管。

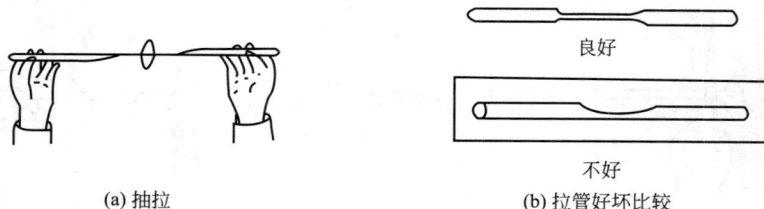

良好

不好

(a) 抽拉

(b) 拉管好坏比较

图 1-4　玻璃管的抽拉

（4）毛细管的拉制　取一直径约为 1cm、壁厚约为 1mm 的干净玻璃管，放在喷灯上加热，火焰由小到大，两手不断转动玻璃管，使玻璃管受热均匀。当玻璃管被烧到发黄软化时，立即离开火焰，两手以同样速度转动玻璃管，同时趁热拉伸，开始拉时稍慢，然后较快地拉长，直到拉成直径约为 1mm 的毛细管（图 1-5）。将拉好的毛细管截成 15cm 长 1 根，两端用小火封闭，以免灰尘和湿气的进入，使用时从中间截断，即可得到熔点管或沸点管的内管。若拉成直径为 4～5mm 的小玻璃管，截成 7～8cm 长 1 根，将一端用小火封闭。以此作为沸点管的外管。若拉成 0.1mm 左右的毛细管，可用于制作色谱点样管。

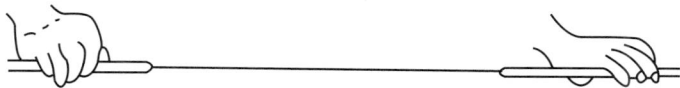

图 1-5　拉毛细管

1.2.3　化学试剂及其取用方法

化学试剂的规格是以其中所含杂质的量来划分的。根据国家标准（GB）及部颁标准，常见的化学试剂分为 4 个等级，其规格及适用范围见表 1-2。

表 1-2　化学试剂的规格及适用范围

等级	一级试剂 （保证试剂）	二级试剂 （分析试剂）	三级试剂 （化学纯试剂）	四级试剂 （实验试剂）
表示符号	G. R.	A. R.	C. P.	L. R.
标签颜色	绿	红	蓝	黄
应用范围	精密分析及科学研究	一般分析及科学研究	定性分析及化学制备	一般化学制备

除上述规格试剂外，还有基准试剂（用于定量分析中标定标准溶液的基准物质，纯度接近一级品）、光谱纯试剂（用于光谱分析中的标准物质）、色谱试剂（用于色谱分析中的标准物质）和生化试剂（用于各种生物化学实验）等。

使用何种规格的试剂应根据实验的目的、要求的不同来进行选择。对于普通化学实验来说，使用化学纯级的试剂已能达到要求，仅在个别实验中才要求使用分析纯试剂。

化学试剂应按照它的性质储存在适当的容器内。固体试剂应装在广口瓶内，液体试剂是在细口瓶内或滴瓶内盛放，见光易分解的试剂要在棕色瓶内存放，碱性试剂要用带橡胶塞的玻璃瓶或用塑料瓶存放。每个试剂瓶都要贴上标签，标明试剂的名称、规格和浓度。取用试剂时要看清标签。注意瓶塞的放置方法：瓶塞顶为扁平的，要将瓶塞倒放在台面上；瓶塞顶不是扁平的要用食指和中指夹住瓶塞，不得放在台面上。取用药品后，立即盖好瓶塞。取用试剂要注意节约，用多少取多少，过量的试剂不应放回原试剂瓶内，有回收价值的应放入回收瓶中。

（1）固体试剂的取用

① 取用固体试剂时一般用药匙。药匙材质有牛角、塑料和不锈钢等。药匙必须保持干燥干净，最好专匙专用。

② 取用固体试剂时，先将瓶盖取下，倒放在实验台上。试剂取用后，要立即盖上瓶盖，并将试剂瓶放回原处，标签向外。

③ 取用一定量固体试剂时，可将固体放在称量纸上（不能用滤纸，为什么？）或表面皿上，根据要求在台秤或电子天平上称量。具有腐蚀性或易潮解的固体药品不能放在称量纸上，应放在玻璃容器内进行称量。称量固体试剂时，要注意不能一下子称取太多，要逐渐

添加。

　　④ 固体颗粒较大时，应在研钵中研碎。研钵中所盛固体量不得超过研钵容积的 1/3。

　　⑤ 有毒药品要在教师指导下取用。

　　（2）液体试剂的取用

　　① 从细口瓶取用液体试剂。取下瓶盖倒放在实验台上，用左手拿住容器（如试管、量筒等），右手握住试剂瓶，掌心对着试剂瓶上的标签，倒出所需量的试液。倒完后，应该将试剂瓶口在容器上靠一下，再使瓶子竖直，以免液滴沿外壁流下，如图 1-6(a) 所示。

　　将液体从试剂瓶中倒入烧杯时，用右手握住试剂瓶，左手拿玻璃棒，使棒的下端斜靠在烧杯内壁上，将瓶口靠在玻璃棒上，使液体沿着玻璃棒往下流，如图 1-6(b) 所示。

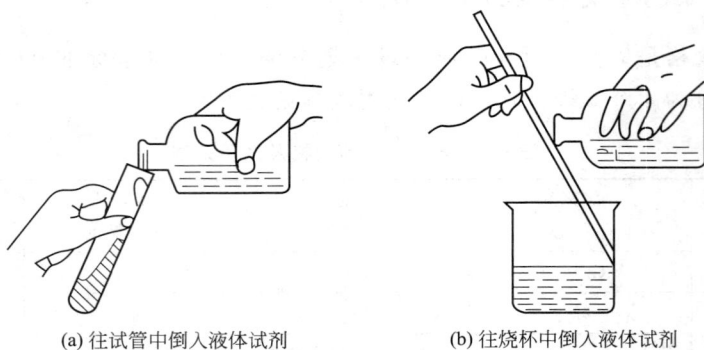

(a) 往试管中倒入液体试剂　　　　(b) 往烧杯中倒入液体试剂

图 1-6　从试剂瓶中取用液体

　　② 从滴瓶中取少量试剂。使用时提起滴管，用手指捏紧滴管上部的橡胶胶头，排去空气，再把滴管伸入试剂瓶中吸取试剂。往试管中滴加试剂时，只能把滴管尖头垂直放在管口上方滴加。严禁将滴管伸入试管内，滴完后将滴管随后放回原滴瓶。一只滴瓶上的滴管不能用来移取其他试剂瓶中的试剂，也不能用其他吸管伸入试剂瓶吸取试液，以免污染试剂。

　　③ 用量筒取用试剂。用量筒取用试剂时，可将试剂瓶上的标签方向握在手心里，将瓶口紧贴着量筒口边缘让试液流入量筒内。当量筒内溶液的弯月面底部与所需液量的刻度相切时，即得所需量的试液。如果取得过多，不得将已取出的试液倒回原瓶，而要倒入指定容器内。

1.2.4　加热与冷却

　　（1）常用加热器具

　　① 酒精灯。酒精灯是实验室中最常用的加热器具。酒精灯由灯罩、灯芯和灯体三部分组成，如图 1-7 所示。酒精灯的加热温度一般在 $400\sim500℃$，适用于温度不太高的实验。

　　酒精灯要用火柴点燃，决不能用燃着的酒精灯点燃（图 1-8），否则易引起火灾。熄灭灯焰时，用灯罩将火盖灭，决不允许用嘴吹灭。当灯中的酒精少于 1/4 时需添加酒精。添加时一定要先将灯熄灭，然后拿出灯芯，添加酒精。添加的量以不超过酒精灯容积的 2/3 为宜。长期不用的酒精灯，再次使用时，应先打开灯罩，用嘴吹去其中聚集的酒精蒸气，然后点燃，以免发生事故。

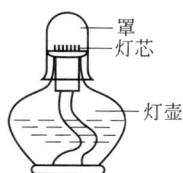

图 1-7　酒精灯的构造

图 1-8　酒精灯的使用

② 煤气灯。实验室中如果有煤气，在加热操作中常用煤气灯。煤气由导管输送到实验台上，用橡胶管将煤气龙头和煤气灯相连。煤气中含有毒性物质（但它燃烧后的产物却是无害的），所以应防止煤气泄漏。煤气中添加了具有特殊气味的气体，泄漏时极易闻出。

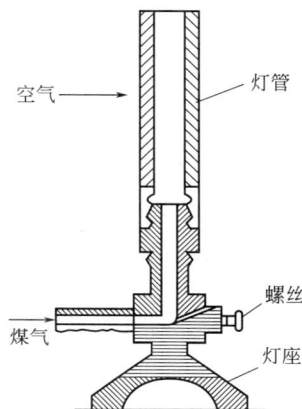

图 1-9　煤气灯的构造

煤气灯的构造见图 1-9。在灯管上，可以看见灯座的煤气出口和空气入口，转动灯管可完全关闭或不同程度地开放空气入口，以调节空气的进入量。灯座下有螺丝，当灯管空气入口完全关闭时，点燃进入煤气灯的煤气，此时的火焰呈黄色。煤气燃烧不完全时，火焰的温度并不高。若逐渐加大空气的进入量，煤气的燃烧就逐渐完全，这时火焰分为三层，如图 1-10 所示。内层为焰心，其温度最低，约为 300℃；中层为还原焰，这部分火焰具有还原性，温度较内层焰心高，火焰是淡蓝色；外层为氧化焰，这部分火焰具有氧化性，在煤气火焰中，最高温度处在还原焰顶端上部的氧化焰中（约 1600℃），火焰是淡紫色。实验时，一般用氧化焰来加热。

当空气或煤气的进入量调节不适当时，会产生不正常的凌空火焰和侵入火焰（图 1-11），这时应立即关闭煤气，稍后再重新点燃。

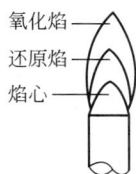

图 1-10　灯的火焰分布

正常火焰　　凌空火焰　　侵入火焰

图 1-11　不同火焰的对比

③ 酒精喷灯。在没有煤气的实验室中，常使用酒精喷灯进行加热。酒精喷灯主要有两种类型（见图 1-12）。酒精喷灯是金属制品。酒精喷灯的火焰温度通常可达 700～1000℃。使用前，先在预热盘上注满酒精，然后点燃盘内的酒精，以加热铜质灯管。待盘内酒精即将燃烧完时，开启开关，这时酒精在灼热的灯管内汽化，并与来自气孔的空气混合，用火柴在管口点燃，即可得到温度很高的火焰。调节开关螺丝，可以控制火焰大小。用毕，旋紧开关，熄灭灯焰，同时关好酒精储罐开关。

使用酒精喷灯时，应注意以下三点：

a. 在点燃酒精喷灯前，灯管必须充分灼烧，否则酒精在管内不会全部汽化，会有液态

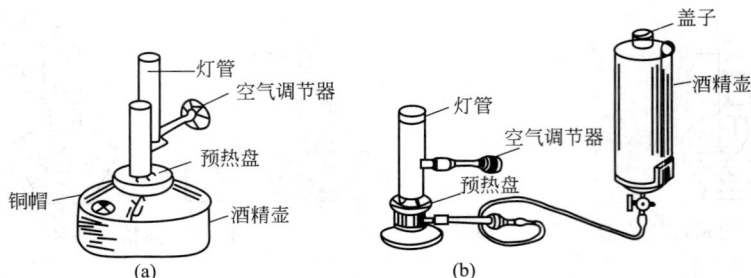

图 1-12　酒精喷灯的两种类型和构造

酒精从管口喷出，形成"火雨"，甚至引起火灾。这时应先关闭开关，并用湿抹布熄灭火焰，然后重新点燃。

　　b. 不用时，在关闭开关的同时必须关闭酒精储罐的活塞，以免酒精泄漏，造成危险。

　　c. 不得将储罐内酒精耗尽，当剩余 50mL 左右时应停止使用，添加酒精。

　　④ 加热仪器。电炉、电加热套（图 1-13）、管式炉、马弗炉和烘箱，这些仪器都能进行加热，其温度高低可以通过一定装置来控制。电炉和电加热套可通过外接变压器来调节加热温度。用电炉时，需在加热容器和电炉间垫一块石棉网，使加热均匀。箱式电炉一般用电炉丝做发热体，温度可以调节控制。温度测量一般用热电偶。

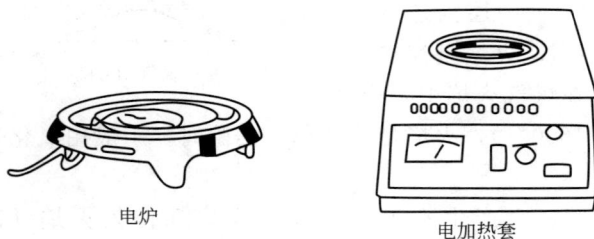

图 1-13　液体加热仪器

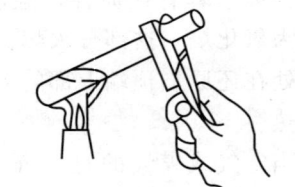

图 1-14　加热试管中的液体

（2）加热方法

　　① 液体的加热。液体采用什么方式加热，取决于液体的性质和盛放该液体的器皿，以及液体量的大小和所需的加热程度。一般在高温下不分解的液体，可用火直接加热；受热易分解以及需要比较严格控制加热温度的液体只能在热浴上加热。

　　a. 直接加热。适用于在较高温度下不分解的溶液或纯液体。一般把装有液体的器皿放在石棉网上，用酒精灯、煤气灯、电炉和电加热套等直接加热。试管中的液体一般应直接放在火焰上加热（图 1-14）。在火焰上加热试管中的液体时，注意以下几点：

　　ⅰ 应该用试管夹夹住试管的中上部，不能用手拿着试管加热。

　　ⅱ 试管应稍微倾斜，管口向上。

　　ⅲ 应先使试管各部分受热均匀，加热液体的中上部，再慢慢往下移动，然后不时地上下移动。不要集中加热某一部位，否则容易引起暴沸，使液体冲出管外。

　　ⅳ 不要把试管口对着别人或自己的脸部，以免发生意外。

　　ⅴ 试管中所盛液体不得超过试管高度的 1/3。

　　b. 热浴加热。常用的热浴有水浴、油浴、砂浴、空气浴等，可根据受热温度的不同来选择合适的热浴方式。

ⅰ 水浴。温度不超过 100℃可选用水浴。水浴常在水浴锅中进行，有时为了方便常用规格较大的烧杯代替。水浴锅在使用时，锅内存水量应保持在总容积的 2/3 左右，注意受热玻璃器皿不能触及锅壁或锅底。

ⅱ 油浴。油浴适用于 100～250℃的加热操作。常用的油有甘油（可加热到 140～150℃）、植物油（可加热到 220℃）、液体石蜡（可加热到 200℃）和硅油（可加热到 250℃）等。

ⅲ 砂浴。砂浴适用于 220℃以上的加热操作。砂浴的缺点是传热慢，温度上升慢，且不易控制。因此，所用砂层要薄些。特别注意的是，受热仪器不能触及浴盘底部。

ⅳ 空气浴。沸点在 80℃以上的液体原则上均可采用空气浴加热。最简单的空气浴可用下法制作：取空的铁罐一只（用过的罐头盒即可），罐口边缘剪光后，在罐的底层打数行小孔，另将圆形石棉片（直径略小于罐的内径）放入罐中，使其盖在小孔上，罐的四周用石棉布包裹。另取直径略大于罐口的石棉板一块，在其中挖一洞（直径略大于被加热容器的颈部直径），然后对切为二，加热时用以盖住罐口。使用时将此装置放在铁三脚架或铁架台的铁环上，用灯焰加热即可。注意受热器皿切勿触及罐底。

ⅴ 电热套加热。电热套不是明火加热，适用于较广温度范围的加热操作。电热套是由玻璃纤维包裹着电热丝织成的碗状半圆形加热器，有控温装置可调节温度。电热套可加热和蒸馏易燃有机物，也可加热沸点较高的化合物。

② 固体的加热。

a. 在试管中加热。加热少量固体时，可用试管直接加热。为避免凝结在试管口的水珠回流至灼热的管底，使试管炸裂，应将试管口稍向下倾斜，如图 1-15 所示。

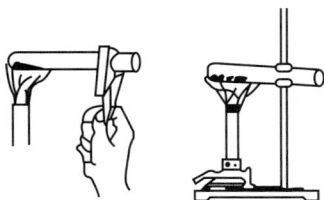

图 1-15 加热固体

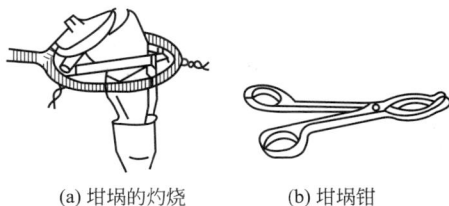

(a) 坩埚的灼烧   (b) 坩埚钳

图 1-16 坩埚的灼烧方法与夹具

b. 在蒸发皿中加热。加热较多固体时，可将固体放在蒸发皿中进行。加热时应充分搅拌，使固体受热均匀。

c. 在坩埚中灼烧。固体需要高温加热时，可将固体放在坩埚中灼烧。先用小火烘烤坩埚使其受热均匀，然后再加大火焰灼烧，如图 1-16(a) 所示。要取下高温的坩埚时，必须使用干净的坩埚钳。先在火焰旁预热一下钳的尖端，再去夹取。坩埚钳用后，尖端应向上放在桌上（如果温度高，应放在石棉网上），如图 1-16(b) 所示。

（3）制冷技术　在化学实验中有些反应和分离、提纯要求在低温下进行，通常根据不同要求，选用合适的制冷技术。

① 自然冷却。热的液体可在空气中放置一定的时间，任其自然冷却至室温。

② 吹风冷却和流水冷却。当实验需要快速冷却时，可将盛有溶液的器皿放在冷水流中冲淋或用鼓风机吹风冷却。

③ 冷冻剂冷却。要使溶液的温度低于室温时，可使用冷冻剂冷却。最简单的冷冻剂是冰盐溶液，100g 碎冰与 30g NaCl 混合，温度可降至 $-20℃$；10 份六水合氯化钙（$CaCl_2 \cdot 6H_2O$）结晶与 $7 \sim 8$ 份碎冰均匀混合，温度可降至 $-40 \sim -20℃$；更低温的冷冻剂是干冰（固体 CO_2），干冰与乙醇的混合物温度可降至 $-72℃$，与乙醚、丙酮或氯仿的混合物温度可降至 $-77℃$。

必须指出，温度低于 $-38℃$ 时，不能用水银温度计，应改用内装有机液体的低温温度计。

1.2.5 固液分离

常用的固液分离方法有倾析法、过滤法和离心分离法等。

（1）倾析法 该方法用于分离密度比较大或结晶颗粒较大的沉淀。静置后沉淀能快速沉降至容器底部，便于分离和洗涤。

倾析法的操作与转移溶液的操作是同步进行的。待沉淀沉降后，小心地将沉淀上层清液慢慢倾入另一容器中。倾倒时用一洁净的玻璃棒在容器上引流。如需洗涤沉淀时，只需向含沉淀的容器内加入少量洗涤液（如蒸馏水），将沉淀和洗涤液充分搅拌均匀，待沉淀沉降到容器的底部后，再用倾析法倾去溶液，如此反复操作 $2 \sim 3$ 次，即可将沉淀洗净。

（2）过滤法 过滤是实现固液分离最常用的方法之一。溶液和结晶（沉淀）的混合物通过过滤，结晶（沉淀）就留在过滤器（滤纸）上，溶液则通过过滤器而进入接收容器中。

溶液的黏度、温度、过滤时的压力、过滤器孔隙的大小及沉淀物的状态等，都会影响过滤的速度和分离效果。溶液的黏度越大，过滤越慢；热溶液比冷溶液容易过滤；减压过滤比常压过滤快；过滤器的孔隙要合适，孔隙太大会使沉淀透过，太小则易被沉淀堵塞，使过滤难以进行；沉淀呈胶状时，需加热破坏后方可过滤，以免沉淀透过滤纸。总之，要考虑各方面的因素来选用合适的过滤方法。

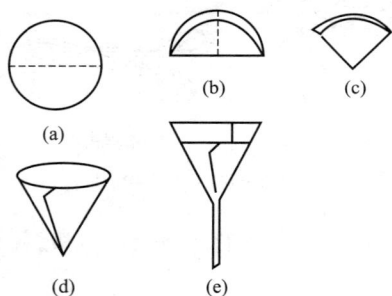

常用的方法有三种：常压过滤、减压过滤和热过滤。

① 常压过滤。

a. 滤纸的选择。滤纸 [见图 1-17（a）] 分定性滤纸和定量滤纸两种。重量分析中，如需将滤纸连同沉淀一起灼烧后称质量，就采用定量滤纸。滤纸还有快速和慢速之分。前者用于过滤胶体沉淀，后者用于细晶型沉淀。滤纸的大小应根据沉淀量多少来选择。沉淀最多不

图 1-17 滤纸的折叠和放置

得超过滤纸圆锥高度的 $1/2$。

b. 漏斗。重量分析用的漏斗为长颈的，颈的直径一般为 $3 \sim 5mm$，颈长为 $15 \sim 20cm$，颈口处磨成 $45°$ 角，锥体角度应为 $60°$。漏斗的大小应与滤纸的大小相适，折叠后的滤纸上缘低于漏斗上沿 $0.5 \sim 1cm$。

c. 滤纸的折叠和放置。准备好漏斗，取一张滤纸对折，使其圆边重合，如图 1-17（b）所示。第二次折叠，要根据漏斗的圆锥角大小，如正好是 $60°$，把滤纸折叠成 $90°$，在漏斗中展开，恰好与漏斗的内壁密合。如果漏斗的圆锥角不是 $60°$，就要改变第二次折叠的角度，以滤纸和漏斗紧密贴合为准。用手轻按滤纸，将第二次的折边压死，所得圆锥体的半边

为三层，另半边为一层。然后取出滤纸，将三层厚的外层撕下一角，如图 1-17(c) 所示，保存在干燥的表面皿中，以备擦沉淀用。展开滤纸成圆锥状，如图 1-17(d) 所示。

把折叠好的滤纸放入漏斗中，三层的一边应在漏斗颈出口短的一边［见图 1-17(e)］。用手按紧三层的一边，然后用洗瓶注入少量水润湿滤纸，轻压滤纸赶出气泡。再加水至滤纸边缘，让水全部流出。漏斗颈内应全部被水充满，形成"水柱"。若没形成水柱，可用手指堵住漏斗下口，掀起滤纸一边，用洗瓶向滤纸和漏斗的空隙处加水，使漏斗颈和锥体的大部分被水充满。最后，压紧滤纸边，放开堵出口的手指，即能形成"水柱"。

d. 过滤。过滤前，把有沉淀的烧杯倾斜静置，如图 1-18 所示。拿烧杯时勿搅起沉淀。进行过滤时，把有水柱的漏斗在漏斗架上放正，用一洁净的烧杯接收滤液，使漏斗颈出口长的一边紧贴烧杯壁，如图 1-19 所示。为避免滤液飞溅，漏斗架的高度以漏斗颈的出口处不接触滤液为准。

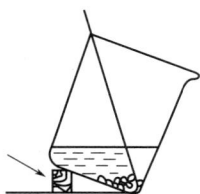

图 1-18　带有沉淀的烧杯倾斜静置

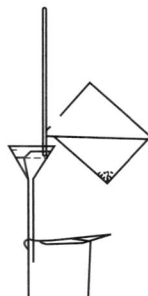

图 1-19　倾注法过滤

用倾注法进行过滤，滤纸的小孔不被沉淀颗粒堵塞，过滤速度较快。倾注法的操作是待沉淀静置后，将上层的清液分次倾倒在滤纸上，沉淀仍留在烧杯中。为避免溅失，倾注时沿着玻璃棒进行。玻璃棒下端靠近滤纸折成三层一边，沿着玻璃棒倾注清液。随着溶液的倾入，将玻璃棒渐渐提高，以免触及液面。待漏斗中液体表面离滤纸边缘约 5mm 处（如图 1-19 所示），此时停止倾注，避免清液中的少许沉淀超过滤纸上缘，使沉淀受到损失。沉淀上的清液全部倾入完毕，仔细观察滤液。如果滤液完全透明不含沉淀微粒，可把滤液弃去，否则要重新过滤。若滤液还需进行其他分析，则应保留。

e. 沉淀洗涤。沉淀洗涤是为了洗去沉淀表面吸附的杂质和包藏在其中的母液。洗涤沉淀时，要注意洗涤液的选择。溶解度很小，又不易形成胶体的沉淀，可用蒸馏水洗涤；溶解度较大的沉淀，需用极稀的沉淀剂（沉淀剂在灼烧或烘干时必须为易分解或易挥发的物质）洗涤；溶解度虽较小，但易分散成胶体的沉淀，要用易挥发的电解质稀溶液洗涤。洗涤时，向烧杯中的沉淀加入 20～30mL 蒸馏水（或洗液）洗涤沉淀。充分搅拌，放置澄清。沉淀沉降后，用倾注法过滤。每次尽量将上面清液倾出后再加新的洗涤液。重复洗涤几次。倾注法洗涤的次数视沉淀的类型而定，晶形沉淀洗 2～3 次，胶状沉淀洗 5～6 次后。烧杯中剩下极少量沉淀，可按图 1-20 所示方法转移。把烧杯倾斜并将玻璃棒架在烧杯口上，玻璃棒下端对着滤纸的三层处，用洗瓶冲洗烧杯内壁。将残余的沉淀转移到滤纸上，最后用折叠滤纸时撕下的一角擦净附着在烧杯壁上和玻璃棒上的沉淀，一并放入漏斗中。沉淀全部转移后，再用洗瓶自上而下螺旋式地淋洗滤纸上的沉淀（图 1-21），使沉淀集中到滤纸的底部，不致损失。洗涤时注意不要把洗液直接冲洗在沉淀上，应沿滤纸上端边缘逐渐下移，便于洗净全部沉淀和整个滤纸。

图 1-20　最后少量沉淀的转移　　　　　　图 1-21　洗涤漏斗中的沉淀

沉淀是否洗净，须作定性检查。用一支干净试管在漏斗颈下接取 1mL 滤液，加适当试剂，观察滤液中是否显示某种离子反应。如无反应，可认为洗净。否则还需继续洗涤，直至洗净为止。过滤和洗涤必须一次完成，不能中途放置或隔夜，否则沉淀干涸凝结后，就难以洗净。

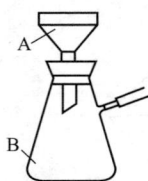

图 1-22　抽滤装置
A—布氏漏斗；
B—吸滤瓶

②减压过滤。减压过滤也称吸滤或抽滤，常用的仪器有布氏漏斗、滤瓶、水泵等，其装置如图 1-22 所示。水泵带走空气让吸滤瓶中压力低于大气压，从而提高过滤速度。在水泵和吸滤瓶之间往往安装安全瓶，以防止因关闭水阀或水流量突然变小时自来水倒吸入吸滤瓶。如果滤液有用，则会被污染。

停止抽滤或需用溶剂洗涤晶体时，先将吸滤瓶侧管上的橡胶管拔出，或将安全瓶的活塞打开与大气相通，再关闭水泵，以免水倒流入吸滤瓶内。

减压过滤漏斗的下端斜口应正对吸滤瓶的侧管。使用布氏漏斗时，滤纸要比漏斗内径略小，但必须全部覆盖漏斗的小孔；滤纸不能过大，否则边缘会贴到漏斗壁上，使部分溶液沿漏斗壁不经过滤直接漏入吸滤瓶中。抽滤前需用溶剂将滤纸润湿，抽气并使滤纸紧贴滤板，然后再向漏斗内转移溶液。

抽滤过程中，为了更好地将晶体与母液分开，可用清洁的玻璃塞将晶体在布氏漏斗上挤压。结晶表面残留的母液，可用少量的溶剂洗涤。洗涤前抽气应暂时停止。把少量溶剂均匀地洒在漏斗内的滤饼上，使全部结晶刚好被溶剂覆盖，用玻璃棒搅松晶体（勿把滤纸捅破），使晶体润湿，稍微压实，再抽气把溶剂抽干。如此重复两次，就可把滤饼洗涤干净。

从漏斗上取出结晶时，为了不使滤纸纤维附于晶体上，常与滤纸一起取出，待干燥后，用刮刀轻敲滤纸，结晶即全部下来。

过滤少量的晶体，可用微型吸滤装置。

③热过滤。在对浓溶液和热溶液进行过滤时，为了不使溶质在过滤时析出而留在滤纸上，就要使用热过滤操作。

热过滤装置如图 1-23 所示，热过滤的方法有以下几种。

a. 少量热溶液的过滤，可选一颈短而粗的玻璃漏斗放在烘箱中预热后使用。在漏斗中放一折叠滤纸，用热的溶剂润湿后，即刻倒入溶液（不要直冲滤纸底部），用表面皿盖好漏斗，以减少溶剂挥发。装置见图 1-23(a)。

滤纸折叠方法如图 1-24 所示。步骤如下：

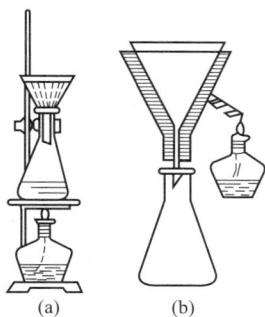

图 1-23　热过滤装置

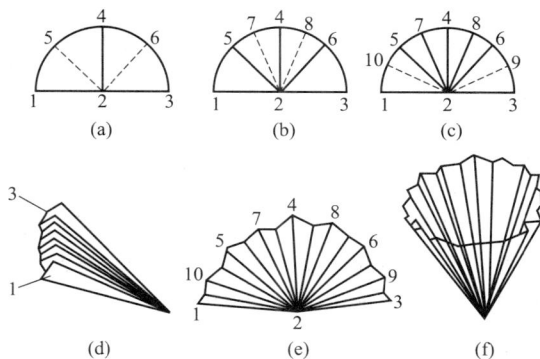

图 1-24　热过滤的滤纸折叠方法

将滤纸折成半圆形，再对折成圆形的 1/4，以 1 对 4 折出 5，3 对 4 折出 6 [图 1-24(a)]；5 和 4 折叠出 7，6 和 4 折叠出 8 [图 1-24(b)]；然后以 3 对 6，1 对 5 分别折出 9 和 10 [图 1-24(c)]；最后在 1 和 10，10 和 5，5 和 7，…，9 和 3 间对各反向折叠，稍压紧呈折扇状 [图 1-24(d)]；打开滤纸，在 1 和 3 处各向内折叠 1 个小折面 [图 1-24(e)]；折叠完成的滤纸如图 1-24(f)。

注意：折叠时，滤纸心处不可折得太重，因为该处最易破漏。使用时将折好的滤纸打开后翻转，放入漏斗中。

b. 如过滤的溶液量较多，则应选择保温漏斗。保温漏斗是由金属套内安装一个长颈玻璃漏斗而组成的，见图 1-23(b)。使用时将热水（通常是沸水）倒入玻璃漏斗与金属套的夹层内，加热侧管（如溶剂易燃，过滤前务必将火熄灭）。漏斗中放入折叠滤纸，用少量热溶剂润湿滤纸，立即把热溶液分批倒入漏斗，不要倒得太满，也不要等滤完再倒。未倒的溶液和保温漏斗用小火加热，保持微沸。热过滤时一般不要用玻璃棒引流，以免加速降温；接受滤液的容器内壁不要贴紧漏斗颈，以免滤液迅速冷却析出的晶体沿器壁向上堆积而堵塞漏斗下口。

若操作顺利，只会有少量结晶在滤纸上析出，可用少量热溶剂洗下。若结晶较多，可将滤纸取出，用刮刀刮回原来的瓶中，重新进行热过滤。滤毕，将溶液加盖放置，自然冷却。

进行热过滤操作要求准备充分，动作迅速。

（3）离心分离法　当被分离的沉淀量很少时，可用离心分离法。此法分离速度快，利于迅速判断沉淀是否完全。使用离心机时应注意以下几点。

① 把装有混合物的离心管放在离心机的离心管套中，在对面对称的位置上放装有等量水的离心管，以保持平衡。

② 启动离心机要由慢速逐渐到快速。

③ 转速和旋转时间视沉淀形状而定，晶形沉淀以 $1000 r \cdot min^{-1}$ 的转速，离心 $1 \sim 2 min$ 即可；无定形沉淀以 $2000 r \cdot min^{-1}$ 转速，离心 $3 \sim 4 min$。

④ 关闭离心机时转速由快到慢逐渐到停，不要关得太快，以免损坏离心机。

离心沉降后，用滴管轻轻吸取上层清液注入另一离心管中，使沉淀和溶液完全分离。使用滴管吸取溶液时，必须在插入溶液之前捏瘪橡胶胶头，排出其中的空气，将离心管倾斜，把毛细管尖端伸入离心液液面下，但不可触及沉淀。然后慢慢放松橡胶胶头，使溶液慢慢吸入滴管中。在沉淀比较紧密的情况下，也可以用倾析法把溶液直接倒入另一个离心管中。

如果要得到比较纯净的沉淀，必须洗涤沉淀。向盛有沉淀的离心管中加入适量的蒸馏水或其它洗涤液，用玻璃棒充分搅拌后，离心沉降，用滴管吸出洗涤液，如此重复操作，直至洗净。

1.2.6　重量分析基本操作

重量分析是称取一定质量的样品，将其中待测成分以单质或化合物的状态分离出来，根据单质或化合物的质量，计算该成分在样品中含量的一种定量分析方法。由于样品中被测成分性质的不同，采用的分离方法各异。按分离方法的不同，重量分析可分为挥发法、萃取法和沉淀法。本节介绍沉淀法。

沉淀法的操作程序是称取一定质量样品，使其溶解（称为样品的预处理），然后加入适当的沉淀剂使被测成分形成难溶的化合物沉淀出来。将沉淀过滤、烘干、灼烧后称其质量，根据沉淀（称量形式）的质量求出样品中被测成分的质量分数。

（1）样品的预处理　准备好洁净的烧杯、合适的玻璃棒和表面皿。玻璃棒不要过长，一般高出烧杯 6cm，表面皿的直径应稍大于烧杯口直径。烧杯内壁和底部不应有痕。

称取样品于烧杯中，用适当溶剂溶解。能溶于水的样品，以水溶解；不溶于水的可用酸、碱或氧化剂进行溶解，或采用熔融法处理后溶解。

溶解样品时应注意以下几点。

① 若无气体生成，将溶剂沿着紧靠烧杯壁的玻璃棒引入，或沿烧杯壁加入。边加边搅拌，直至样品完全溶解，然后盖上表面皿。

② 溶解时若有气体产生（如 CO_2 或 H_2S），为防止溶液溅失，要先加入少量水润湿样品，盖好表面皿，再由表面皿与烧杯之间缝隙滴加溶剂。待气泡消失后，再用玻璃棒搅拌使其溶解。样品溶解后，用洗瓶洗涤表面皿和烧杯内壁。

③ 有些样品需加热溶解，可在电炉或煤气灯上进行。只能微热或微沸，不能暴沸。加热时须盖上表面皿。

④ 若样品溶解后须加热蒸发时，可在烧杯口放上玻璃三角或在烧杯沿上挂 3 个玻璃钩，再盖上表面皿，加热蒸发。

（2）沉淀剂的选择　为使沉淀反应进行完全，常加过量的沉淀剂，这样沉淀中不可避免地含有过量的沉淀剂。如果沉淀剂是挥发性的物质，在干燥灼烧时便可除去。所以要尽可能采用挥发性的物质作沉淀剂。如沉淀 Fe^{3+} 时选用挥发性的 $NH_3 \cdot H_2O$，而不用 NaOH 等作沉淀剂。

当没有合适的挥发性沉淀剂而不得不使用非挥发性沉淀剂时，沉淀剂的用量不宜过多。

沉淀剂应具有选择性。沉淀剂只与被测成分作用产生沉淀，而不与其他共存物作用。这样可省略分离干扰物质的操作。

沉淀剂分有机沉淀剂和无机沉淀剂。有机沉淀剂应用较广泛，因它有以下特点。

① 选择性高，甚至是特效的。

② 沉淀在水中溶解度很小，被测成分可定量地沉淀完全。

③ 容易生成大颗粒的粗晶形沉淀，易于过滤和洗涤。

④ 有机沉淀剂分子量较大，少量被测成分可产生较大质量的沉淀，能提高分析结果的准确度和灵敏度。

⑤ 常温下烘干称重而不需要高温灼烧。

无机沉淀剂没有有机沉淀剂应用广泛，因为它的分离效果和选择性不如有机沉淀剂好。常采用的无机沉淀剂有氢氧化物、硫化物、草酸盐等，以氢氧化钠沉淀剂用得最多。在实际工作中，沉淀剂的选择不仅要考虑被沉淀离子及共存离子的浓度，而且要注意溶液的温度及影响沉淀作用的其他因素等。

（3）沉淀条件的选择　处理好的样品溶液进行沉淀时，应根据沉淀是晶形还是非晶形来选择不同的沉淀条件。

① 晶形沉淀。

a. 被沉淀的溶液要冲稀一些。

b. 在热的溶液中进行沉淀。

c. 沉淀速度要慢，并且不断地搅拌。沉淀时，左手拿滴管右手持玻璃棒，滴加沉淀剂时滴管口应接近液面，逐滴加入，轻轻搅拌，勿将玻璃棒碰烧杯壁和杯底。

d. 沉淀后应进行陈化，用表面皿将烧杯盖好，以免灰尘落入，放置过夜或在石棉网上加热近沸 30min。

e. 沉淀陈化后，沿烧杯内壁加入少量沉淀剂。若上层清液出现混浊或沉淀，说明沉淀不完全，可补加适量沉淀剂，使沉淀完全。

② 非晶形沉淀。沉淀时用较浓的沉淀剂，加入沉淀剂和搅拌的速度均可快些，沉淀完全后用蒸馏水稀释，不要放置陈化。有时也可以加入适当的电解质。

（4）过滤和洗涤　参见 1.2.5 固液分离。

（5）沉淀的干燥和灼烧

① 干燥器的准备和使用。干燥器是一种带磨砂盖的玻璃容器，盖上涂上一层薄薄的凡士林油，使器内密闭，中部有一块多孔的瓷板，底部盛干燥剂。先将干燥器擦净，烘干多孔瓷板，用一纸筒将干燥剂装入干燥器的底部，然后放上瓷板。

干燥剂常用无水氯化钙、变色硅胶等。由于各种干燥剂吸收水分的能力有一定限度，因此，干燥器中的空气并不是绝对干燥的，只是湿度较低而已。灼烧和干燥后的坩埚和沉淀，若在干燥器中放置时间过长，可能会吸收少量水分而使质量增加，应予以注意。

开启干燥器的方法为：左手按住干燥器的下部，右手握住盖子上的圆顶，向外开盖子，如图 1-25 所示。盖子取下后拿在右手中，用左手放入（或取出）需干燥物品，及时盖上盖子。盖子取下后应倒放在桌面安全的地方（注意磨口向上，圆顶朝下）。加盖时，也要拿住盖子圆顶推着盖好。

放置坩埚等热的器皿时，盖子留以空隙，等器皿冷却至近室温时再盖严。搬动干燥器，要用两拇指按住盖子，防止滑落打破，如图 1-26 所示。

图 1-25　干燥器启盖的方法

图 1-26　搬移干燥器的方法

② 坩埚的准备。沉淀的干燥和灼烧要在坩埚内进行。先将坩埚洗净拭干后，用马弗炉或煤气灯灼烧至恒重（灼烧空坩埚与灼烧沉淀条件相同）。

用煤气喷灯的宽大火焰灼烧 20～30min。灼烧时注意勿使焰心与坩埚底部接触，因为焰心温度较低，不能达到灼烧的目的；而且焰心与外层火焰温度相差较大，以致坩埚底部受热不均匀而容易损坏。灼烧完后将灯移去。用热过的坩埚钳，夹住坩埚放入干燥器内。坩埚钳嘴要保持洁净，用后将钳嘴向上放于台上。干燥器盖不要盖严，待稍冷后再盖严。将干燥器拿到天平室内，使之与天平室的温度一致。用坩埚钳夹取坩埚，于天平盘上称量，记录其质量。重复上面操作，加热灼烧、冷却、称量。两次质量之差不超过 0.2～0.3mg 为恒重。

③ 沉淀和滤纸的烘干。欲从漏斗中取出沉淀和滤纸需用玻璃棒从滤纸的三层处，小心地将滤纸与漏斗拨开，将滤纸和沉淀取出。若是晶形沉淀，体积小，可按图 1-27 方法包裹沉淀。沉淀包好后，放入已恒重的坩埚内，滤纸层数较多的一面向上。若是无定形沉淀，因沉淀量较多，将滤纸的边缘向内折，把圆锥体敞口封上，如图 1-28 所示。再用玻璃棒轻轻转动滤纸包，以便擦净漏斗内壁可能沾有的沉淀。然后将滤纸包用手转移到已恒重的坩埚内，仍使滤纸层数较多的面向上。

图 1-27　晶形沉淀的包法

图 1-28　无定形沉淀的包法

烘干沉淀和滤纸应在煤气灯或电炉上进行。在煤气灯上烘干时，将放有沉淀的坩埚斜放在泥三角上（注意：滤纸三层面向上），坩埚底部枕在泥三角的一边上，坩埚口朝泥三角的顶角，如图 1-29 所示。

将坩埚盖斜盖在坩埚上，如图 1-30 所示。调好煤气灯，使滤纸和沉淀迅速干燥。要用反射焰，即用小火加热坩埚盖的中部，如图 1-30(b) 所示。这时热空气流便进入坩埚内部，而水蒸气则从坩埚上面逸出。

滤纸和沉淀干燥后（这时滤纸只是被干燥，而不变黑），将煤气灯逐渐移至坩埚底部，使火焰逐渐加大，炭化滤纸，如图 1-30(a) 所示。炭化时如果着火，应立即移去火焰，加盖

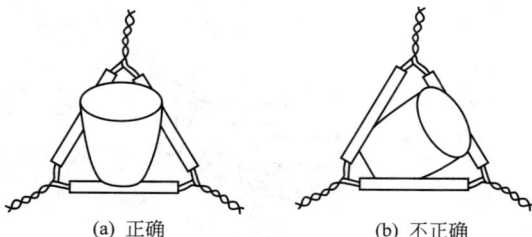

(a) 正确　　　(b) 不正确

图 1-29　坩埚在泥三角上的位置

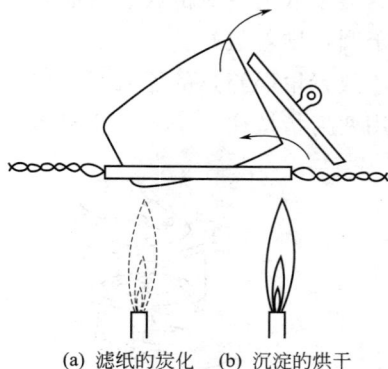

(a) 滤纸的炭化　(b) 沉淀的烘干

图 1-30　滤纸的炭化与沉淀的烘干的火焰

密闭坩埚，火即熄灭（勿用嘴吹，以免沉淀飞溅损失）。继续再加热至全部炭化（滤纸变黑）。炭化后加大火焰，使滤纸灰化，呈灰白色。为使灰化较快进行，应随时用坩埚钳夹住坩埚使之转动，但不要使坩埚中沉淀翻动，以免沉淀损失。沉淀的烘干炭化和灰化过程也可在电炉上进行，注意温度不能太高，坩埚直立，坩埚盖不能盖严，其他操作和注意事项同前。

④ 沉淀的灼烧。沉淀和滤纸灰化后，将坩埚移入马弗炉中（根据沉淀性质调节适当温度），盖上坩埚盖（稍移开一点）。温度控制在 800℃ 左右，灼烧 20～30min。到时间取出坩埚，移到炉口，至红热稍退后，再将坩埚从炉口拿出放在洁净瓷板上。待坩埚稍冷后，用坩埚钳将坩埚移至干燥器中，盖上盖子。中间须开启干燥器盖 1～2 次，以防干燥器内空气过热将盖子掀起打破。待冷却至室温（一般需 30min 左右）称量。应注意，每次灼烧、冷却、称量的时间要保持一致。

另外，有些沉淀在烘干时，就能得到固定组成，不需在坩埚中灼烧。热稳定性差的沉淀，也不用在坩埚中灼烧，用微孔玻璃坩埚烘干至恒重即可。微孔玻璃坩埚要先放在表面皿上，再放入烘箱中烘干。根据沉淀的性质确定干燥的温度，一般第一次烘干约 2h，第二次约 45min 到 1h。如此重复烘干、冷却、称量，直至恒重为止。

1.2.7　滴定分析基本操作

滴定分析是将某种标准溶液加到被测物质的溶液中，直到所加标准溶液与被测物质按化学计量关系反应完全为止，然后根据标准溶液的浓度和所加入的体积求出被测物质含量的分析方法。此法不仅要求标准溶液的浓度准确，而且要有能准确测量溶液体积的仪器（简称量器）。

（1）量器及其基本操作技术

① 滴定管。滴定管是滴定时用来准确测量滴定溶液体积的量器。它是滴定分析中最常用的仪器。常量分析用的滴定管有 25mL、50mL 和 100mL 等几种规格，其最小分度值为 0.1mL，读数可估计到 0.01mL。此外，还有容积为 10mL，5mL，2mL 和 1mL 的半微量和微量滴定管，最小分度值为 0.05mL、0.01mL 或 0.005mL。它们的形状各异，一般附有自动加液漏斗。

按用途不同，滴定管可分为酸式滴定管和碱式滴定管。酸式滴定管用玻璃磨口活塞控制溶液流量，可装入酸性、中性以及氧化性溶液。碱式滴定管的下端连接一段放有玻璃珠的橡胶管，玻璃珠用于控制碱溶液的流量。橡胶管的下端再连接一支尖嘴玻璃管。碱式滴定管可盛碱性溶液和无氧化性溶液。具有氧化性的溶液（如 $KMnO_4$、I_2 和 $AgNO_3$ 溶液）和侵蚀橡胶管的酸类均不能使用碱式滴定管。

a. 滴定前酸式滴定管的准备如下。

ⅰ 检查与清洗。用前先检查玻璃活塞是否配套紧密，如不紧密，并有严重的漏水现象，不宜使用。根据实验要求、污物性质和沾污程度来进行清洗。常用的清洗方法有：首先用自来水冲洗；若污物洗不掉，改用合成洗涤剂洗；若还不能洗净时，可用铬酸洗液洗涤。具体操作是：关闭活塞，倒入 10～15mL 铬酸洗液于酸式滴定管中，一手拿住滴定管上端无刻度处，另一手拿住活塞上端无刻度处，边转动边将洗液向管口一头倾斜（严防活塞脱落），逐渐端平滴定管，让洗液布满全管。然后竖直滴定管，打开活塞，将洗液放回原瓶中。如果内壁污染严重，改用热洗液浸泡一段时间后再洗涤干净。

总之，要根据具体情况选用有针对性的洗涤剂进行清洗。如管壁有 MnO_2 沉淀时，可用亚铁盐溶液进行冲洗。盛装 $AgNO_3$ 标准溶液后产生的棕黑色污垢要用稀硝酸或氨水清洗。

污物清洗后，还必须用自来水冲洗干净，再用蒸馏水润洗三次。将管外壁擦干，检查管内壁是否完全被水均匀润湿不挂水珠。如内壁是不均匀润湿且挂有水珠，则应重新洗涤。

ⅱ 活塞涂油。为了使玻璃活塞转动灵活并防止漏水，需将活塞涂上凡士林。操作如下：将滴定管平放在桌面上，先取下套在活塞小头上的橡皮圈，后取出活塞，洗净，用滤纸擦干活塞及活塞槽。将滤纸卷成小卷，插入活塞槽进行擦拭，如图 1-31 所示。用手指蘸上少许凡士林在活塞孔两边均匀地、薄薄地涂上一层，活塞中间有孔的部位及孔的近旁不能涂，如图 1-32 所示。或者分别在活塞大头一端和活塞套小头一端的内壁涂上薄薄一层凡士林。将涂好凡士林的活塞准确地直插入活塞槽中，插入时活塞孔应与滴定管平行（不能转动活塞），如图 1-33 所示。将活塞按紧后向同一方向不断转动，直到从外面观察油膜均匀透明为止。旋转时，应有一定的挤压力，以免活塞来回移动，使孔受堵，如图 1-34 所示。

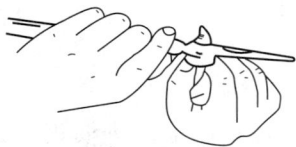

图 1-31　擦干活塞内壁手法

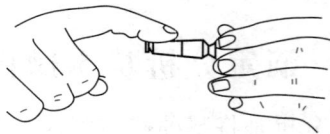

图 1-32　涂油手法

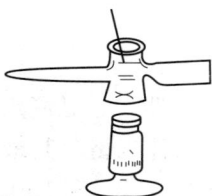

图 1-33　活塞安装

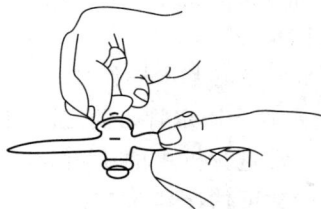

图 1-34　转动活塞

若发现活塞转动不灵活或出现纹路，说明凡士林涂得不够；如果凡士林从活塞隙缝溢出或挤入活塞孔，表示凡士林涂得太多。遇到上述情况，必须重新涂凡士林。涂好凡士林后，在活塞小头套上橡胶圈，防止活塞脱落。

ⅲ 清除活塞孔或尖嘴管孔中凡士林的方法。活塞孔堵塞，取下活塞，放入盛有热水的烧杯中，待凡士林熔化后自动流出。如果是滴定管尖嘴堵塞，则需用水充满全管，尖嘴浸入热水中，温热片刻后打开活塞使管内水突然冲下，可把熔化的凡士林带出。

ⅳ 试漏。检查滴定管是否漏水，用水装满滴定管至"0"刻度以上，夹在滴定管架上直立2min，观察有无水滴漏下，再将活塞旋转 $180°$，直立静置2min，再仔细观察有无水滴漏下。

b. 滴定前碱式滴定管的准备。用前先检查碱式滴定管下端橡胶管是否老化、变质。查看橡胶管长度是否合适，橡胶管不宜过长，否则滴定管内液位高时橡胶管膨胀会影响读数。检查玻璃珠的大小是否合适，玻璃珠过大，不便操作，过小会漏水。玻璃珠不合要求，应及时更换。要达到既不漏水，又能灵活控制滴液速度的目的。

　　碱式滴定管的洗涤方法和酸式滴定管的洗涤方法基本相同，注意选择合适的洗涤剂。如果需用铬酸洗液时，不能让铬酸洗液接触橡胶管。把碱式滴定管倒立于盛有铬酸洗液的烧杯中，将滴定管尖嘴连接在抽气泵上。打开泵轻轻挤玻璃珠抽气，让洗液徐徐上升到接近橡胶管处为止，浸泡 20～30min。拆除抽气泵，轻挤玻璃珠放进空气使洗液回到烧杯中。然后用自来水和蒸馏水依次冲洗、润洗。用洗耳球代替抽气泵亦可。

　　c. 装入滴定液的操作如下。

　　ⅰ 用滴定液润洗。在装入滴定液前，先用滴定液润洗滴定管内壁 3 次，每次用 8～10mL 滴定液。润洗方法是：两手平持滴定管，边转动边倾斜管身，使滴定液洗遍全部内壁。从管口放出少量滴定液，然后打开活塞冲洗管尖嘴部分，尽量放净残留液。对于碱式滴定管，要特别注意玻璃珠下方部位的润洗。

　　ⅱ 装入滴定液。滴定管用滴定液润洗后，可将滴定液直接装入滴定管中，不得借用其它任何量器来转移。装入方法如下：左手前三指持滴定管上部无刻度处使刻度面向手心，将滴定管稍微倾斜，右手拿住试剂瓶将滴定液直接倒入滴定管至 "0" 刻度以上。

　　ⅲ 赶气泡。充满滴定液后，先检查滴定管尖嘴部分是否充满溶液。酸式滴定管的气泡容易看出。有气泡时，迅速打开活塞让溶液急速流出，以赶走气泡。碱式滴定管的气泡往往在橡胶管和尖嘴玻璃管内，橡胶管内的气泡应对光检查。排除气泡的方法是：右手持滴定管倾斜约 30°，左手把橡胶管向上弯曲，让尖嘴斜向上方，用两指挤玻璃珠稍上边的橡胶管，使溶液和气泡从尖嘴管口喷出，如图 1-35 所示。重新装满滴定液，将液面调至 "0" 刻度处。

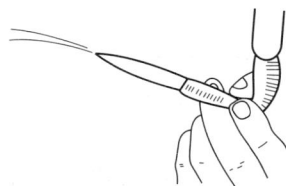

图 1-35　碱式滴定管除气

　　d. 滴定管的读数。由于滴定管读数不准而引起的误差，是滴定分析误差的主要来源之一。对初学者来说，应多做读数练习，切实掌握好正确读数方法。由于溶液的内聚力和附着力的相互作用，滴定管内的液面呈弯月面。如果溶液有颜色将会明显减少溶液的透明度，给读数带来困难。为提高读数的准确性，应注意以下几点。

　　ⅰ 读数时滴定管要自然垂直。静置 2min 后，将滴定管从滴定管架上取下，用左手大拇指和食指捏住滴定管上端无刻度或无溶液处，使滴定管保持自然垂直状态，然后读数。

　　ⅱ 读数时视线要水平。无色或浅色溶液应读取弯月面的最低点，即读取视线与弯月面相切的刻度。视线不水平会使读数偏低或偏高，如图 1-36(a) 所示。深色溶液如 $KMnO_4$ 溶液等，应读取视线与液面两侧最高点相齐的刻度。

　　注意：初读数与终读数应用同一标准。

　　ⅲ "蓝带" 滴定管读数。"蓝带" 滴定管是乳白色衬背上标有蓝线的滴定管，其读数对无色溶液来说是以两个弯月面相交的最尖部分为准，如图 1-36(b) 所示。当视线与此点水

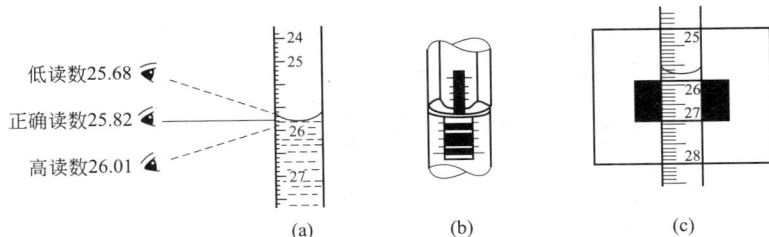

低读数25.68

正确读数25.82

高读数26.01

(a)　　　　　　(b)　　　　　　(c)

图 1-36　滴定管的读数方法

平时即可读数。若为深色溶液仍应读取视线与液面两侧最高点相齐的刻度。

ⅳ 读数卡的用法。为了帮助读数，在滴定管背面衬上一黑白两色卡片，中间部分为 $3cm \times 1.5cm$ 的黑纸，如图 1-36(c) 所示。读数时，将卡片放在滴定管的背后，使黑色部分在弯月面下约 1mm 处。此时可看到弯月面反射层全部成为黑色，这样的弧形液面界线十分清晰，易于读取黑色弯月面下缘最低点的刻度。

ⅴ 读至小数点后 2 位。滴定管上的最小刻度为 0.1mL，第二位小数是估计值，要求读准至 0.01mL。

e. 滴定管操作方法如下。

ⅰ 酸式滴定管活塞操作。使用酸式滴定管进行滴定时，将酸式滴定管垂直夹在右边的滴定管夹上。活塞柄向右。左手从滴定管后向右伸出，拇指在滴定管前，食指和中指在管后，三个指头平行地轻轻控制活塞旋转，并向左轻轻扣住（手心切勿顶住活塞，以免漏液），无名指及小拇指向手心弯曲并向外顶住活塞下面的玻管，如图 1-37 所示。当活塞按反时针方向转动时，拇指移向活塞柄靠身体的一端（与中指在一端），拇指向下按，食指向上顶，使活塞轻轻转动。活塞按顺时针方向转动时，拇指移向食指一端，拇指向下按，中指向上顶，使活塞轻轻转动。注意转动时中指和食指不能伸直，应微微弯曲以做到向左扣住。

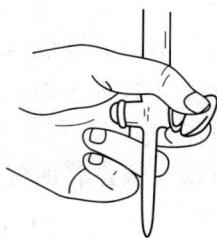

图 1-37 左手旋转活塞法

ⅱ 碱式滴定管玻璃珠操作。使用碱式滴定管主要是挤玻璃珠的操作。左手拇指和食指挤橡胶管内的玻璃珠，无名指和小指夹住尖嘴玻管，向外侧挤压橡胶管将玻璃珠移至手心一侧，在玻璃珠旁形成空隙使溶液流下。注意，不要用力捏玻璃珠，也不要上、下挤玻璃珠。尤其不要挤玻璃珠下面的橡胶管。否则空气进入橡胶管形成气泡造成读数误差。

ⅲ 滴定操作。滴定一般在锥形瓶或烧杯中进行。滴定时，滴定管的尖嘴要伸入锥形瓶或烧杯 1~2cm 深处。若用烧杯，滴定管尖嘴应靠在烧杯内壁上，以防溶液溅出。若用锥形瓶，右手拿锥形瓶颈部，距离滴定台面约 1cm。滴定时，左手控制活塞或挤玻璃珠调节溶液流速。右手持锥形瓶，向同一方向做圆周运动（在烧杯中滴定要用玻璃棒搅拌）。滴定接近终点时，应放慢速度，一滴一滴加入，最后要半滴半滴加入，每加一滴（或半滴）充分摇匀，仔细观察滴定终点溶液颜色的变化情况。变色后 0.5min 仍不消失，表示已到达终点。

图 1-38(a) 为使用酸式滴定管滴定锥形瓶中的溶液。图 1-38(b) 为使用碱式滴定管滴定烧杯中溶液。图 1-38(c) 是使用碘量瓶的滴定，把玻璃塞夹在右手的中指和无名指中间。

ⅳ 熟练掌握控制溶液流速的三种方法。连续式滴加的方法：控制滴定速度每秒 3~4

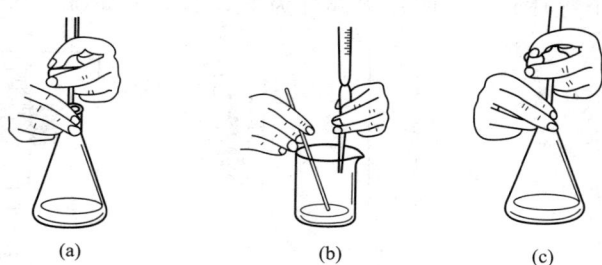

(a)　　　　(b)　　　　(c)

图 1-38 滴定操作

滴，即每分钟约 10mL。间隙式滴加的方法：能自如地控制溶液一滴一滴地加入。悬而不落，只加半滴，甚至不到半滴的方法：做到控制滴定终点恰到好处。

f. 滴定操作注意事项如下。

ⅰ 滴定前调零。每次滴定最好从 0.00mL 开始，或不超过 1.00mL 处。调零的好处是每次滴定所用溶液都差不多占滴定管的同一部位，可以抵消内径不一或刻度不匀引起的误差，同时能保证所装标准溶液足够用，使滴定能一次完成，避免因多次读数而产生误差。

ⅱ 控制滴定速度。滴定时，根据反应的情况控制滴定速度，接近终点时要一滴一滴或半滴半滴地进行滴定。

ⅲ 摇动或搅拌。摇动锥形瓶时，应微动腕关节，使溶液向同一个方向旋转，而不能前后振荡，否则溶液会溅出。玻璃棒搅拌烧杯溶液也应向同一方向划弧线，不得碰击烧杯壁。

ⅳ 正确判断终点。滴定时，应仔细观察溶液落点周围溶液颜色的变化。不要去看滴定管上的体积而不顾滴定反应的进行。

ⅴ 两个半滴处理。滴定前悬挂在滴定管尖上的半滴溶液应去掉。滴定完应使悬挂的半滴溶液沿锥形瓶壁流入瓶内，并用洗瓶冲洗锥形瓶颈内壁。若在烧杯中滴定，应用玻璃棒碰接悬挂的半滴溶液，然后将玻璃棒插入溶液中搅拌。

滴定结束后，滴定管内剩余溶液应弃去，不要倒回原瓶中。随后，洗净滴定管，用蒸馏水充满全管并套上滴定管帽，放到滴定管架上夹好，以备下次使用。

② 容量瓶。容量瓶是一种细颈梨形的平底玻璃瓶，带有磨口玻璃塞或塑料塞，颈部刻有环形标线。一般表示在 20℃ 时充满标线溶液体积为一定值，有 25mL、50mL、100mL、250mL、500mL 和 1000mL 等规格。

容量瓶是配制标准溶液或样品溶液时使用的精密量器。正确使用容量瓶应注意以下几点。

a. 容量瓶的检查如下。

ⅰ 使用容量瓶先检查瓶塞是否漏水。加自来水至刻度标线附近，盖好瓶塞。左手食指按住塞子，其余手指拿住瓶颈标线以上部位。右手指尖托住瓶底边缘，将瓶倒立 2min，如不漏水，将瓶直立，旋转瓶塞 180° 后，再倒立 2min，仍不漏水方可使用。

ⅱ 检查刻度标线距离瓶口是否太近。如果刻度标线离瓶口太近，则不便混匀溶液，不宜使用。

b. 溶液配制。用容量瓶配制标准溶液或样品溶液时，最常用的方法是将准确称量的待溶固体置于小烧杯中，用蒸馏水或其他溶剂将固体溶解，然后将溶液定量转移至容量瓶中。转移时，右手拿玻璃棒，左手拿烧杯，使烧杯嘴紧靠玻璃棒。玻璃棒伸入容量瓶内，把溶液顺玻璃棒倒入。玻璃棒的下端应靠在瓶颈内壁，使溶液沿玻璃棒流入容量瓶中，如图 1-39 所示。溶液流完后，将烧杯轻轻沿玻璃棒向上提起使附在玻璃棒和烧杯嘴之间的液滴回到烧杯中（玻璃棒不要靠在烧杯嘴一边）。然后用洗瓶冲洗玻璃棒和烧杯 3~4 次（每次 5~10mL），冲洗的洗液按上述方法完全转入容量瓶中。当加蒸馏水至容积的 2/3 处时，用右手食指和中指夹住瓶塞扁头，将容量瓶拿起，向同一方向摇动几周使溶液初步混匀（切勿倒置容量瓶）。当加蒸馏水至标线 1cm 左右，等 1~2min 使附在瓶颈内壁的溶液流下，再用细长滴管滴加蒸馏水恰至刻度标线（勿使滴管接触溶液，视线平视，加水切勿超过刻度标线，若超过应弃去重做）。盖紧瓶塞，将容量瓶倒置，使气泡上升到顶。振摇几次再倒转过来，如此反复倒转摇动，使瓶内溶液充分混合均匀，如图1-40所示。

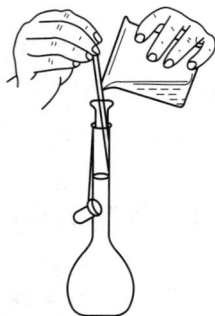

图 1-39　溶液从烧杯转移入容量瓶

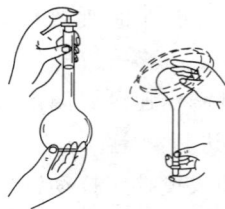

图 1-40　混匀容量瓶中的溶液

c. 使用注意事项如下。

ⅰ 用容量瓶定容时，溶液温度应和瓶上标示的温度一致。

ⅱ 容量瓶同量筒、量杯、吸量管和滴定管均不得在烘箱中烘烤，也不能在电炉上加热，否则会在刻度标线处断裂。如需要干燥的容量瓶，可将容量瓶洗净，用无水乙醇等有机溶剂润洗后晾干或用电吹风冷风吹干。

ⅲ 容量瓶配套的塞子应挂在瓶颈上，以免沾污、丢失或打碎。

ⅳ 不能用容量瓶长期存放配制好的溶液。溶液若需保存，应储于试剂瓶中。

ⅴ 容量瓶长时间不用时，瓶与塞之间应垫一小纸片。

③ 移液管和吸量管。移液管是能准确移取一定体积液体的量器。它的中间有一膨大部分（称为球部），上下两段细长，见表1-1。上端刻有环形标线，球部标有容积和温度。常用的移液管有10mL、20mL、25mL、50mL等多种规格。

吸量管是具有分刻度的玻璃管，又称刻度移液管。常用的吸量管有1mL、2mL、5mL、10mL等。用它可以吸取标示范围内所需任意体积的溶液，但准确度不如移液管。

a. 移液管和吸量管使用前的准备工作如下。

ⅰ 洗涤。移液管或吸量管的洗涤应达到管内壁和其下部的外壁不挂水珠。

先用水洗，若达不到洗涤要求时，将移液管插入洗液中，用洗耳球慢慢吸取洗液至管内容积1/3处，用食指按住管口把管横过来，转动移液管，使洗液布满全管。稍停片刻将洗液放回原瓶。如果内壁沾污严重，可把移液管放在高型玻璃筒或量筒中用洗液浸泡20min左右（或数小时），然后用自来水冲洗，蒸馏水润洗2～3次，润洗的水从管尖放出，最后用洗瓶洗涤管的外壁。

ⅱ 润洗。为保证移取的溶液浓度不变，先用滤纸将移液管尖嘴内外的水吸净，然后用少量被移取的溶液润洗3次（每次8～10mL），并注意勿使移液管中润洗的溶液流回原溶液中。

b. 移液管操作。用右手大拇指和中指拿住移液管标线的上方，将移液管的下端伸入被移取溶液液面下1～2cm深处。伸入太浅，会产生空吸现象；太深又会使管外壁吸附溶液过多，影响所量体积的准确性。左手将洗耳球捏瘪把尖嘴对准移液管口，慢慢放松洗耳球，使溶液吸入管中，如图1-41所示。当溶液上升到高于标线时，迅速移去洗耳球，立即用食指按住管口。取出移液管，用滤纸片擦去管外壁附着的溶液。然后使管尖嘴靠在储液瓶内壁上，减轻食指对管口的压力，用拇指和中指转动移液管，使液面逐渐下降，直到溶液弯月面与标线相切时，用食指立即堵紧管口，不让溶液再流出。取出移液管插入接收容器中，移液管垂直，管的尖嘴靠在倾斜（约 45°）的接收容器内壁上，松开食指，让溶液自由流出，如图 1-42 所示，全部流出后再停顿约 15s，取出移液管。若移液管上未标有"吹"字样的，勿将残留在尖嘴末端的溶液吹入接收容器中，因为校准移液管时，没有把这部分体积计算在内。但若移液管上标有"吹"字样的，应把残留在管尖的溶液吹入接收容器中。

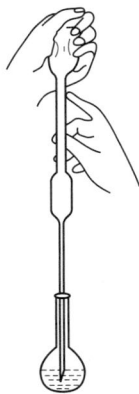

图 1-41　移液管吸液　　　　　　　　　　图 1-42　移液管放液

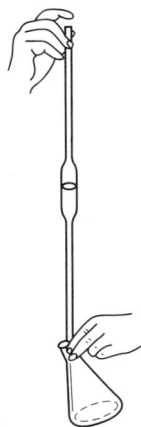

吸量管的操作方法同上。使用吸量管时，通常是使液面从吸量管的最高刻度降到某一刻度，两刻度之间的体积差恰好为所需体积。在同一实验中尽可能使用同一吸量管的同一部位。

c. 使用注意事项如下。

ⅰ 用移液管吸取有毒或强腐蚀性液体时，必须使用洗耳球或抽气装置，切记勿用口吸。

ⅱ 保护好移液管和吸量管的尖嘴部分，用完洗好及时放在移液管架上，以免在实验台上滚动打坏。

ⅲ 共用移液管实验完毕，立即洗涤干净，要经老师检查后放回原处。

（2）量器的选用　在分析实验中，合理选用各种量器是提高分析结果准确度，提高工作质量和效率的重要一环。例如，配制 $c(Na_2S_2O_3)=0.1mol \cdot L^{-1}$ 的溶液 1L，是近似浓度溶液的制备，只要求 1～2 位有效数字。可用灵敏度较低的台秤（称准至 ±0.1g）称取 25g $Na_2S_2O_4 \cdot 5H_2O$ 固体试剂，用 1000mL 的量筒量取蒸馏水配制即可，不必选用容量瓶等量器。而若用直接法配制 $c(1/2Na_2CO_3)=0.1000mol \cdot L^{-1}$ 的溶液 1L，由于浓度要求准确（4位有效数字），须选用分析天平称准至 ±0.0001g。又如，分别量取 2.0mL、4.0mL、6.0mL、8.0mL、10.0mL 标准溶液，作分光光度法的工作曲线，为使所移取的标准溶液的体积准确且标准一致，应选用 1 支 100mL 的吸量管。而若需取 25.00mL 未知浓度的醋酸溶液，用 NaOH 标准溶液测定其含量时，则应选用 25mL 的移液管（量准至 ±0.01mL）按移液管操作要求移取醋酸溶液。用 50mL 的碱式滴定管（量准至 ±0.01mL）盛 NaOH 标准溶液进行滴定。由上可知，应根据实验准确度的要求，合理地选用相应的量器。

（3）量器的校正　量器的容积随温度的不同而有所变化，因此，对要求较高的定量分析实验在实验前要对容量器皿进行校准。

容积的单位用"标准升"表示，即在真空中质量 1kg 的纯水，在 3.98℃和标准大气压下所占的体积。但规定的 3.98℃这个温度太低，不实用。常用 20℃作为标准温度，在此温度下，1kg 纯水在真空中所占的体积，称为 1"规定升"，简称为 1"升"。升的 1/1000 为毫升，它是定量分析的基本单位。我国生产的量器容积均以 20℃为标准温度标定的。

校正量器常采用称量法（或衡量法），即称量量器中所容纳（或放出）的水的质量。然后根据该温度下的密度将水的质量换算成标准温度 20℃下的体积。不过由于玻璃容器和水的体积都受温度的影响，称量时还受空气浮力的影响，因此校正时必须考虑以下三种因素。

① 水的密度随温度的变化而变化，即水的密度在高于或低于 3.98℃时均会小于 $1kg \cdot L^{-1}$。

② 温度的变化对玻璃量器胀缩的影响（但玻璃的膨胀系数很小，约为 0.000025，故影响也较小）。

③ 空气浮力的影响，在空气中称量水的质量因浮力的影响必然小于在真空中的质量。

三种因素中，玻璃胀缩影响最小，1000mL 钠玻璃容积，每改变 1℃体积变化 0.025mL，即膨胀系数为 $2.5 \times 10^{-5}℃^{-1}$。硼硅玻璃体膨胀系数为 $1.0 \times 10^{-5}℃^{-1}$，常可忽略。在一定温度下三个因素的校正值是一定的，将其合并为 1 个总的校正值 Δ。现将总校正值及其有关数据列于表 1-3 中。

表 1-3　在不同温度下用纯水充满 20℃下 1L 玻璃容器水的质量及总校正值

温度/℃	总校正值 Δ/g	1L 水质量 $(1000-\Delta)$/g	温度/℃	总校正值 Δ/g	1L 水质量 $(1000-\Delta)$/g
10	1.61	998.39	22	3.20	996.80
11	1.63	998.37	23	3.40	996.60
12	1.77	998.23	24	3.62	996.38
13	1.86	998.14	25	3.83	996.17
14	1.96	998.04	26	4.07	995.93
15	2.07	997.93	27	4.31	995.69
16	2.20	997.80	28	4.56	995.44
17	2.35	997.65	29	4.82	995.18
18	2.49	997.51	30	5.09	994.91
19	2.66	997.34	31	5.35	994.65
20	2.82	997.18	32	5.66	994.34
21	3.00	997.00	33	5.94	994.06

注：空气中用黄铜砝码称重。

表 1-3 所列数据是经过精确测量而得出的。根据表 1-3 可计算任一温度下某一定质量的纯水所占的容积。

前面已叙述，量器是以标准温度 20℃来标定或校正的，而实际应用时往往不是 20℃。温度变化引起量器容积和液体体积的变化是应该加以校正的。但在某一温度下配制好的溶液，在该温度下使用就不必校正，因为引起的误差在计算时可以抵消。一般来说，精密度在 0.1%的分析工作中，测量体积的温度差允许±20℃，精密度在 0.2%时，可允许有±5℃的温度差。

① 容量瓶和移液管的校正如下。

a. 容量瓶的校正。用水洗净容量瓶，再用少量无水乙醇清洗内壁，倒挂在漏斗架上晾干（不能烘烤）。在天平上称取容量瓶质量（准确到 0.01g），小心倒入与室温平衡的蒸馏水至刻度，用滤纸吸干瓶颈内壁的水后盖好瓶塞，再称其质量，两次质量之差即为水的质量。根据水温从表 1-3 查出 1L 水的质量（即水的密度），就可求出容量瓶的容积。用钻石笔将新测出的容积标线刻在瓶颈上，供以后使用。

也可根据实验室水温和表 1-3 查出水的密度，计算出该容量瓶应该盛水的质量，再在天平上向容量瓶中小心地注入同质量的水，到达平衡后取下容量瓶，作上新的标记。它标明了容量瓶校正后的容积。该容量瓶便可供分析使用。

b. 移液管的校正用称量法。即事先准确称量一个具塞的小锥形瓶，用移液管准确移取蒸馏水放入锥形瓶中，塞好塞子后再称质量，两次之差即为水的质量，根据水温和表 1-3 有关数据，计算出移液管的容积。

c. 移液管和容量瓶的相对校正。在实际工作中，移液管和容量瓶是配套使用的。用 25mL 移液管从 250mL 容量瓶中吸取一次应为 1/10，因此校正方法是：取 25mL 移液管，量取蒸馏水于干燥洁净的 250mL 容量瓶中。量取 10 次后，看水面与原标线是否吻合，如果不吻合，可作上新的标记，作为与该移液管配套使用时的容积。

② 滴定管的校正。将蒸馏水装入已清洗好的 25mL 滴定管中，使其恰好在"0"刻度处。然后按一定的滴定速度把水放入已称量带盖的小锥形瓶中再称量，两次质量差即为水的质量。照此方法，每次以 5.00mL 为一段进行校正。但要注意，每次都必须从 0.00mL 开始放水入小锥形瓶中。根据称得水的质量，查表计算出滴定管中各段体积的真实容积。

现将校正 25mL 滴定管的有关数据列于表 1-4。应用时，只要查表将滴定管的校正值对所用的相应容积予以校正就可以了。

表 1-4　滴定管的校正数据示例

由滴定管放出水的容积 V_1/mL	空瓶质量 m_2/g	瓶加水质量 m_3/g	水质量 m_4/g ($m_4 = m_3 - m_2$)	真实容积 V_2/mL ($V_2 = m_4/\rho$)	校正值 ΔV/mL $\Delta V = (V_2 - V_1)$
5.00	29.20	34.14	4.94	4.96	−0.04
10.00	29.31	39.31	10.00	10.03	+0.03
15.00	29.35	44.30	14.95	15.00	0.00
20.00	29.43	49.39	19.96	20.02	+0.02
25.00	29.38	54.28	24.90	24.98	−0.02

注：水温 21℃，相应的 1mL 水的质量 $m_1 = 0.9970g$，水的密度 $\rho = 0.9970g/mL$。

1.3　化学实验常用仪器

1.3.1　托盘天平

在化学实验中，由于对称量物质质量的准确度要求不同，需使用不同类型的天平进行称量。常用的天平有托盘天平（也叫台秤）、分析天平等。台秤用于粗略的称量。它能迅速地

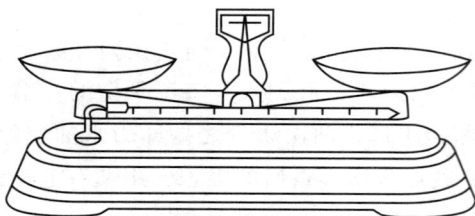

图 1-43　台秤

称量物质的质量，但精确度不高。一般能称准至 0.1g。

（1）台秤的构造　如图 1-43 所示，台秤的横梁架在台秤座上。横梁的左右有两个秤盘。横梁的中部有指针和刻度盘，根据指针在刻度盘左右摆动的相对位置，可以看出台秤是否处于平衡状态。

（2）称量　在称量物体之前，要先调整台秤的零点。将游码拨到游码标尺的"0"位置处，检查台秤的指针是否停在刻度盘的中间位置。如果不在中间位置，可调节台秤秤盘下侧的平衡调节螺钉，使指针在离刻度盘的中间位置左右摆动大致相等时，则台秤即处于平衡状态，此时指针能停在刻度盘的中间位置，为台秤的零点。

称量物体时，左盘放称量物，右盘放砝码，砝码用镊子夹取，10g 或 5g 以下的质量，可移动游码标尺。当添加砝码使到台秤的指针停在刻度盘的中间位置时，台秤处于平衡状态，此时的指针所停的位置称为停点。停点与零点位置一致（二者之间允许偏差 1 小格以内）时，砝码和游码指示的质量和就是称量物的质量。

（3）称量时的注意事项

① 不能称量热的物品。

② 称量物不能直接放在托盘上，应根据情况决定将称量物放在称量纸、表面皿或其他容器中。极湿或有腐蚀性的药品，必须放在玻璃容器内。

③ 称量完毕，应将砝码放回砝码盒中，将游码拨回到"0"位处，并将秤盘放到一侧，以免台秤摆动。

④ 经常保持台秤的整洁，托盘上有药品或其他污物时，应立即清除。

1.3.2　分析天平

常用的分析天平有等臂（双盘）分析天平、不等臂（单盘）分析天平和电子分析天平三类。前二者属机械式天平，其工作原理是杠杆原理；而电子分析天平是基于电磁力平衡原理。一般分析天平的分度值为 0.1mg，即可称出 0.1mg 质量或分辨出 0.1mg 的差别。此种量度的天平一般称为万分之一天平，是实验室准确称量药品时常用的称量仪器。

近些年来，机械式分析天平已逐渐被淘汰，取而代之的是电子分析天平。因此，本教材只介绍电子分析天平。

（1）电子分析天平

① 基本构造及称量原理。常见电子天平的结构是机电结合式的，核心部分是由载荷接受与传递装置、载荷测量及补偿控制装置两部分组成。常见电子分析天平的外形如图 1-44所示；基本结构如图 1-45 所示。

载荷接受与传递装置由秤盘、盘支撑、平衡导杆等部件组成，它是接受被称物和传递载荷的机械部件。平衡导杆是由上、下两个三角形导向杆形成的一个平行四边形的（从侧面看）空间结构，以维持秤盘在载荷改变时进行垂直运动，并可避免秤盘倾倒。

载荷测量及补偿控制装置是对载荷进行测量，并通过传感器、转换器及相应的电路进行补偿和控制的部件单元。该装置是机电结合式的，既有机械部分，又有电子部分，包括示位

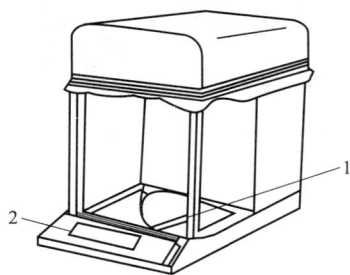

图 1-44　电子分析天平外形
1—天平盘；2—质量显示屏

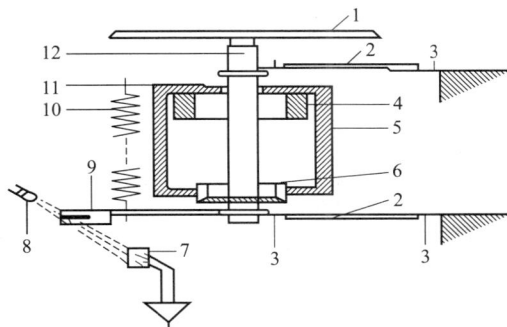

图 1-45　电子天平基本结构
1—秤盘；2—平行导杆；3—挠性支承簧片；4—线性绕组；
5—永久磁铁；6—载流线圈；7—接收二极管；8—发光二极管；
9—光阑；10—预载弹簧；11—双金属片；12—盘支承

器、补偿线圈、电力转换器的永久磁铁以及控制电路等部分。

电子装置能记忆加载前示位器的平衡位置。所谓自动调零就是能记忆和识别预先调定的平衡位置，并能自动保持这一位置。秤盘上载荷的任何变化都会被示位器察觉并立即向控制单元发出信号。当秤盘上加载后，示位器发生位移并导致补偿线圈接通电流，线圈内就产生垂直的力，这种力是作用于秤盘上的外力，使示位器准确地回到原来的平衡位置。载荷越大，线圈中通过电流的时间越长，通过电流的时间间隔是由通过平衡位置扫描的可变增益放大器来调节的，而且这种时间间隔直接与秤盘上所加载荷成正比。整个称量过程均由微处理器进行计算和调控。这样，当秤盘上加载后，即接通了补偿线圈的电流，计算器就开始计算冲击脉冲，达到平衡后，就自动显示出载荷的质量值。

目前的电子天平多数为上皿式（即顶部加载式），悬盘式已很少见，内校式（标准砝码预装在天平内，触动校准键后由马达自动加码并进行校准）多于外校式（附带标准砝码，校准时加到秤盘上），使用非常方便。

自动校准的基本原理是当人工给出校准指令后，天平便自动对标准砝码进行测量，而后微处理器将标准砝码的测量值与存储的理论值（标准值）进行比较，并计算出相应的修正系数，存于计算器中，直至再次进行核准时方可能改变。

② BP210S 型电子天平的使用方法。BP210S 型电子天平（其外形如图 1-46 所示）是多功能、上皿式常量分析天平，感量为 0.1mg，最大载荷为 210g，其显示屏及控制键板如图 1-47 所示。

一般情况下，只使用开/关键、除皮/调零键和校准/调整键。操作步骤如下。

a. 接通电源（电插头），屏幕右上角显出一个 "0"，预热 30min 以上。

b. 检查水平仪（在天平后面），如不水平，应通过调节天平前边左、右 2 个水平支脚而使其达到水平状态。

c. 按一下开/关键，显示屏很快出现 "0.0000g"。

d. 如果显示不是 "0.0000g"，则要按一下 "TARE" 键。

e. 将被称物轻轻放在秤盘上，这时可见显示屏上的数字在不断变化，待数字稳定并出现质量单位 "g" 后，即可读数（最好再等几秒钟）并记录称量结果。

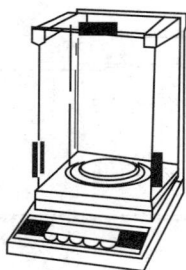

图 1-46　BP210S 型电子天平外形

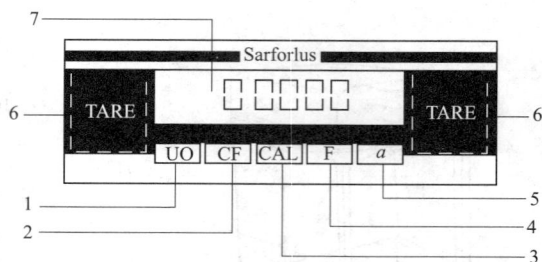

图 1-47　BP210S 型天平显示屏及控制键板
1—开/关键；2—清除键（CF）；3—校准/调整键
（CAL）；4—功能键（F）；5—打印键；6—除皮/
调零键（TARE）；7—质量显示屏

　　f. 称量完毕，取下被称物。如果还要继续使用天平，可暂不按"开/关"键，天平将自动保持零位，或者按一下"开/关"键（但不可拔下电源插头），让天平处于待命状态，即显示屏上数字消失，左下角出现 1 个"0"，再来称样时按一下"开/关"键就可使用。如果较长时间（半天以上）不再用天平，应拔下电源插头，盖上防尘罩。

　　g. 如果天平长时间没用过或天平移动过位置，应进行校准。校准要在天平通电预热 30min 以后进行。步骤是：调整水平，按下"开/关"键。显示稳定后如不为零则按一下"TARE"键，稳定地显示"0.0000g"后，按一下校准键"CAL"，天平将自动进行校准。屏幕显示出"CAL"，表示正在进行校准。10s 左右，"CAL"消失，表示校准完毕，应显示出"0.0000g"。如果显示不为零，可按一下"TARE"键，然后即可进行称量。

　　（2）称量方法　下面介绍几种最常用的称量方法。

　　① 直接称量法。此法用于称量某物体的质量，如称量小烧杯或表面皿的质量等。这种方法适于称量洁净干燥、不易潮解或升华的固体试样。

　　② 增量法。将干燥的小容器（例如小烧杯）轻轻放在天平称量盘上，待显示平衡后按"TARE"键扣除皮重并显示零点，然后打开天平门往容器中缓缓加入试样并观察屏幕，当达到所需质量时停止加样，关上天平门，显示平衡后即可记录所称取试样的净重。采用此法进行称量，最能体现电子天平称量快捷的优越性。

　　③ 差减称量法。差减称量法又称减量法，这种方法称出样品的质量不要求有固定的数值，只要求在一定的范围内即可。此法适用于连续称取多份易吸水、易氧化或易与 CO_2 作用的物质，或性质不稳定的物质。通常将这类物质盛放在称量瓶中进行称量，其称量步骤如下：

　　在称量瓶中装入适量试样（如试样是烘干样，应放在干燥器中冷却至室温。拿取称量瓶及其瓶盖，都要用洁净的小纸条或塑料薄膜条套在称量瓶及其瓶盖上，不可用手直接接触瓶和盖），然后在电子天平上称其准确质量 m_1。取出称量瓶，在盛放称出试样的容器上方，将称量瓶倾斜，打开瓶盖，用瓶盖轻轻磕瓶口上部，使试样慢慢落入容器中（图 1-48）所示。

图 1-48　用称量瓶倒试样方法

　　当倾出的试样接近所需质量时，慢慢将瓶竖起，再用瓶盖轻磕瓶口上部，使沾在瓶口上部的试样落回瓶中。盖好瓶盖，再将称量瓶放回天平盘上称量。此时称得的准确质量为 m_2。两次质量

之差 m_1-m_2 即为所称试样的质量（若先清了零，则显示值即为试样质量）。如果第一次称得的质量未达到所需要的质量要求范围，可再重复上述操作，直到达到要求为止。

此种电子天平的功能较多，除上述在分析化学实验中常用的几种称量方法外，还有几种特殊的称量方法及数据处理显示方式，这里不予介绍，使用时可参阅天平说明书。

④ 注意事项如下。

a. 电子天平的开机、通电预热、校准均由实验室工作人员负责完成，学生只按"TARE"键，不要触动其他控制键。

b. 电子天平的自重较小，容易被碰位移，从而可能造成水平改变，影响称量结果的准确性。所以应特别注意，使用时动作要轻缓，并时常检查水平是否改变。

c. 要注意克服可能影响天平示值变动性的各种因素，如空气对流、温度波动、容器不够干燥、开门及放置被称物时动作过重等。

d. 待称量物应放在干燥、洁净的容器中称量，挥发性、腐蚀性物质必须放在密闭的容器中称量，以免沾污天平。未冷至室温的物质不能在天平上称量。

e. 经常保持天平箱内清洁、干燥，天平箱内应放置吸湿用的干燥剂（如变色硅胶等）。不得使用粉状（如无水氯化钙）或液体（如浓硫酸）。称量时应注意随手关闭天平门。

1.3.3　酸度计

酸度计是具有高输入阻抗的直流毫伏计，它是由电极和电位计两部分组成。用玻璃电极（即氢离子选择性电极）作指示电极，甘汞电极作参比电极，同时浸入溶液中，组成测量电池。可用来测量溶液的 pH。用铂电极或其他离子选择性电极作指示电极时，可用于测量溶液的电位值及其相应离子的浓度或活度。

（1）电极

① 玻璃电极。玻璃电极的结构如图 1-49(a) 所示，它是一种对氢离子具有高度选择性响应的电极，不受氧化剂或还原剂的影响，可用于有色、混浊或胶体溶液的 pH 测定，也可用于酸碱电位法滴定。测定时达到平衡快，操作简便，不污染溶液。缺点是强度差，易损坏，使用时必须小心操作。一般玻璃电极（221 型）仅限于测定 pH 为 1～9 的溶液，否则将产生酸差或碱差（钠差）；若用于广泛 pH 的测定，可使用 231 型锂玻璃电极，它的 pH 测量范围是 0～14。

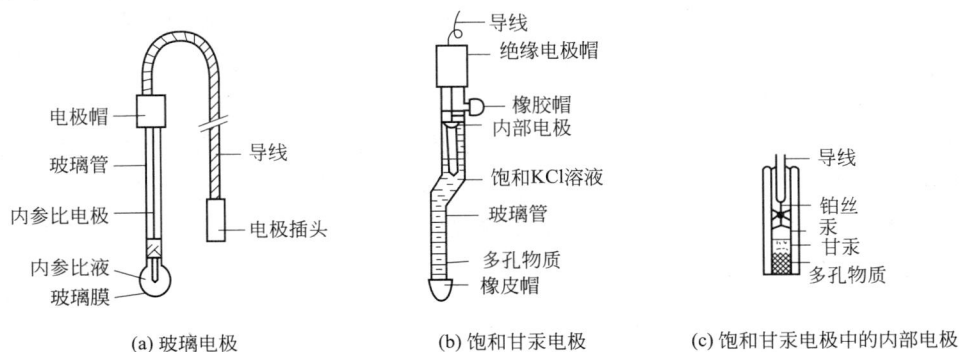

图 1-49　电极结构示意图

　　玻璃电极在使用前至少要在蒸馏水中浸泡 24h，用完后也应浸泡在蒸馏水中，以备下次使用。测定时要先用与待测溶液 pH 相近的标准缓冲溶液定位。

　　② 甘汞电极。最常用的是饱和甘汞电极，结构如图 1-49（b）及图 1-49（c）所示。其电极电位既固定又稳定，所以在测定中常用作参比电极。使用时注意在电极内充满饱和 KCl 溶液，去掉上、下橡胶帽。

　　（2）PB-10 型酸度计

　　① 仪器安装。

　　a. 将变压器插头与酸度计 Power（电源）接口相连，并接好交流电。

　　b. 将复合电极与 BNC（电极）和 ATC（温度探头）输入孔连接。

　　② 校正。

　　a. 将电极浸入到缓冲溶液中，搅拌均匀，直至达到稳定。

　　b. 按 "Mode"（转换）键，直至显示出所需要的测量方式。用此键可以在 "pH" 和 "mV" 模式之间切换。

　　c. 在进行一个新的两点或三点校准之前，要将已经存储的校准点清除。使用 "Setup"（设置）键和 "Enter"（确认）键可清除已有缓冲溶液，并选择您所需要的缓冲溶液组。

　　d. 按 "Standardize"（校正）键。酸度计识别出缓冲溶液并将闪烁显示缓冲溶液值。在达到稳定状态后，或通过按 "Enter"（确认）键，存储测量值。

　　e. 酸度计显示的电极斜率为 100.0%。当输入第二种或第三种缓冲溶液时，仪器首先进行电极检验，然后显示电极的斜率。

　　f. 为了输入第二个缓冲溶液，将电极浸入到第二种缓冲溶液中，搅拌均匀，并等到示值稳定后，按 "Standardize"（校正）键。酸度计识别出缓冲溶液，并在显示屏上显示出第一和第二个缓冲溶液值。

　　g. 当前酸度计正进行电极检验。当电极是完好时，系统则显示 "OK"，当有故障时，则显示 "error"。此外，还显示出电极的斜率。

　　h. 电极斜率应在 90% 和 105% 之间。在测量过程中产生出错报警是不允许的。按 "Enter"（确认）键，以便清除出错报警并从第 f 步骤处重新进行。

　　i. 为了设定第三个标准值，将电极插到第三种缓冲溶液中，搅拌均匀，并等示值稳定后，按 "Standardize"（校正）键，结果与在步骤 f 和步骤 g 时一样。此时，系统显示三种缓冲溶液值。

　　j. 输入每一种缓冲溶液后，"Standardize" 显示消失，酸度计回到测量状态。

　　k. 为了校准酸度计，至少使用两种缓冲溶液。待测溶液的 pH 应处于两种缓冲溶液 pH 之间。用磁力搅拌器搅拌，可使电极响应速度更快。

　　经校正的仪器，所有旋钮都不准再动（否则必须重新校正），一般 24h 内不需要再校正。

　　③ pH 的测量。

　　a. 将电极从标准溶液中取出，用蒸馏水清洗后，再用滤纸吸干。

　　b. 将电极插入待测液中，搅拌 1min，静置后，直接测其 pH。

1.3.4　可见分光光度计

　　用来测量和记录待测物质对可见光的吸光度并进行定量分析的仪器，称为可见分光光度计。

（1）72 型分光光度计的工作原理　72 型分光光度计是一种普及型的可见分光光度计，适用波长范围为 420～700nm。它的工作原理如图 1-50 所示。

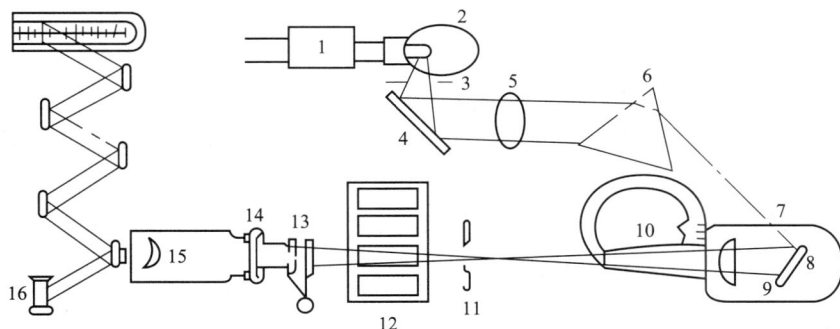

图 1-50　72 型分光光度计的结构简图

1—磁饱和稳压器；2—光源；3—透光窗；4,8—反光镜；5,9—透镜；6—玻璃棱镜；7—转盘；

10—转轮；11—出光狭缝；12—比色杯架；13—光量调节；14—硒光电池；

15—悬镜式检流计；16—光"线"投影光源

光源是由磁饱和稳压器和 10V 钨丝灯泡提供。白光经过透光窗、反光镜和透镜后，成平行光进入棱镜，经分光后的各种波长的单色光，被反射镜反射而经过透镜，再聚集于出光狭缝上。反射镜和透镜装在一个可旋转的转盘上，它的旋转角度是由波长调节器上的转轮带动控制的，所以旋转波长调节器转轮可在出光狭缝的后面得到一定波长的单色光。单色光通过比色杯和光量调节器（调节光电池受光面积），射到硒光电池上，产生光电流，使检流计发生偏转。光"线"投影光源是检流计的光源。

（2）SP-2100 型分光光度计的使用方法

① 仪器性能的检查。

a. 接通电源，让仪器预热至少 20min，使仪器进入热稳定工作状态。

b. 仪器接通电源后，即进入自检状态。显示器实时显示仪器的自检状态。当仪器发生故障时，显示器会自动显示故障位置。自检结束，仪器自动寻找光源最大能量，查找完毕，仪器自动停留在 546nm 处，并自动调"100％T"和"0％T"。显示器上显示"546nm"和"100.0％T"。仪器此时进入测试状态。

② 使用方法。

a. 按"方式键"将测试方式设置为吸光度方式。

b. 按"波长设置"键设置想要的分析波长，如 560nm。

c. 将参比溶液和被测溶液分别倒入比色杯中。注意比色杯内的液面高度不应低于25mm，大约 2.5mL；被测试的样品中不能有气泡和漂浮物。

d. 打开样品室盖，将盛有溶液的比色杯分别插入比色杯槽中，盖上样品室盖。注意：一般参比溶液的比色杯放在第一格，待测溶液放在后面三格；从第一格推到第二格时注意要将第二格推到位，否则会显示"2.500A"。比色杯的透光部分表面不能有指印和溶液痕迹。

e. 将参比溶液推入光路中，按"100％T"键调整吸光度为零。

f. 将被测溶液推或拉入光路中，此时，显示器上所显示的是被测样品的吸光度数值。

（3）比色皿使用注意事项

① 拿取比色皿时，手指不能接触其透光面；

② 装溶液时，先用该溶液润洗比色皿内壁 2～3 次；测定系列溶液时，通常按由稀到浓的顺序测定；

③ 被测溶液以装至比色皿的 3/4 高度为宜；

④ 装好溶液后，先用滤纸轻轻吸去比色皿外部的液体，再用擦镜纸小心擦拭透光面，直到洁净透明；

⑤ 实验中勿将盛有溶液的比色皿放在仪器面板上，以免沾污和腐蚀仪器，实验完毕，及时把比色皿洗净、晾干，放回比色皿盒中。

1.3.5　电位滴定仪

用来观察和测量电位的变化以确定滴定分析终点并进行定量分析的仪器称为电位滴定仪。一般常用的型号是 ZD-2 型自动电位滴定仪。

（1）ZD-2 型自动电位滴定仪的工作原理　ZD-2 型自动电位滴定仪由 ZD-2 型自动电位滴定计和 ZD-1 型滴定装置配套组成，前者可以单独用作酸度计或毫伏计。当两种装置配套进行滴定时，首先需要确定终点电位，然后在滴定计上预设终点，用电位信号控制滴定剂的流速，在离滴定终点较远时滴定剂流速较快，在接近滴定终点时滴定剂流速较慢。当电极电位与预先设定的终点电位差为零或极性相反时，自动停止滴定。由滴定管上读出滴定剂的消耗体积，便可计算出待测组分的含量。

当进行滴定时，被测溶液中离子浓度发生变化，浸在溶液中的一对电极两端的电位差 E 即发生变化。这个渐变的电位经调制放大器放大以后送回取样回路，在其中电极系统所测得的直流信号 e 与按照滴定终点预先设定的电位相比较，其差值进入 e-t 转换器。e-t 转换器是一开关电路，将该差值成比例地转换成短路脉冲，使电磁阀吸通。当距终点较远时，由于 e 和终点电位差较大，电磁阀吸通时间长，滴定速度快；当接近终点时，差值逐渐减少，电磁阀吸通时间短，滴液流速减慢。仪器内设有防止到达终点时出现过漏现象的电子延迟电路，以提高滴定分析的准确性。

（2）结构　电位滴定仪一般包括：电极系统、电位测量系统及滴定系统。自动电位滴定仪还包括反馈控制系统、自动取样系统、数据处理系统。常规电位滴定法中使用的指示电极除各种离子选择性电极外，还可用金属电极（如铂、银、金、钨等电极）以及石墨电极和氢醌电极等。常用的电位测定仪器如 pH 计、离子计、数字电压表等均可用于电位滴定的电位测量系统。电位滴定仪基本装置、ZD-2 型全自动电位滴定仪结构及外形示意图分别见图 1-51～图 1-53。

（3）使用方法　ZD-2 型自动电位滴定仪的使用项目共分为：pH 测定、pNa 测定、±mV 测定、自动电位滴定、自动酸度控制、手动控制等。

ZD-2 型自动电位滴定仪使用方法如下。

① 准备工作如下。

a. 电极的选择。根据不同的滴定反应类型，选择适当的电极。

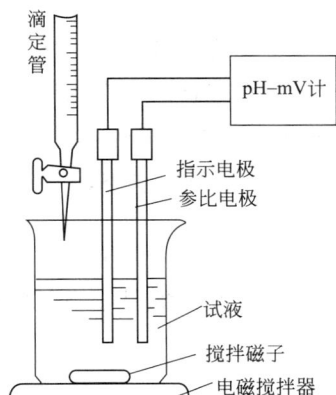

图 1-51　电位滴定仪基本装置示意图

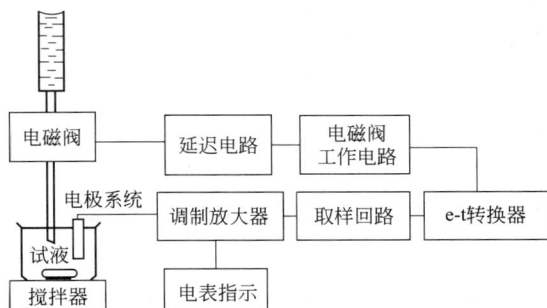

图 1-52　ZD-2 型全自动电位滴定仪结构示意图

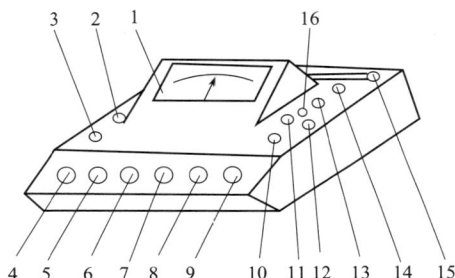

图 1-53　ZD-2 型全自动电位滴定仪外形示意图

1—指示电表；2—滴液开关；3—滴定开始开关；4—预控制调节器；5—终点调节器；6—工作开关；
7—选择开关；8—温度补偿调节器；9—校正调节器；10—读数开关；11—终点指示灯；
12—滴定指示灯；13—甘汞电极接线柱；14—玻璃电极插孔；15—可拆式电极杆；16—电源指示灯

b. 电极的安装。将电极夹好后，将插头插入相应的接口，注意正负极。

c. 滴定管和电磁阀的安装。滴定管由滴定管夹夹住，它的出口和电磁阀上的橡胶管上端连接，橡胶管的下端与玻璃毛细管连接，然后装好滴定液。

d. 预控制的调节。自动滴定时用此调节钮，预控制指数越大，滴定时间越长，但能保证准确性；反之，滴定时间越短，越易造成过滴。

e. 滴定选择开关的调节。当指示电极为正极，参比电极为负极时，如果终点电位比起点电位高，则滴定选择开关位置为"－"，反之则为"＋"。

f. 滴定终点的确定　从电位滴定原理可知，终点电位确定的精度决定了分析精度。因此实验前必须准确知道终点电位，然后转动终点电位旋钮使指针处在终点电位值处。

g. 如果是手动滴定，工作开关指在手动位置，如果是自动滴定，工作开关指在滴定位置。

h. 调节好电磁阀的松紧度。

i. 用双头连接插座将 ZD-2 型与 ZD-1 型滴定装置连接好。

② 操作步骤如下。

a. 开启电源开关，预热后，按下读数开关，旋动校正调节器，使电表指针在 pH＝7 的位置或左面零位置或右面零位置，3 个位置的读数范围分别是 $-700 \sim +700 \text{mV}$、$0 \sim$

1400mV、−1400～0mV，此后不能旋动校正调节器。

　　b. 置选择器于终点处，旋转终点调节器，使电表指针指在终点的"pH"或"mV"的值上。如果是酸碱滴定，还必须先用标准pH溶液校正后，定好终点位置（终点调节器旋钮在调好后就不要再转动）。然后将选择器置于滴定位置（如果是手动滴定，尤需此步）。

　　c. 将盛有试液的烧杯置于滴定装置的托盘中，放入搅拌磁子，插入电极，开启搅拌开关。

　　d. 按滴定开始开关，此时终点指示灯亮，滴定指示灯时亮时暗，滴液快速滴下，电表指针向终点逐渐接近，滴速变慢。当电表指针达到预定终点的pH或mV值时，终点指示灯熄灭，滴定结束。

　　e. 记录滴定管内滴定液的终点读数。

　　f. 如果是手动滴定，按滴定开始开关，开始滴定；放开此开关，电磁阀关闭，停止滴定。每隔一定的滴定体积，记录测量值及滴定液消耗体积。

　　(4) 注意事项　仪器在校正前应将工作电极插头拔出插孔，然后进行校正工作。

第**2**章

Chapter 02

物质的制备及基本性质实验

2.1 粗食盐的提纯

【实验目的】

(1) 掌握提纯粗食盐的基本原理和方法。

(2) 学习称量、溶解、沉淀、过滤、蒸发浓缩、结晶等基本操作。

(3) 掌握 Ca^{2+}、Mg^{2+}、SO_4^{2-} 的定性检验方法。

【实验原理】

氯化钠试剂以及医用氯化钠都是以粗食盐为原料提纯的。粗食盐中通常含有 K^+、Ca^{2+}、Mg^{2+}、SO_4^{2-}、CO_3^{2-} 等可溶性的杂质，还含有泥砂等不溶性的杂质。不溶性的杂质可以通过溶解、过滤的方法除去。可溶性的杂质则可以通过加入适当的化学试剂而除去。除去粗食盐中可溶性杂质（Ca^{2+}、Mg^{2+}、SO_4^{2-}、CO_3^{2-}）的方法如下。

① 在粗食盐溶液中加入稍过量的 $BaCl_2$ 溶液，将 SO_4^{2-} 转化为 $BaSO_4$ 沉淀后过滤除去：

$$SO_4^{2-} + Ba^{2+} =\!=\!= BaSO_4 \downarrow$$

② 向食盐溶液中加入 $NaOH$ 和 Na_2CO_3 溶液，将 Mg^{2+}、Ca^{2+} 和 Ba^{2+} 分别转化为 $Mg_2(OH)_2CO_3$、$CaCO_3$ 和 $BaCO_3$ 沉淀后过滤除去：

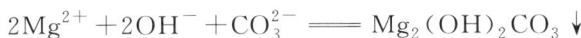
$$2Mg^{2+} + 2OH^- + CO_3^{2-} =\!=\!= Mg_2(OH)_2CO_3 \downarrow$$

$$Ca^{2+} + CO_3^{2-} =\!=\!= CaCO_3 \downarrow$$

$$Ba^{2+} + CO_3^{2-} =\!=\!= BaCO_3 \downarrow$$

③ 过量的 $NaOH$ 和 Na_2CO_3 溶液可用稀 HCl 溶液中和，以除去 OH^- 和 CO_3^{2-}。

$$OH^- + H^+ =\!=\!= H_2O$$

$$CO_3^{2-} + 2H^+ =\!=\!= CO_2 \uparrow + H_2O$$

粗食盐中的 K^+ 与这些沉淀剂不起作用，仍留在溶液中。由于 KCl 的溶解度比 $NaCl$ 大，且在粗食盐中的含量较少，可通过蒸发、浓缩食盐溶液，使 $NaCl$ 结晶出来，而 KCl 仍留在母液中，从而达到提纯氯化钠的目的。

【实验用品】

(1) 仪器　台秤，铁架台，水泵，吸滤瓶，布氏漏斗，普通漏斗，蒸发皿，烧杯（100mL、250mL），量筒（10mL、100mL），试管，玻璃棒等。

（2）试剂

粗食盐（s）　　　　　　　　HCl(2mol·L^{-1})　　　　　　　NaOH(2mol·L^{-1})

Na$_2$CO$_3$(1mol·L^{-1})　　　　pH 试纸　　　　　　　　　BaCl$_2$(1mol·L^{-1})

(NH$_4$)$_2$C$_2$O$_4$（饱和）　　　　酒精（65%）　　　　　　　镁试剂

【实验内容】

（1）粗食盐的溶解　用台秤称取 5.0g 粗食盐放入 100mL 烧杯中，加 25mL 蒸馏水，加热搅拌使大部分固体溶解，剩下少量不溶的泥砂等杂质。

（2）除去 SO$_4^{2-}$　边加热边搅拌边滴加 1mL 1mol·L^{-1} BaCl$_2$ 溶液，继续加热使 BaSO$_4$ 沉淀完全。2～4min 后停止加热。待沉淀下降后，在上层清液滴加 BaCl$_2$，以检验 SO$_4^{2-}$ 是否沉淀完全，如有白色沉淀生成，则需在热溶液中再补加适量的 BaCl$_2$，直至沉淀完全。如没有白色沉淀生成，即可用倾注法过滤。用少量蒸馏水洗涤沉淀 2～3 次，滤液收集在 250mL 的烧杯中。

（3）除去 Mg^{2+}、Ca^{2+} 和 Ba^{2+}　在滤液中加入 10 滴 2mol·L^{-1} NaOH 溶液和 1.5mL 1mol·L^{-1} 的 Na$_2$CO$_3$ 溶液。加热至沸，静置片刻。以检验沉淀是否完全。沉淀完全后，用倾注法过滤，滤液收集在 100mL 的烧杯中。

（4）除去 OH$^-$ 和 CO$_3^{2-}$　往滤液中逐滴加入 2mol·L^{-1} HCl 溶液，充分搅拌，中和到溶液的 pH 为 2～3（用 pH 试纸检验）。

（5）浓缩与结晶　将滤液放入蒸发皿中，用小火加热，并不断搅拌，将溶液浓缩至稀糊状（切勿蒸干！），停止加热。待溶液冷却后进行减压过滤，并用少量 65% 酒精洗涤晶体，将晶体尽量抽干。然后，把晶体转移至蒸发皿中，用小火烘干。冷却后称量，计算产率：

$$产率 = \frac{精盐质量}{5.0g} \times 100\%$$

（6）产品纯度的检验　取粗食盐和精盐各 0.5g 放入试管内，分别溶于 5mL 蒸馏水中，然后各分 3 等份，盛在 6 支试管中，分成 3 组，用对比法比较它们的纯度。

① SO$_4^{2-}$ 的检验　向第 1 组试管中各滴加 2 滴 1mol·L^{-1} BaCl$_2$ 溶液，观察现象。

② Ca^{2+} 的检验　向第 2 组试管中各滴加 2 滴饱和 (NH$_4$)$_2$C$_2$O$_4$ 溶液，观察现象。

③ Mg^{2+} 的检验　向第 3 组试管中各滴加 2mol·L^{-1} 的 NaOH 溶液，再加入 1 滴镁试剂，观察现象。

【思考题】

（1）在除去 Ca^{2+}、Mg^{2+}、SO$_4^{2-}$ 时，为什么要先加入 BaCl$_2$ 溶液，然后再加入 NaOH 和 Na$_2$CO$_3$ 溶液？

（2）如何检验 SO$_4^{2-}$ 是否沉淀完全？

（3）为什么本实验中除去过量的 NaOH 和 Na$_2$CO$_3$ 用盐酸，而不用其他强酸？

（4）在蒸发浓缩时，为什么不能将溶液蒸干？

2.2　电解质溶液

【实验目的】

（1）加深对解离平衡、同离子效应等概念的理解。

（2）学习缓冲溶液的配制方法，并了解其缓冲作用。

（3）了解难溶电解质的多相解离平衡及溶度积规则。

（4）学习离心机的使用方法，掌握离心分离操作技术。

【实验原理】

（1）酸（碱）解离平衡及其移动　在水溶液中，酸（碱）的解离就是酸（碱）与水之间的质子转移反应。例如弱酸 HA（弱碱 A^-）在水中的解离反应为：

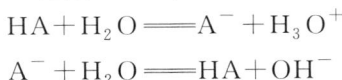

$$HA + H_2O \Longrightarrow A^- + H_3O^+$$

$$A^- + H_2O \Longrightarrow HA + OH^-$$

在弱电解质溶液中，加入与该弱电解质具有相同离子的强电解质，可使弱电解质的解离度降低，这种作用叫同离子效应。

弱酸及其共轭碱（例如 HAc 和 NaAc）或弱碱及其共轭酸（例如 $NH_3 \cdot H_2O$ 和 NH_4Cl）所组成的溶液，能够抵抗外加少量酸、碱或稀释，其 pH 基本维持不变，这种溶液叫缓冲溶液。

酸（碱）解离平衡是有条件的相对平衡，当改变浓度、温度等外因条件时，酸碱解离平衡可发生移动。

（2）难溶电解质的多相解离平衡及其移动　对于任一难溶电解质 A_mB_n，在水溶液中的沉淀-溶解平衡可表示为：

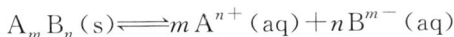

$$A_mB_n(s) \Longrightarrow mA^{n+}(aq) + nB^{m-}(aq)$$

这是一种存在于难溶电解质饱和溶液中的多相解离平衡，其平衡常数 $K_{sp}^{\ominus}$ 为：

$$K_{sp}^{\ominus}(A_mB_n) = [c(A^{n+})/c^{\ominus}]^m [c(B^{m-})/c^{\ominus}]^n$$

$K_{sp}^{\ominus}$ 称为难溶电解质 A_mB_n 的溶度积。

根据溶度积规则，通过比较溶度积（$K_{sp}^{\ominus}$）和离子积（Q）的相对大小，可以判断沉淀的生成与溶解：

当 $Q > K_{sp}^{\ominus}$ 时，溶液为过饱和溶液，有沉淀析出；

当 $Q = K_{sp}^{\ominus}$ 时，溶液为饱和溶液，反应处于平衡状态；

当 $Q < K_{sp}^{\ominus}$ 时，溶液为不饱和溶液，无沉淀析出或沉淀溶解。

利用溶度积规则，可以控制难溶电解质沉淀的生成、溶解或转化。

【实验用品】

（1）仪器　试管，试管夹，量筒（10mL），烧杯（50mL，100mL），离心机，酒精灯等。

（2）试剂

$HAc(0.1mol \cdot L^{-1})$

$NaAc(0.1mol \cdot L^{-1}, s)$

$HCl(0.1mol \cdot L^{-1}, 6mol \cdot L^{-1})$

$NaCl(0.1mol \cdot L^{-1}, 1mol \cdot L^{-1})$

$NH_4Cl(0.1mol \cdot L^{-1}, s)$

$NH_3 \cdot H_2O(0.1mol \cdot L^{-1}, 2mol \cdot L^{-1})$

$Na_2CO_3(0.1mol \cdot L^{-1}, 0.2mol \cdot L^{-1})$

$Na_3PO_4(0.1mol \cdot L^{-1})$

$Na_2HPO_4(0.1mol \cdot L^{-1})$

$NaH_2PO_4(0.1mol \cdot L^{-1})$

$NaOH(0.1mol \cdot L^{-1})$

$KI(0.1mol \cdot L^{-1})$

$K_2CrO_4(0.1mol \cdot L^{-1})$

$BiCl_3(s)$

$Al_2(SO_4)_3(0.2mol \cdot L^{-1})$

$AgNO_3(0.1mol \cdot L^{-1})$

Fe(NO$_3$)$_3$（0.1mol·L^{-1}）   酚酞（0.1%）

MgCl$_2$（0.1mol·L^{-1}）   甲基橙（0.1%）

Pb(NO$_3$)$_2$（0.1mol·L^{-1}）   pH 试纸

茜红素（0.1%）

【实验内容】

（1）同离子效应

① 在试管中加入 1mL 0.1mol·L^{-1}NH$_3$·H$_2$O 和 1 滴酚酞，摇匀，观察溶液的颜色。再加入少量固体 NH$_4$Cl，摇荡使其溶解，观察溶液颜色的变化。

② 在试管中加入 1mL 0.1mol·L^{-1}HAc 溶液和 1 滴甲基橙，摇匀，观察溶液的颜色。再加入少量固体 NaAc，摇荡使其溶解，观察溶液颜色的变化。

（2）缓冲溶液

① 在两支各盛 2mL 蒸馏水的试管中，分别加 1 滴 0.1mol·L^{-1} HCl 和 0.1mol·L^{-1} NaOH 溶液，用 pH 试纸测定它们的 pH，并与实验前测定蒸馏水的 pH 相比较，记下 pH 的改变。

② 在试管中加入 3mL 0.1mol·L^{-1}HAc 和 3mL 0.1mol·L^{-1}NaAc，配成 HAc-NaAc 缓冲溶液。加数滴茜红素指示剂，混合后观察溶液的颜色。然后把溶液分盛在 4 支试管中，在其中 3 支试管中分别加入 5 滴 0.1mol·L^{-1} HCl、0.1mol·L^{-1}NaOH 和水，与原配制的缓冲溶液颜色相比较，观察溶液的颜色是否改变。

③ 自拟实验：配制 15mL pH=5.0 的缓冲溶液需要 0.1mol·L^{-1} HAc 溶液和 0.1mol·L^{-1} NaAc 溶液各多少毫升？根据计算结果配制，然后测定 pH，再将溶液分成 3 份，试验其抗酸、抗碱、抗稀释性。

（3）酸（碱）的解离平衡及其移动

① 用 pH 试纸测定浓度为 0.1mol·L^{-1}下列各溶液的 pH：

NaCl   NH$_4$Cl   NaAc   Na$_2$CO$_3$ Na$_3$PO$_4$ Na$_2$HPO$_4$ NaH$_2$PO$_4$

② 在两支试管中，各加入 2mL 蒸馏水和 3 滴 0.1mol·L^{-1}Fe（NO$_3$）$_3$，摇匀。将一支试管用小火加热，观察溶液的颜色的变化。解释实验现象。

③ 取一支试管，加入 2mL 0.1mol·L^{-1}NaAc，滴入 1 滴酚酞，摇匀，观察溶液的颜色。将溶液分盛在两支试管中，将一支试管用小火加热至沸，比较两支试管中溶液的颜色，解释原因。

④ 取绿豆大小的一粒固体 BiCl$_3$ 加到盛有 1mL 水的试管中，有什么现象？测其 pH。加入 6mol·L^{-1}HCl，沉淀是否溶解？再注入水稀释又有什么现象？

⑤ 在装有 1mL 0.2mol·L^{-1}Al$_2$（SO$_4$）$_3$ 的试管中，加入 1mL 0.2mol·L^{-1}Na$_2$CO$_3$，有何现象？设法证明产物是 Al（OH）$_3$ 而不是 Al$_2$（CO$_3$）$_3$。

（4）沉淀的生成和溶解

① 在试管中加入 1mL 0.1mol·L^{-1}Pb（NO$_3$）$_2$，再加入 1mL 0.1mol·L^{-1}KI，观察有无沉淀生成？

② 取两支试管，分别加入 5 滴 0.1mol·L^{-1} K$_2$CrO$_4$ 和 5 滴 0.1mol·L^{-1}NaCl，然后各逐滴加入 2 滴 0.1mol·L^{-1} AgNO$_3$，观察沉淀的生成和颜色。

③ 在一支离心试管中加入 2 滴 $0.1mol \cdot L^{-1}$ K_2CrO_4 和 2 滴 $0.1mol \cdot L^{-1}$ NaCl，加 2mL 蒸馏水稀释。摇匀后再滴加 2 滴 $0.1mol \cdot L^{-1}$ $AgNO_3$，摇匀，离心沉降，观察溶液和沉淀的颜色，继续滴加 $0.1mol \cdot L^{-1}$ $AgNO_3$，观察沉淀的颜色。离心沉降，观察溶液的颜色是否变浅？根据实验确定先沉淀的是哪一种物质？与计算相符吗？

④ 一支试管中加入 2mL $0.1mol \cdot L^{-1}$ $MgCl_2$，滴入数滴 $2mol \cdot L^{-1}$ $NH_3 \cdot H_2O$，观察沉淀的生成。再向此溶液中加入少量固体 NH_4Cl，振荡，观察沉淀是否溶解？解释现象。

⑤ 取一支离心管，加入 5 滴 $0.1mol \cdot L^{-1}$ $Pb(NO_3)_2$ 和 $1mol \cdot L^{-1}$ NaCl，离心分离，弃去清液，往沉淀上逐滴加入 $0.1mol \cdot L^{-1}$ KI，剧烈振荡或搅拌，观察沉淀颜色的变化，并解释现象。

⑥ 自拟实验，实现由 Ag^+ 到 AgCl 再到 AgI 的转化。写出实验步骤，观察沉淀颜色的变化。

【思考题】

(1) 将下面的两种溶液混合，是否能形成缓冲溶液？为什么？

① 10mL $0.1mol \cdot L^{-1}$ HCl 和 10mL $0.2mol \cdot L^{-1}$ $NH_3 \cdot H_2O$；

② 10mL $0.2mol \cdot L^{-1}$ HCl 和 10mL $0.1mol \cdot L^{-1}$ $NH_3 \cdot H_2O$。

(2) 同离子效应对难溶电解质的溶解度有何影响？

(3) 如何正确配制 $FeCl_3$ 的水溶液？

(4) 利用平衡移动原理，判断下列物质是否可溶于盐酸：

$$MgCO_3 \quad Ag_3PO_4 \quad AgCl \quad CaC_2O_4 \quad BaSO_4$$

2.3　吸附与胶体的性质

【实验目的】

(1) 了解溶胶的制备、保护和聚沉的方法。

(2) 试验溶胶的光学性质和电学性质。

(3) 了解固体吸附剂在溶液中的吸附作用。

【实验原理】

胶体溶液溶胶是一种高度分散的多相体系，它具有较大的表面积和表面能，是热力学不稳定体系。制备胶体溶液通常有两种方法：一是凝聚法，即在一定条件下使分子或离子聚结为胶粒；二是分散法，即将大颗粒的分散质在一定条件下分散为胶粒形成溶胶。

溶胶具有三大特性：丁达尔效应、布朗运动和电泳。其中常用丁达尔效应来区别溶胶与真溶液，用电泳来验证胶粒所带的电性。

胶团的双电层结构及溶剂化膜是溶胶暂时相对稳定的主要原因。若溶胶中加入电解质，加热或加入带异号电荷的溶胶，都会破坏胶团的双电层结构及溶剂化膜，导致溶胶的聚沉。电解质使溶胶聚沉的能力主要取决于与胶粒带相反电荷的离子电荷数，电荷数越大，聚沉能力越强。

在溶胶中加入适量的高分子溶液（如动物胶、蛋白质等），可以增加溶胶的稳定性，这种作用是高分子溶液对溶胶的保护作用。

一种物质自动浓集到另一物质表面的过程叫吸附。其中有吸附能力的物质称为吸附剂，被吸附的物质称为吸附质。固体吸附剂通常是一些多孔性物质，如活性炭、硅胶。固体吸附剂在溶液中可通过吸附作用来降低自己的表面能。

【实验用品】

（1）仪器　U形电泳仪，直流稳压电源，丁达尔效应装置，漏斗，烧杯（100mL），量筒（10mL，100mL），试管。

（2）试剂

HAc（$6mol \cdot L^{-1}$）

新配制 H_2S（饱和）

$(NH_4)_2C_2O_4$（$0.5mol \cdot L^{-1}$）

NaOH（$6mol \cdot L^{-1}$）

NaCl（$0.5mol \cdot L^{-1}$，$2mol \cdot L^{-1}$）

KNO_3（$0.1mol \cdot L^{-1}$）

NH_4Ac（$1mol \cdot L^{-1}$）

$FeCl_3$（2%）

$BaCl_2$（$0.01mol \cdot L^{-1}$）

$K_3[Fe(CN)_6]$（$0.01mol \cdot L^{-1}$）

$K_4[Fe(CN)_6]$（$0.02mol \cdot L^{-1}$）

酒石酸锑钾（0.5%）

$AlCl_3$（$0.01mol \cdot L^{-1}$）

明胶（0.5%）

镁试剂

K_2SO_4（$0.01mol \cdot L^{-1}$）

品红溶液

硫的 C_2H_5OH 饱和溶液

土壤样品

活性炭

【实验内容】

（1）溶胶的制备（保留本实验所得的各种溶胶供后面实验用）

① 凝聚法。

a. 改变溶剂法制备硫溶胶。在盛有 4mL 蒸馏水的试管中，滴加 4 滴硫的 C_2H_5OH 饱和溶液，边加边振荡试管，观察所得硫溶胶的颜色。

b. 利用水解反应制备 $Fe(OH)_3$ 溶胶。取 25mL 的蒸馏水于 100mL 烧杯中，加热煮沸，逐滴加入 4mL 2% $FeCl_3$ 溶液并不断搅拌，继续煮沸 1~2min，观察溶液颜色的变化。

c. 利用复分解反应制备 Sb_2S_3 溶胶。取 20mL 0.5%酒石酸锑钾溶液于 100mL 烧杯中，逐滴加入新配制的饱和 H_2S 溶液，并不断搅拌，直至溶液变为橙红色为止。

② 分散法。取 3mL 2% $FeCl_3$ 溶液注入试管，加入 1mL $0.02mol \cdot L^{-1}$ 的 $K_4[Fe(CN)_6]$ 溶液，用滤纸过滤，并以少量的蒸馏水洗涤沉淀，滤液即为普鲁士蓝溶胶。

（2）溶胶的性质

① 溶胶的光学性质——丁达尔效应　取前面自制的溶胶，分别装入试管中，置于丁达尔效应的装置中（图 2-1），观察丁达尔效应，解释所观察到的现象。

② 溶胶的电学性质——电泳（演示）　取一个 U 形电泳仪，将 6~7mL 蒸馏水由中间漏斗注入 U 形管内（见图 2-2），滴加 4 滴 $0.1mol \cdot L^{-1}$ KNO_3 溶液，然后缓缓地注入 $Fe(OH)_3$ 溶胶，保持溶胶的液面相齐，在 U 形管的两端，分别插入电极，接通电源，电压调至 30~40V。20min 后，观察实验现象并解释之。写出 $Fe(OH)_3$ 溶胶的胶团结构式。

以同样的方法将新配制的 Sb_2S_3 溶胶注入 U 形管中，插入电极，电压调至 110V，20min 后，观察现象，写出 Sb_2S_3 溶胶的胶团结构式。

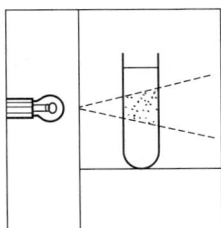

图 2-1　观察丁达尔效应的装置

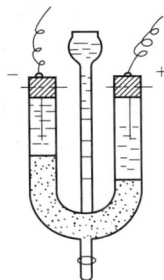

图 2-2　简单的电泳装置

（3）溶胶的聚沉及其保护

① 电解质对溶胶的聚沉作用。

a. 取三支试管，各加入 2mL Sb_2S_3 溶胶（自制），分别向各试管中逐滴加入 0.01mol·L^{-1} 的 $AlCl_3$、0.01mol·L^{-1} $BaCl_2$ 和 0.5mol·L^{-1} NaCl 溶液，边加边振荡，直至出现聚沉现象为止，记录溶胶出现聚沉所需的电解质溶液的滴数，并解释之。

b. 在三支试管中，各加入 2mL $Fe(OH)_3$ 溶胶，分别滴加 0.01mol·L^{-1} 的 $K_3[Fe(CN)_6]$、K_2SO_4 和 2mol·L^{-1} NaCl 溶液，边加边振荡，直至出现聚沉现象为止，记下溶胶出现聚沉时所需各种电解质溶液的滴数，比较三种电解质的聚沉能力，并解释之。

② 加热对溶胶的聚沉作用。取 2mL Sb_2S_3 溶胶于试管中，加热至沸，观察颜色有何变化，静置冷却，观察有何现象，并加以解释。

③ 异电荷溶胶的相互聚沉。取一支试管，分别加入 1mL $Fe(OH)_3$ 溶胶和 1mL 的 Sb_2S_3 溶胶混合，振荡试管，观察现象，并加以解释。

④ 高分子溶液对溶胶的保护作用。

a. 取两支试管，各加入 2mL $Fe(OH)_3$ 溶胶及 2 滴 0.5% 的明胶，振荡试管，然后分别滴加 0.01mol·L^{-1} 的 $K_3[Fe(CN)_6]$ 和 0.01mol·L^{-1} K_2SO_4 溶液，观察聚沉时所需电解质的量，与前面（3）①b. 的实验进行比较，并加以解释。

b. 取两支试管，各加入 Sb_2S_3 溶胶及 2 滴 0.5% 明胶溶液，振荡试管，然后分别逐滴加入 0.01mol·L^{-1} $AlCl_3$、0.01mol·L^{-1} $BaCl_2$ 溶液，直至有沉淀出现为止，记录所需各电解质的滴数，与实验步骤（3）① a. 的实验相比较，并加以解释。

（4）固体在溶液中的吸附与交换作用

① 吸附作用。在一支试管中加入 10 滴蒸馏水，再加入 1~2 滴品红溶液，此时溶液呈红色。加入少许活性炭，振荡 1~2min 后，过滤。观察溶液是否还有颜色，并加以解释。

② 交换作用。在两只 100mL 烧杯中，各取土壤样品 2g，一只烧杯中加入 10mL 1mol·L^{-1} NH_4Ac 溶液；另一只烧杯中，加入 10mL 蒸馏水。用玻璃棒搅拌，使土和溶液充分混合，便于进行交换作用。静置片刻，使土沉下，用过滤法将溶液过滤于一试管中，滤液做以下检验用。

a. Ca^{2+} 的检验。各取 5~6 滴上述滤液于两支试管中，加入 2 滴 6mol·L^{-1} HAc 酸化，微热，然后加入 2~4 滴 0.5mol·L^{-1} $(NH_4)_2C_2O_4$ 溶液，若有白色沉淀产生，表示土壤中的 Ca^{2+} 被交换出来。

b. Mg^{2+} 的检验。各取 5~6 滴上述滤液于两支试管中，加入 2 滴 6mol·L^{-1} 的 NaOH，若有沉淀生成，观察沉淀的颜色，再加 1~2 滴镁试剂，若沉淀变成天蓝色，表示 Mg^{2+} 被交换出来，比较两个实验的现象，并解释之。

【思考题】

（1）由 $FeCl_3$ 溶液制备 $Fe(OH)_3$ 溶胶时，为什么要加热？加热时间能否很长，为什么？

（2）溶胶稳定存在的原因是什么？

（3）怎样使溶胶聚沉？不同电解质对不同溶胶的聚沉作用有何不同？

（4）溶胶产生光学、电学性质的原因是什么？

2.4 氧化还原反应

【实验目的】

（1）了解氧化还原反应与电极电位的关系。

（2）了解影响氧化还原反应的因素。

（3）了解原电池装置及其工作原理。

（4）掌握常见氧化剂、还原剂的氧化、还原性质。

【实验原理】

（1）氧化还原反应与电极电位　氧化还原反应是电子从还原剂转移到氧化剂的过程。物质得失电子能力的大小或者说氧化、还原能力的强弱，可用其相应电对的电极电位的相对高低来衡量。电极电位越高，其氧化型物质的氧化能力越强，还原型物质的还原能力越弱；电极电位越低，其氧化型物质的氧化能力越弱，还原型物质的还原能力越强。所以，通过比较电极电位，可以判断氧化还原反应进行的方向。即电极电位较高的电对中的氧化型物质氧化电极电位较低的电对中的还原型物质。

（2）介质对氧化还原反应的影响　有些氧化还原反应受介质酸碱性影响很大，如 $KMnO_4$ 与 Na_2SO_3 的反应：

酸性介质中 $\varphi^{\ominus}(MnO_4^-/Mn^{2+})=1.51V$

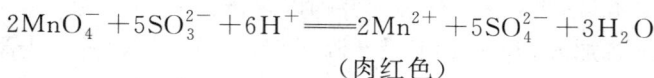
$$2MnO_4^- + 5SO_3^{2-} + 6H^+ = 2Mn^{2+} + 5SO_4^{2-} + 3H_2O$$
（肉红色）

中性介质中：$\varphi^{\ominus}(MnO_4^-/MnO_2)=0.59V$

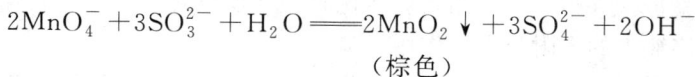
$$2MnO_4^- + 3SO_3^{2-} + H_2O = 2MnO_2\downarrow + 3SO_4^{2-} + 2OH^-$$
（棕色）

碱性介质中：$\varphi^{\ominus}(MnO_4^-/MnO_4^{2-})=0.56V$

$$2MnO_4^- + SO_3^{2-} + 2OH^- = 2MnO_4^{2-} + SO_4^{2-} + H_2O$$
（绿色）

由此可见，$KMnO_4$ 在不同的介质中都可作氧化剂，但氧化能力不同，被还原后的产物也不同。

（3）中间价态化合物的氧化、还原性　这类化合物一般既可作氧化剂，又可作还原剂。例如，H_2O_2 常用作氧化剂，被还原成 H_2O 或 OH^-：

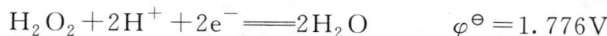
$$H_2O_2 + 2H^+ + 2e^- = 2H_2O \qquad \varphi^{\ominus}=1.776V$$

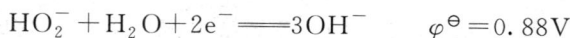
$$HO_2^- + H_2O + 2e^- = 3OH^- \qquad \varphi^{\ominus}=0.88V$$

但当遇到强氧化剂如 MnO_4^- （酸性介质中）时，H_2O_2 则作为还原剂被氧化而放出氧气：

$$H_2O_2 - 2e^- == 2H^+ + O_2 \qquad \varphi^\ominus = 0.682V$$

（4）浓度对电极电位的影响　根据能斯特方程，任何能引起氧化型或还原型物质浓度改变的因素，如加入沉淀剂或配位剂等，将导致电极电位的变化，从而对氧化还原反应产生影响。

在氧化还原平衡中，若同时存在有沉淀平衡时，将影响氧化还原电对的电极电位，可能引起氧化还原反应方向的改变。例如 $\varphi^\ominus(Cu^{2+}/Cu^+) = 0.17V$，$\varphi^\ominus(I_2/I^-) = 0.54V$，$I_2$ 是氧化剂，能氧化 Cu^+ 为 Cu^{2+}，但由于 Cu^+ 可与 I^- 形成 CuI 沉淀：

$$I_2 + 2Cu^+ == 2Cu^{2+} + 2I^-$$

$$2Cu^+ + 2I^- == 2CuI \downarrow$$

由于 CuI 沉淀的生成，使电对 Cu^{2+}/Cu^+ 的电极电位升高，此时 $\varphi^\ominus(Cu^{2+}/CuI) > \varphi^\ominus(I_2/I^-)$，上述氧化还原反应逆向进行，即

$$2Cu^{2+} + 4I^- == 2CuI \downarrow + I_2$$

（5）原电池　利用氧化还原反应产生电流的装置叫作原电池。电极电位小的电对构成的电极为负极，电极电位大的电对构成的电极为正极。欲测定某电对的电极电位，可将其与参比电极（电极电位已知、恒定的标准电极）组成原电池，测定原电池的电动势，然后算出待测电对的电极电位值。

【实验用品】

（1）仪器　试管，量筒（10mL，100mL），烧杯（100mL，250mL），表面皿（7cm，9cm），盐桥，电位差计（万用表）等。

（2）试剂

H_2SO_4（3mol·L^{-1}）

$CuSO_4$（0.1mol·L^{-1}，1mol·L^{-1}）

HNO_3（2mol·L^{-1}，浓）

HCl（2mol·l^{-1}，浓）

$FeCl_3$（0.1mol·L^{-1}）

$FeSO_4$（0.1mol·L^{-1}）

$NaOH$（1mol·L^{-1}，6mol·L^{-1}）

$SnCl_2$（0.2mol·L^{-1}）

KBr（0.1mol·L^{-1}）

$KMnO_4$（0.1mol·L^{-1}）

$K_2Cr_2O_7$（0.1mol·L^{-1}）

Na_2SO_3（0.1mol·L^{-1}）

$Na_2S_2O_3$（0.1mol·L^{-1}）

H_2O_2（10%）

MnO_2（固体）

Br_2 水（饱和）

CCl_4

I_2 水（饱和）

Zn 粒

KI（0.1mol·L^{-1}）

$ZnSO_4$（1mol·L^{-1}）

$NH_3 \cdot H_2O$（浓）

淀粉-KI 试纸

红色石蕊试纸

铜片

锌片

【实验内容】

（1）几种常见的氧化还原反应

① Fe^{3+} 的氧化性与 Fe^{2+} 的还原性。在试管中加入 5 滴 0.1mol·L^{-1} $FeCl_3$ 溶液，再逐

滴加入 $0.2mol \cdot L^{-1}$ $SnCl_2$，边滴边摇动试管，直到溶液黄色褪去。发生了什么变化？

向上面的无色溶液中滴加 4~5 滴 10% H_2O_2，观察溶液颜色的变化。写出离子反应方程式。

② I_2 的氧化性与 I^- 的还原性。在试管中加入 2 滴 $0.1mol \cdot L^{-1}$ KI 溶液，再加入 2 滴 $3mol \cdot L^{-1}$ H_2SO_4 及 1mL 蒸馏水，摇匀。然后逐滴加入 $0.1mol \cdot L^{-1}$ $KMnO_4$ 溶液至溶液变成淡黄色。产物是什么？

在上面的溶液中滴入 $0.1mol \cdot L^{-1}$ $Na_2S_2O_3$ 溶液，至黄色褪去。写出离子方程式。

③ H_2O_2 的氧化性和还原性。

a. 氧化性。在试管中加入 2 滴 $0.1mol \cdot L^{-1}$ KI 溶液和 3 滴 $3mol \cdot L^{-1}$ H_2SO_4 溶液，然后加入 2~3 滴 10% H_2O_2 溶液，观察溶液颜色的变化。再加入 15 滴 CCl_4，振荡，观察 CCl_4 层的颜色，解释现象。

b. 还原性。在试管中加入 5 滴 $0.1mol \cdot L^{-1}$ $KMnO_4$ 溶液和 5 滴 $3mol \cdot L^{-1}$ H_2SO_4 溶液，然后逐滴加入 10% H_2O_2，直至紫色消失。观察是否有气泡放出，为什么？写出离子方程式。

④ $K_2Cr_2O_7$ 的氧化性。在试管中加入 2 滴 $0.1mol \cdot L^{-1}$ $K_2Cr_2O_7$ 溶液，再加入 2 滴 $3mol \cdot L^{-1}$ H_2SO_4 溶液，然后加入 $0.1mol \cdot L^{-1}$ Na_2SO_3 溶液，观察溶液由橙变绿。写出反应式。

（2）电极电位与氧化还原反应的关系

① 将 10 滴 $0.1mol \cdot L^{-1}$ KI 与 5 滴 $0.1mol \cdot L^{-1}$ $FeCl_3$ 在试管中混匀，然后加入 20 滴 CCl_4，振荡后观察 CCl_4 层的颜色。

用 $0.1mol \cdot L^{-1}$ KBr 代替 $0.1mol \cdot L^{-1}$ KI 溶液，进行同样实验，观察现象。

② 向试管中加入 1 滴溴水及 5 滴 $0.1mol \cdot L^{-1}$ $FeSO_4$ 溶液，混匀后加入 1mL CCl_4，振荡后观察 CCl_4 层的颜色。

以 I_2 水代替 Br_2 水进行同样实验，观察现象。

根据以上四个实验的结果，比较 Br_2、Br^-，I_2、I^- 及 Fe^{3+}、Fe^{2+} 三对标准电极电位的高低，说明电极电位与氧化还原反应方向的关系。

（3）介质的酸碱性对氧化还原反应的影响

① 取三支试管分别加入 1 滴 $0.1mol \cdot L^{-1}$ $KMnO_4$ 溶液，在第一支试管中加入 4 滴 $3mol \cdot L^{-1}$ H_2SO_4 溶液，第二支试管中加入 4 滴 $6mol \cdot L^{-1}$ NaOH 溶液，第三支试管中加入 4 滴蒸馏水，然后在三支试管中各加入 4~5 滴 $0.1mol \cdot L^{-1}$ Na_2SO_3 溶液，摇匀后观察各试管有何变化。做出结论，写出反应的离子方程式。

② 在试管中加入 4 滴 $0.1mol \cdot L^{-1}$ $K_2Cr_2O_7$ 溶液，再加入 2 滴 $1mol \cdot L^{-1}$ NaOH 溶液，再加入 10 滴 $0.1mol \cdot L^{-1}$ Na_2SO_3 溶液，观察溶液颜色变化，为什么？再继续加入 10 滴 $3mol \cdot L^{-1}$ H_2SO_4 溶液，观察溶液颜色变化（黄-橙-绿），写出离子反应方程式。

（4）浓度对氧化还原反应的影响

① 取少量固体 MnO_2 加入试管中，滴入 5 滴 $2mol \cdot L^{-1}$ HCl 溶液，观察现象。用淀粉-KI 试纸检查是否有 Cl_2 产生。

以浓 HCl 代替 $2mol \cdot L^{-1}$ HCl 进行试验（此反应宜在通风橱中进行），结果如何？有 Cl_2 产生吗？

② 向两支分别装有 2mL 浓 HNO_3 和 2mL 2mol·L^{-1} HNO_3 溶液的试管中各加入一小粒 Zn，观察现象，产物有何不同？浓 HNO_3 的还原物可以从气体颜色上判断，稀 HNO_3 的还原产物可以用检验溶液中有无 NH_4^+ 的方法来确定。

NH_4^+ 的气室法检验：取一小块用水浸湿的红色石蕊试纸贴在 7cm 表面皿的凹心上，备用。用滴管滴 5 滴待检液于 9cm 表面皿的中心，加 5～6 滴 6mol·L^{-1} NaOH 溶液，混匀后迅速用贴有湿润石蕊试纸的 7cm 表面皿扣上，构成气室。将此气室放在水浴上微热 2～3min，若石蕊试纸变蓝或边缘部分微显蓝色，即表示有 NH_4^+ 存在。

（5）沉淀对氧化还原反应的影响　在试管中加入 10 滴 0.1mol·L^{-1} $CuSO_4$ 溶液，再加入 10 滴 0.1mol·L^{-1} KI 溶液。观察沉淀的生成，再加入 15 滴 CCl_4 溶液，充分振荡，观察 CCl_4 层的颜色有何变化。写出反应式。

（6）原电池（演示）

① 在两个 100mL 烧杯中分别加入 50mL 1mol·L^{-1} $CuSO_4$ 和 50mL 1mol·L^{-1} $ZnSO_4$ 溶液，然后再分别插入 Cu 片和 Zn 片，组成两个电极。两烧杯用盐桥联接，并将 Zn 片和 Cu 片通过导线分别与电压计的负极和正极相连接，测量原电池的电动势。

② 在 $CuSO_4$ 溶液中加浓 NH_3·H_2O 至生成的沉淀完全溶解，测量原电池的电动势。发生了什么变化？解释实验现象。

③ 再在 $ZnSO_4$ 溶液中加入浓 NH_3·H_2O 至生成的沉淀完全溶解。测量原电池的电动势。发生了什么变化？解释实验现象。

【思考题】

（1）为什么 $K_2Cr_2O_7$ 能氧化浓盐酸中的 Cl^-，而不能氧化氯化钠溶液中的 Cl^-？

（2）氧化还原反应进行的方向由什么判断？其影响因素有哪些？

（3）Fe^{3+} 能氧化 I^- 成 I_2，而 I_2 又能使 $Fe(OH)_2$ 变成 $Fe(OH)_3$，这两个反应有无矛盾？为什么？

第3章

元素化学实验

3.1 非金属元素（一）氮、磷、碳、硅和硼

【实验目的】

(1) 了解活性炭的吸附作用和碳酸盐的性质。

(2) 掌握硝酸、亚硝酸的制取方法和性质，并了解相应盐包括铵盐的性质。

(3) 熟悉碳、硅、硼含氧酸盐在水溶液中的水解。

(4) 学会 NH_4^+、NO_3^-、NO_2^-、CO_3^{2-}、PO_4^{3-} 的鉴定方法。

【实验原理】

硝酸是强酸，又是强氧化剂。硝酸与非金属反应时，常还原为 NO；与金属反应时，其还原产物主要取决于硝酸的浓度和金属的活性。浓硝酸通常被还原为 NO_2，稀硝酸通常被还原为 NO。当活泼金属如 Fe、Zn、Mg 与稀的硝酸反应时，主要还原产物为 NO，与很稀的硝酸作用时产物为 N_2O 甚至为 NH_3。

硝酸盐在常温下较稳定，受热时稳定性较差，容易分解，一般放出氧气，所以它们都是强氧化剂。

亚硝酸通常由亚硝酸盐与稀酸作用制得，它很不稳定，只能存在于冷的极稀的溶液中。

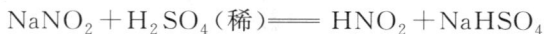

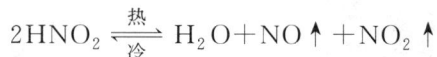

$$NaNO_2 + H_2SO_4(稀) \longrightarrow HNO_2 + NaHSO_4$$

$$2HNO_2 \underset{冷}{\overset{热}{\rightleftharpoons}} H_2O + NO\uparrow + NO_2\uparrow$$

亚硝酸中氮的氧化值为 +3，故其既具有氧化性，又具有还原性。

NO_2^-、NO_3^- 的鉴定方法如下。

① NO_2^- 和过量的 $FeSO_4$ 溶液在 HAc 溶液中能生成棕色的 $[Fe(NO)]SO_4$：

$$NO_2^- + Fe^{2+} + 2HAc \longrightarrow NO\uparrow + Fe^{3+} + 2Ac^- + H_2O$$

$$NO + FeSO_4 \longrightarrow [Fe(NO)]SO_4$$

② 检验 NO_3^- 也可采用相同方法，但必须使用浓硫酸，在浓硫酸与溶液的液层交界处出现棕色环（此法称为棕色环法），其反应式为：

$$3Fe^{2+} + NO_3^- + 4H^+ \longrightarrow 3Fe^{3+} + NO\uparrow + 2H_2O$$

$$NO + Fe^{2+} \longrightarrow [Fe(NO)]^{2+}$$

氨能与各种酸发生反应生成铵盐。铵盐遇碱有氨气放出，借此可鉴定 NH_4^+ 的存在。NH_4^+ 的鉴别通常采用以下两种方法。

① 用 NaOH 溶液和 NH_4^+ 反应，在加热情况下放出氨气，使湿润的红色石蕊试纸变蓝。

② 用奈斯勒试剂（$K_2[HgI_4]$ 的碱性溶液）和 NH_4^+ 反应，可以生成红棕色沉淀。

磷酸的各种钙盐在水中的溶解度是不同的，$Ca(H_2PO_4)_2$ 易溶于水，而 $CaHPO_4$ 和 $Ca_3(PO_4)_2$ 则难溶于水。

PO_4^{3-} 鉴别方法：PO_4^{3-} 与钼酸铵反应，生成黄色难溶晶体。其反应方程式为：

$$PO_4^{3-}+3NH_4^++12MoO_4^{2-}+24H^+ =\!=\!= (NH_4)_3PO_4 \cdot 12MoO_3 \cdot 6H_2O+6H_2O$$

碳有三种同素异形体，即金刚石、石墨和 C_n 原子簇。活性炭为黑色细小的颗粒和粉末，其特点是孔隙率高，1g 活性炭的表面积可达 $500 \sim 1000 m^2$。因此，活性炭具有极强的吸附能力，可用于吸附某些气体，以及某些有机物分子中的杂质而使其脱色。活性炭还能吸附水溶液中的某些重金属离子。

碳、硅、硼的含氧酸都是很弱的酸，因此其可溶性盐都易水解而使溶液显碱性：

$$CO_3^{2-}+H_2O =\!=\!= HCO_3^-+OH^-$$

$$HCO_3^-+H_2O =\!=\!= H_2CO_3+OH^-$$

$$SiO_3^{2-}+2H_2O =\!=\!= H_2SiO_3+2OH^-$$

H_2SiO_3 的酸性比 H_2CO_3 弱，并且是难溶性酸，所以用可溶性的 Na_2SiO_3 和 NH_4Cl 溶液相互作用，便可制得硅酸：

$$Na_2SiO_3+NH_4Cl =\!=\!= H_2SiO_3 \downarrow +2NaCl+2NH_3 \uparrow$$

硼酸为片状晶体，它在热水中溶解度较大。H_3BO_3 是一元弱酸，其水溶液呈弱酸性，并非来自 H_3BO_3 的解离，而是其与水解离出来的 OH^- 之间配位作用的结果：

$$B(OH)_3+H_2O =\!=\!= B(OH)_4^-+H^+$$

最重要的硼酸盐是四硼酸钠，俗称硼砂（$Na_2B_4O_7 \cdot 10H_2O$）。四硼酸也是弱酸，所以硼砂水溶液因水解而呈碱性：

$$B_4O_7^{2-}+2H_2O =\!=\!= H_2B_4O_7+2OH^-$$

【实验用品】

(1) 仪器　点滴板，普通漏斗，表面皿（两个），试管。

(2) 试剂

$FeSO_4 \cdot 7H_2O(s)$	$NaHCO_3(0.1mol \cdot L^{-1}，s)$
锌粉	$Na_2SiO_3(0.5mol \cdot L^{-1}，s)$
硫黄粉	$HAc(2mol \cdot L^{-1})$
铜粉	$HCl(2mol \cdot L^{-1}，浓)$
硼酸(s)	$HNO_3(2mol \cdot L^{-1}，浓)$
硼砂 (s)	$H_2SO_4(浓)$
$NaNO_3$ （s）	$NaOH(2mol \cdot L^{-1})$
$Na_3PO_4(0.1mol \cdot L^{-1}，s)$	饱和石灰水（新配）
$Na_2CO_3(0.1mol \cdot L^{-1}，1mol \cdot L^{-1}，s)$	$NH_4Cl(0.1mol \cdot L^{-1})$

$BaCl_2(0.1mol \cdot L^{-1})$

$KNO_3(0.1mol \cdot L^{-1})$

$KNO_2(0.1mol \cdot L^{-1})$

$Pb(NO_3)_2(0.001mol \cdot L^{-1})$

$KMnO_4(0.01mol \cdot L^{-1})$

$K_2CrO_4(0.1mol \cdot L^{-1})$

$Na_2B_2O_7(0.1mol \cdot L^{-1})$

$Hg(NO_3)_2(0.001mol \cdot L^{-1})$

$KI(0.02mol \cdot L^{-1})$

$(NH_4)_6Mo_7O_{24}(0.1mol \cdot L^{-1})$

$Na_3PO_4(0.1mol \cdot L^{-1})$

活性炭

靛蓝溶液

pH 试纸

甘油

奈斯勒试剂[1]

钼酸铵试剂（$0.1mol \cdot L^{-1}$）

【实验内容】

（1）铵盐的鉴定

① 气室法。取 $0.1mol \cdot L^{-1}$ NH$_4$Cl 按实验 2.4 氧化还原反应中"NH$_4^+$ 的气室法检验"进行实验。

② 奈斯勒试剂鉴定法。在点滴板上滴 1～2 滴 $0.1mol \cdot L^{-1}$ NH$_4$Cl 溶液，再加 3 滴奈斯勒试剂，观察并记录现象，写出反应方程式。

（2）浓硝酸和稀硝酸的氧化性

① 在两支干燥试管中，各加入少量硫黄粉，再分别加入 1mL 浓硝酸和 $2mol \cdot L^{-1}$ HNO$_3$，加热煮沸（在通风橱内加热）。静置一会，分别加 $0.1mol \cdot L^{-1}$ BaCl$_2$ 溶液少许，振荡试管。观察并记录现象，得出结论，写出反应方程式。

② 在分别盛有少量锌粉和铜粉的试管中，分别加入 1mL 浓度为 $2mol \cdot L^{-1}$ 的 HNO$_3$。观察现象并写出相应的反应方程式。

③ 在分别盛有少量铜粉、锌粉的试管中，各加入 1mL 浓 HNO$_3$，有何现象？写出反应方程式。

（3）自行设计实验　设计实验证实 NaNO$_2$ 的氧化性和还原性，要求如下：

① 参考标准电极电位表，选出常见的氧化剂和还原剂各 1～2 个，写出 NaNO$_2$ 做氧化剂或还原剂时与所选物质反应的实验步骤。

② 记录现象，得出结论并写出反应方程式。

提示：亚硝酸盐的酸性溶液可视为 HNO$_2$ 溶液。

（4）NO_3^-、NO_2^-、CO_3^{2-}、PO_4^{3-} 的鉴定

① NO_3^- 的鉴定。试管中加入 1mL $0.1mol \cdot L^{-1}$ KNO$_3$ 溶液、1～2 小粒 FeSO$_4 \cdot 7H_2O$ 晶体，振荡溶解后，将试管倾斜，试管壁慢慢滴加浓 H$_2$SO$_4$ 4～5 滴（切勿摇动试管，浓 H$_2$SO$_4$ 密度大，在溶液下层）。观察两液层交界处，若有棕色环产生，证明有 NO_3^- 存在。写出反应方程式。

② NO_2^- 的鉴定。在试管中加入 $0.1mol \cdot L^{-1}$ KNO$_2$ 溶液 1mL，加入 3～5 滴 $2mol \cdot L^{-1}$ HAc 酸化，再加入几小粒 FeSO$_4 \cdot 7H_2O$ 晶体，如有棕色出现，证明 NO_2^- 存在。写出反应方程式。

③ CO_3^{2-} 的鉴定。试管中加入 $1mol \cdot L^{-1}$ Na$_2$CO$_3$ 溶液 1mL，滴加 $2mol \cdot L^{-1}$ HCl 溶液，观察有何现象产生。将蘸有饱和石灰水的玻璃棒垂直置于试管中，观察有何现象产生。若石

灰水变浑浊，证明有 CO_3^{2-} 存在。写出反应方程式。

④ PO_4^{3-} 的鉴定。试管中加入 1mL 0.1mol·L^{-1}Na$_3$PO$_4$ 溶液，再加入 0.5mL 0.1mol·L^{-1}钼酸铵试剂，剧烈振荡试管或微热至 40～50℃，如有黄色出现，证明 PO_4^{3-} 存在。写出反应方程式。

（5）活性炭的吸附作用

① 活性炭对溶液中有色物质的脱色作用。试管中加入 2mL 靛蓝溶液，再加入少量活性炭，振荡试管，然后用普通漏斗过滤，滤液盛接在另一支试管中，观察其颜色有何变化？试解释之。

② 活性炭对汞、铅盐的吸附作用。

a. 试管中加入 2mL 0.001mol·L^{-1} Hg(NO$_3$)$_2$ 溶液，然后加入 0.02mol·L^{-1} KI 溶液 2～3 滴，观察现象。

在另一试管中加入 2mL 0.001mol·L^{-1} Hg(NO$_3$)$_2$ 溶液，然后加入少量活性炭，振荡试管，过滤。在滤液中加入几滴 0.02 mol·L^{-1} KI 溶液，观察现象，与上面实验进行比较，并解释之。

b. 用 0.001mol·L^{-1} Pb(NO$_3$)$_2$ 代替 Hg(NO$_3$)$_2$ 溶液进行 a. 中的实验，并以 0.1mol·L^{-1}K$_2$CrO$_4$ 代替 KI 进行 Pb^{2+} 的检验。写出相应的反应方程式，并得出结论。

（6）碳、硅、硼含氧酸盐的水解

① 用 pH 试纸测定表 3-1 中溶液的 pH，并与计算值对照。

表 3-1　溶液的 pH 值实验数据表

溶液	NaHCO$_3$	Na$_2$CO$_3$	Na$_2$SiO$_3$	Na$_2$B$_4$O$_7$
pH 实验值				
pH 计算值				

② 在四支试管中分别加入 0.1mol·L^{-1} Na$_2$CO$_3$、0.1mol·L^{-1} NaHCO$_3$、0.5mol·L^{-1} Na$_2$SiO$_3$ 和 0.1mol·L^{-1} Na$_2$B$_4$O$_7$ 溶液各 1mL，再各加入 0.1mol·L^{-1}NH$_4$Cl 溶液 1mL，稍加热后，用 pH 试纸检查哪些试管有氨气逸出。解释现象，写出反应方程式。

（7）硅酸凝胶的生成

① 取 1 支试管，加入 3mL 0.5mol·L^{-1} Na$_2$SiO$_3$ 溶液，再通入 CO$_2$ 气体（按实验 5.3 二氧化碳分子量的测定中"二氧化碳的制备"方法制备气体），观察反应物的颜色和状态，写出反应方程式。

② 取 1 支试管，加入 3mL Na$_2$SiO$_3$ 溶液，滴加浓度为 2mol·L^{-1}的 HCl 溶液，观察反应产物的颜色和状态，写出反应方程式。

③ 硅酸钠和氯化铵作用：用 0.1mol·L^{-1}的 NH$_4$Cl 溶液代替 2mol·L^{-1}HCl，进行与②同样的实验，观察现象，并写出反应方程式。

（8）硼酸的制备和性质

① 取 1g 硼砂晶体于试管中，加入蒸馏水 5mL，加热使之溶解。稍冷却后，加入 2mL 浓 HCl，在进一步冷却过程中，观察产物结晶析出，抽滤。晶体用少量水洗涤，将残存的 HCl 洗净，该晶体则为制备的硼酸（硼酸为下一实验备用）。写出化学反应方程式。

② 取少量 H_3BO_3 晶体，加入少量水，加热溶解，即得硼酸溶液，用 pH 试纸测其 pH，然后向该溶液中滴入几滴甘油，摇匀再测溶液的 pH，解释其酸度变化的原因。

（9）自行设计实验　用最简单的方法鉴别下列各固体物质：$NaNO_3$、Na_3PO_4、Na_2CO_3、$NaHCO_3$、Na_2SiO_3。具体要求如下：

① 写好鉴别各物质的实验步骤。

② 实验时记录各物质的物理性状，如物质的外观形貌、颜色以及是否易溶于水等。

③ 根据实验现象得出结论。写出有关反应方程式。

提示：①各取上述五种物质少量，分别置于五支试管，制成溶液，备用。②先作 Na_2SiO_3 检验。③再以 HCl 检验 CO_3^{2-} 的存在，并以澄清石灰水区别两者并复核。④以 Ca^{2+} 检查 PO_4^{3-} 的存在，并以钼酸铵试剂复核。⑤最后一种物质通过棕色环实验确证为硝酸盐。

【注释】

[1] 配制方法为取 35g KI 和 1.3g $HgCl_2$ 溶解于 70mL 水中，然后加入 30mL $4mol\cdot L^{-1}$ 的氢氧化钾溶液，必要时过滤，并保存于密闭的玻璃瓶中。

【思考题】

（1）为什么在一般情况下不使用硝酸作为酸性反应介质？

（2）怎样利用电极电位表选择氧化剂与还原剂，以证明可溶亚硝酸盐具有氧化、还原性？

3.2　非金属元素（二）氧、硫、氯、溴和碘

【实验目的】

（1）了解过氧化物、硫的含氧酸盐及硫化物的反应和性质。

（2）掌握卤素的氧化性、卤素离子的还原性、卤素的各种含氧酸盐的氧化性。

（3）学会 S^{2-}、SO_3^{2-}、Cl^-、Br^-、I^- 等离子的鉴定方法。

【实验原理】

（1）氧及其化合物的性质　过氧化氢是氧的重要化合物，在酸性介质中，它与 KI、$KMnO_4$ 的反应如下：

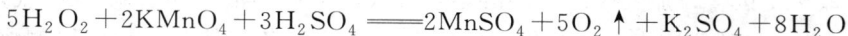

$$H_2O_2 + 2KI + H_2SO_4 \Longrightarrow K_2SO_4 + I_2 + 2H_2O$$
$$5H_2O_2 + 2KMnO_4 + 3H_2SO_4 \Longrightarrow 2MnSO_4 + 5O_2\uparrow + K_2SO_4 + 8H_2O$$

在前一反应中，H_2O_2 用作氧化剂；在后一反应中，H_2O_2 用作还原剂。

（2）硫及其化合物的性质　许多金属硫化物都具有特征的颜色，该性质常用于他们的鉴别。在弱碱性条件下，S^{2-} 能与亚硝酰铁氰化钠 $Na_2[Fe(CN)_5NO]$ 反应生成红紫色配合物，这个特征反应常用于鉴定 S^{2-} 的存在。其反应式为：

$$S^{2-} + [Fe(CN)_5NO]^{2-} \Longrightarrow [Fe(CN)_5NOS]^{4-}$$

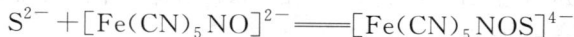

SO_2 溶于水生成亚硫酸。亚硫酸及其盐常用作还原剂，但遇强还原剂时，也能起氧化剂的作用。SO_3^{2-} 能与 $Na_2[Fe(CN)_5NO]$ 反应生成红色化合物，加入硫酸锌的饱和溶液和 $K_4[Fe(CN)_6]$ 溶液，可使红色显著加深（其组成尚未确定）。利用这个反应可以鉴定 SO_3^{2-} 的存在。

亚硫酸盐与硫作用生成不稳定的硫代硫酸盐。硫代硫酸盐遇酸易分解，反应式为：

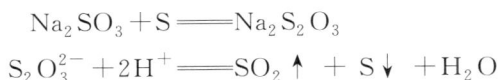

$$Na_2SO_3 + S = Na_2S_2O_3$$

$$S_2O_3^{2-} + 2H^+ = SO_2\uparrow + S\downarrow + H_2O$$

$S_2O_3^{2-}$ 常用作还原剂。$S_2O_3^{2-}$ 与 Ag^+ 生成白色 $Ag_2S_2O_3$ 沉淀，然后能迅速变黄色、棕色，最后变为黑色的硫化银沉淀。这一方法可用于鉴定 $S_2O_3^{2-}$ 的存在。

过二硫酸盐是强氧化剂，在酸性条件下能将 Mn^{2+} 氧化成 MnO_4^-，有 Ag^+ 存在时，此反应的速率增大。

（3）氯、溴、碘及其化合物性质　　氯、溴、碘元素在化合物中的氧化数通常是 -1，但在一定条件下，也可生成氧化数为 $+1$、$+3$、$+5$、$+7$ 的化合物。它们的氧化性按下列顺序变化：$F_2 > Cl_2 > Br_2 > I_2$。卤素离子还原性的强弱顺序为：$I^- > Br^- > Cl^- > F^-$。HI 和 HBr 可分别将浓 H_2SO_4 还原为 H_2S 和 SO_2。氯水可将 Br^- 和 I^- 分别氧化为 Br_2 和 I_2，而 Br_2 和 I_2 易溶于 CCl_4 中，分别呈现出橙黄色和红紫色。当氯水过量时，I^- 被氧化为无色的 IO_3^-。

次氯酸和次氯酸盐都是强氧化剂。卤素的其他含氧酸盐在中性溶液中，没有明显的氧化性，但在酸性介质中通常有较强的氧化性，其强弱顺序为：$BrO_3^- > ClO_3^- > IO_3^-$。

Cl^-、Br^-、I^- 能和 Ag^+ 生成难溶于水的 AgCl（白色）、AgBr（淡黄色）、AgI（黄色），它们都不溶于稀硝酸中。AgCl 可溶于氨水和碳酸铵溶液中，生成可溶性的 $[Ag(NH_3)_2]^+$。AgBr 和 AgI 则不溶。利用这个性质，可以将 AgCl 和 AgBr、AgI 分离。在分离 AgBr、AgI 后的溶液中，再加入 HNO_3 酸化，则 AgCl 又重新沉淀。AgBr 可溶于 $Na_2S_2O_3$ 溶液，AgI 可溶于过量 KI 溶液或 NaCN 溶液中。在 HAc 介质中用锌还原 AgBr、AgI 中的 Ag^+ 为 Ag，可使 Br^- 和 I^- 转入溶液中，再用氯水将其分别氧化为 Br_2 和 I_2，然后加以鉴定。

【实验用品】

（1）仪器　离心机，分液漏斗（50mL），试管，离心管，点滴板，表面皿，烧杯。

（2）试剂

H_2SO_4（$0.1mol \cdot L^{-1}$，$1mol \cdot L^{-1}$，$2mol \cdot L^{-1}$，$6mol \cdot L^{-1}$，浓）

HCl（$1mol \cdot L^{-1}$，$6mol \cdot L^{-1}$，浓）

HNO_3（$6mol \cdot L^{-1}$，浓）

$K_2Cr_2O_7$（$0.1mol \cdot L^{-1}$）

$FeCl_2$（$0.1mol \cdot L^{-1}$）

$ZnSO_4$（$0.1mol \cdot L^{-1}$）

$CdSO_4$（$0.1mol \cdot L^{-1}$）

$CuSO_4$（$0.1mol \cdot L^{-1}$）

$Hg(NO_3)_2$（$0.1mol \cdot L^{-1}$）

$KClO_3$（饱和）

$KBrO_3$（饱和）

NaClO（$0.1mol \cdot L^{-1}$）

KIO_3（$0.5mol \cdot L^{-1}$）

KI（$0.1mol \cdot L^{-1}$，s）

$NaHSO_3$（$0.1mol \cdot L^{-1}$）

Na_2SO_3（10%，s）

$Na_2S_2O_3$（$0.1mol \cdot L^{-1}$）

$AgNO_3$（$0.1mol \cdot L^{-1}$）

$KMnO_4$（$0.01mol \cdot L^{-1}$）

$Na_2[Fe(CN)_5NO]$（1%）

$Pb(Ac)_2$（$0.1mol \cdot L^{-1}$）

Na_2S（$0.1mol \cdot L^{-1}$）

$MnSO_4$（$0.1mol \cdot L^{-1}$）

Na_2SO_3

NaCl（s）

KBr(s)	乙醚
$K_2S_2O_8(s)$	品红溶液
MnO_2（粉末）	淀粉溶液
SO_2（饱和）	pH 试纸
H_2O_2(3%)	淀粉-KI 试纸
含卤素单质的 CCl_4 废液（100mL CCl_4 中加入 0.1mL 溴素和 0.1g I_2 或实验 中的废液）	Pb(Ac)$_2$ 试纸
	蓝色石蕊试纸

【实验内容】

（1）H_2O_2 的氧化性和不稳定性

① 往试管中加入 1mL 3% H_2O_2，用水浴微热，观察现象。然后加少量 MnO_2 粉末，用余烬火柴检验 O_2，写出反应方程式，说明 MnO_2 对 H_2O_2 分解速率的影响。

② 利用下列试剂：3% H_2O_2，2mol·L^{-1} H_2SO_4 溶液，0.01mol·L^{-1} $KMnO_4$ 溶液和浓度均为 0.1mol·L^{-1} 的 $FeCl_2$、KI、Pb(Ac)$_2$、Na_2S 溶液设计一系列实验，验证 H_2O_2 氧化性与还原性。

提示：由于试剂浓度、介质对氧化还原反应的程度有影响，所以，若实验现象不明显可以微热或控制介质的酸碱性；为使 S^{2-} 被 H_2O_2 氧化的反应现象明显，可以采取由 PbS 和 H_2O_2 反应，PbS 为自制。

③ 往试管中加 0.5mL 0.1mol·L^{-1} $K_2Cr_2O_7$，1mL 1mol·L^{-1} H_2SO_4 酸化，加 0.5mL 乙醚和 2mL 3% H_2O_2，观察乙醚层和溶液颜色有何变化，此特征反应可用鉴定哪些离子？

（2）硫化物的溶解性

① 取 4 支离心管，分别加入 3～5 滴浓度均为 0.1mol·L^{-1} 的 $ZnSO_4$、$CdSO_4$、$CuSO_4$ 和 Hg(NO$_3$)$_2$ 溶液，然后分别加入 0.5～1mL 0.1mol·L^{-1} Na_2S，搅拌，观察硫化物颜色。离心分离并去清液，用少量去离子水洗涤硫化物 2 次。

② 用 1mol·L^{-1} HCl、6mol·L^{-1} HCl、6mol·L^{-1} HNO$_3$（热）和王水［浓 HNO$_3$：浓 HCl=1：3（体积比）］分别试验 ZnS，CdS，CuS，HgS 的可溶性。

（3）亚硫酸盐的性质及 S^{2-} 的鉴定

① 取少量 Na_2SO_3 固体于试管中，加入 2mL 6mol·L^{-1} H_2SO_4，溶液，加热试管，用 pH 试纸（或蓝色石蕊试纸）检验管口逸出的气体。解释并写出反应式。

② 在试管中加入 2 滴品红溶液，1mL 水，然后加入 1mL 饱和 SO_2 溶液，振荡，观察溶液颜色的变化。加热试管，观察又有什么变化。解释上述实验现象。

③ 在点滴板上加 1 滴 0.1mol·L^{-1} Na_2S 溶液，再加 1 滴 1% 的 Na$_2$[Fe(CN)$_5$NO]溶液（1%），出现紫红色即表示有 S^{2-}。

（4）硫代硫酸钠的性质

① 在试管中加入 2 滴 0.1mol·L^{-1} $Na_2S_2O_3$ 溶液和 2 滴 6mol·L^{-1} HCl 溶液，观察实验现象并作出解释。

② $S_2O_3^{2-}$ 鉴定。在点滴板上加 2 滴 0.1mol·L^{-1} $Na_2S_2O_3$ 溶液，再加 0.1mol·L^{-1} AgNO$_3$ 溶液至产生白色沉淀。观察并记录沉淀物颜色的变化，确认 $S_2O_3^{2-}$ 的存在。

（5）过硫酸盐的氧化性　在试管中加入几滴 $0.1mol \cdot L^{-1} MnSO_4$ 溶液，加入 2mL $1mol \cdot L^{-1}$ H_2SO_4 溶液和 1 滴 $0.1mol \cdot L^{-1}$ $AgNO_3$ 溶液，再加入少量 $K_2S_2O_8$ 固体，加热，观察现象；另取 1 支试管，不加 $AgNO_3$ 溶液进行同样实验。比较上述两个实验现象的差别并解释之。

（6）卤化氢的还原性

① 在一块表面皿上放置少量（黄豆粒大小）NaCl 固体，在另一块表面皿凹面上贴一小片 pH 试纸，然后在装有 NaCl 固体的表面皿中滴入浓硫酸 2~3 滴，将后一表面皿盖上形成一气室。观察气室中 pH 试纸的颜色变化。记录并解释实验现象，写出有关反应方程式。

② 用固体 KBr 代替 NaCl，淀粉-KI 试纸代替 pH 试纸重复以上实验步骤。记录并解释实验现象，写出有关反应方程式。

③ 用固体 KI 代替 NaCl，$Pb(Ac)_2$ 试纸代替 pH 试纸重复以上实验步骤。记录并解释实验现象，写出有关反应方程式。

综合上述三个实验，比较 HCl、HBr、HI 还原性的相对大小。

（7）卤素含氧酸盐的氧化性

① 在试管中加入 1mL $0.1mol \cdot L^{-1}$ NaClO 溶液，再加入 1mL $6mol \cdot L^{-1}$ HCl 溶液，振荡，观察溶液的颜色；用淀粉-KI 试纸检验管口逸出的气体。解释实验现象并写出反应式。

② 在试管中加入 1mL 饱和 $KClO_3$ 溶液，然后加入 1mL 浓 HCl，观察现象；用淀粉-KI 试纸检验管口逸出的气体。解释实验现象，写出有关反应方程式。

③ 在试管中加入 0.5mL $0.1mol \cdot L^{-1}$ KI 溶液和 1mL $0.1mol \cdot L^{-1}$ H_2SO_4 溶液，然后逐滴加入饱和 $KBrO_3$ 溶液，记录实验现象并作出解释。

④ 在试管中加入 2 滴 $0.5mol \cdot L^{-1}$ KIO_3 溶液，1mL $6mol \cdot L^{-1}$ H_2SO_4 溶液，几滴淀粉溶液。混合均匀后逐滴加入 $0.1mol \cdot L^{-1}$ $NaHSO_3$ 溶液。观察实验现象，解释并写出有关反应式。

（8）从含有卤素单质的 CCl_4 废液中回收 CCl_4 溶剂

① 参照分液漏斗使用，做好分液漏斗的检漏和旋塞的涂油工作。

② 将溶有卤素单质的 CCl_4 废液转移至分液漏斗中，加等量的 10% Na_2SO_3（总体积应小于分液漏斗容积的 3/4），参照分液漏斗使用进行萃取操作。多次振摇分液漏斗。

③ 当 CCl_4 层颜色不再褪色时，将分液漏斗置于支架上，静置分层。将上端玻璃塞的侧槽对准颈部小孔，开启旋塞，将下层液体放入烧杯（是 CCl_4 吗？）。上层液体由上端瓶口放入另一烧杯中。若下层液体中仍有色，则需重复②、③步骤至 CCl_4 层无色，再用去离子水洗涤 CCl_4，操作同上，共 3 次。

【思考题】

（1）通过列举 2~3 个实验说明介质对氧化还原反应的影响，试从中找出一些规律。

（2）在酸性介质中 H_2S 与 $KMnO_4$ 反应，有的出现乳白色浑浊，有的为无色透明溶液。在同样条件下，H_2S 与 $FeCl_3$ 反应只出现乳白色浑浊。①解释实验现象；②讨论氧化剂种类、用量、浓度及溶液酸度对氧化程度影响。

（3）长期放置的 H_2S、Na_2S、Na_2SO_3 溶液会发生什么变化？为什么？

3.3 主族金属元素（一）碱金属和碱土金属

【实验目的】

（1）比较碱金属和碱土金属的活泼性。

（2）比较碱土金属氢氧化物和盐类的溶解性。

（3）了解焰色反应的操作并熟悉使用金属钾、钠和汞的安全措施。

【实验原理】

碱金属和碱土金属分别属于 I A 和 II A 族。

在同一主族中，金属活泼性由上而下逐渐增强；在同一周期中，从左至右金属性逐渐减弱。例如 IA 族中钠、钾与水作用活泼性依次增强，第 3 周期的钠、镁与水作用的活泼性依次减弱。

碱金属和碱土金属都容易和氧化合。碱金属在室温下能迅速地与空气中的氧反应。钠、钾在空气中稍微加热即可燃烧生成过氧化物和超氧化物（如 Na_2O_2 和 KO_2）。碱土金属活泼性略差，室温下这些金属表面会缓慢生成氧化膜。

碱金属盐类的最大特点是绝大多数易溶于水，而且在水中能完全电离，只有极少数盐类是微溶的。例如：六羟基锑酸钠 $Na[Sb(OH)_6]$，酒石酸氢钾 $KHC_4H_4O_6$、钴亚硝酸钠钾 $K_2Na[Co(NO_2)_6]$ 等。钠、钾的一些微溶盐常用于鉴定钠、钾离子。

碱土金属盐类的重要特征是它们的难溶性，除氯化物、硝酸盐、硫酸镁、铬酸镁、铬酸钙易溶于水外，其余碳酸盐、硫酸盐、草酸盐、铬酸盐等皆难溶于水。

碱金属和钙、钡的挥发性盐在氧化焰中灼烧时，能使火焰呈现出一定颜色，称为焰色反应。可以根据火焰的颜色定性地鉴别这些元素的存在。

【实验用品】

（1）仪器 烧杯（250mL），试管（10mL），小刀，镊子，坩埚，坩埚钳，钴玻璃片，砂纸，漏斗，带钩嘴滴管，点滴板，离心机。

（2）试剂

H_2SO_4（3 mol·L^{-1}）

$KMnO_4$（0.01 mol·L^{-1}）

NaOH（2 mol·L^{-1}）

NaOH 溶液（40%）

浓氨水

氨水（1 mol·L^{-1}，2 mol·L^{-1}）

LiCl（1 mol·L^{-1}）

NaCl（1mol·L^{-1}）

KCl（1 mol·L^{-1}）

NaF（1mol·L^{-1}）

Na_2CO_3（1 mol·L^{-1}）

Na_2HPO_4（1mol·L^{-1}）

$K[Sb(OH)_6]$（aq，饱和）

酒石酸氢钠（aq，饱和）

HAc（2mol·L^{-1}）

HCl（2 mol·L^{-1}）

NH_4Cl（aq，饱和）

$(NH_4)_2CO_3$（0.5mol·L^{-1}）

$MgCl_2$（1 mol·L^{-1}）

$SrCl_2$（1mol·L^{-1}）

$CaCl_2$（1 mol·L^{-1}）

$BaCl_2$（1 mol·L^{-1}）

$(NH_4)_2C_2O_4$（aq，饱和）

K_2CrO_4（1 mol·L^{-1}）

Na_2SO_4（1 mol·L^{-1}）

$(NH_4)_2SO_4$（aq，饱和）	钠
浓 HNO_3	钾
$NaHCO_3$（$1\ mol\cdot L^{-1}$）	镁条
Na_3PO_4（$1\ mol\cdot L^{-1}$）	汞
浓盐酸	钙
$MgCl_2$（s）	镍丝
$CaCl_2$（s）	95%乙醇溶液
$BaCl_2$（s）	pH 试纸

【实验内容】

（1）碱金属、碱土金属活泼性的比较

① 取一小块金属钠，用滤纸吸干表面的煤油，立即放在蒸发皿中加热。待金属钠开始燃烧即停止加热，观察实验现象。产物冷却后，用玻璃棒轻轻捣碎产物，转移入试管中，加入少量水使其溶解，观察有无气体放出。冷却溶液，用 pH 试纸检测溶液的 pH 值。继续用 $3mol\cdot L^{-1} H_2SO_4$ 溶液酸化，再加入 1 滴 $0.01mol\cdot L^{-1} KMnO_4$ 溶液，观察现象。

② 取一小段镁条，用砂纸除去表面氧化层，点燃，观察现象。

③ 与水作用。

a. 分别取一小块金属钠及金属钾，用滤纸吸干表面的煤油后，放入盛有水的 2 个烧杯中。用合适大小的漏斗盖好烧杯。观察现象，用 pH 试纸检验反应后溶液的酸碱性。

b. 取两小段镁条，除去表面的氧化膜后，分别放入盛有冷水和热水的 2 支试管中，对比反应的不同。

c. 取一小块金属钙置于试管中，加入少量水，观察现象。检验溶液的酸碱性。

④ 钠汞齐与水的反应。用带有钩嘴的滴管吸取两滴汞置于小坩埚中（切勿带入水），再取一小块金属钠，吸干表面的煤油，放入汞滴中，用玻璃棒压入汞滴内，形成钠汞齐。由于反应放出大量的热，因此反应过程中可能有闪光发生，同时发出响声。钠汞齐按钠汞比例的不同可呈固、液状态。将制得的钠汞齐转移至盛有少量水的烧杯中，观察反应情况并和钠与水的反应做比较。

（2）碱土金属氢氧化物溶解性比较　以 $MgCl_2$、$CaCl_2$、$BaCl_2$ 及新配制的 $2mol\cdot L^{-1}$ NaOH 溶液、$2mol\cdot L^{-1} NH_3\cdot H_2O$ 溶液作试剂，设计系列试管实验，说明碱土金属氢氧化物溶解度的大小顺序。

（3）碱金属及碱土金属的微溶盐与难溶盐

① 碱金属微溶盐。

a. 锂盐。取少量 $1mol\cdot L^{-1} LiCl$ 溶液，分别与 $1mol\cdot L^{-1} NaF$ 溶液、$1mol\cdot L^{-1} Na_2CO_3$ 溶液及 $1mol\cdot L^{-1} Na_2HPO_4$ 溶液反应，观察现象（必要时可微热试管）。

b. 钠盐。于少量 $1mol\cdot L^{-1} NaCl$ 溶液中加入饱和 $K[Sb(OH)_6]$ 溶液，放置数分钟，观察现象，应有 $Na[Sb(OH)_6]$ 晶形沉淀生成（如无晶体析出，可用玻棒摩擦试管内壁）。

c. 钾盐。于少量 $1\ mol\cdot L^{-1} KCl$ 溶液中加入 1mL 饱和酒石酸氢钠（$NaHC_4H_4O_6$）溶液，观察难溶盐 $KHC_4H_4O_6$ 晶体的析出。

② 碱土金属难溶盐。

a. 碳酸盐。分别用 $MgCl_2$、$CaCl_2$、$BaCl_2$ 溶液与 $1mol \cdot L^{-1}Na_2CO_3$ 溶液反应，制得的沉淀经离心分离后分别与 $2mol \cdot L^{-1}HAc$ 溶液及 $2mol \cdot L^{-1}HCl$ 溶液反应，观察沉淀是否溶解。另分别取少量 $MgCl_2$、$CaCl_2$、$BaCl_2$ 溶液，加入 1～2 滴饱和 NH_4Cl 溶液，2 滴 $1mol \cdot L^{-1}NH_3 \cdot H_2O$ 溶液、2 滴 $0.5mol \cdot L^{-1}$（NH_4）$_2CO_3$ 溶液，观察沉淀是否生成。

b. 草酸盐。分别向 $MgCl_2$、$CaCl_2$、$BaCl_2$ 溶液中滴加饱和（NH_4）$_2C_2O_4$ 溶液，制得的沉淀经离心分离后再分别与 $2mol \cdot L^{-1}HAc$ 溶液及 $2mol \cdot L^{-1}HCl$ 溶液反应，观察现象。

c. 分别向 $1mol \cdot L^{-1}CaCl_2$、$SrCl_2$、$BaCl_2$ 溶液中滴加 $1mol \cdot L^{-1}K_2CrO_4$ 溶液，观察沉淀是否生成。沉淀经离心分离后再分别与 $2mol \cdot L^{-1}HAc$ 溶液、$2mol \cdot L^{-1}HCl$ 溶液反应，观察现象。

d. 硫酸盐。分别向 $1mol \cdot L^{-1}CaCl_2$、$MgCl_2$、$BaCl_2$ 溶液中滴加 $1mol \cdot L^{-1}Na_2SO_4$ 溶液，观察是否有沉淀生成。沉淀经离心分离后，分别试验其在饱和（NH_4）$_2SO_4$ 溶液及浓 HNO_3 中的溶解性。比较硫酸盐溶解度的大小。

e. 磷酸镁铵的生成。于 $0.5mL$ $1mol \cdot L^{-1}MgCl_2$ 溶液中加入几滴 $2mol \cdot L^{-1}HCl$ 溶液及 $0.5mL$ $1mol \cdot L^{-1}Na_2HPO_4$ 溶液、4～5 滴 $2mol \cdot L^{-1}NH_3 \cdot H_2O$ 溶液，振荡试管，观察现象。

（4）锂盐、镁盐的相似性

① 分别向 $1mol \cdot L^{-1}LiCl$ 和 $1mol \cdot L^{-1}MgCl_2$ 溶液中滴加 $1mol \cdot L^{-1}NaF$ 溶液，观察现象。

② $1mol \cdot L^{-1}LiCl$ 溶液分别与 $1mol \cdot L^{-1}Na_2CO_3$ 溶液、$1mol \cdot L^{-1}MgCl_2$ 溶液、$1mol \cdot L^{-1}NaHCO_3$ 溶液作用，各有什么现象？

③ 在 $1mol \cdot L^{-1}LiCl$ 溶液与 $1mol \cdot L^{-1}MgCl_2$ 溶液中分别滴加 $1mol \cdot L^{-1}Na_3PO_4$ 溶液，观察现象。

（5）焰色反应　取一根镍丝，反复蘸取浓盐酸后在氧化焰中烧至近无色。在点滴板上分别滴入 1～2 滴 $1mol \cdot L^{-1}LiCl$、$NaCl$、KCl、$CaCl_2$、$SrCl_2$、$BaCl_2$ 溶液，用干净的镍丝蘸取溶液后在氧化焰中灼烧，分别观察火焰颜色，记录各离子的焰色（钾离子的焰色，可通过钴玻璃片观察）。

（6）未知物及离子的鉴别

① 现有 5 种溶液，分别为 $NaOH$、$NaCl$、$MgSO_4$、K_2CO_3、Na_2CO_3，试选用合适试剂加以鉴别。

② 现有（NH_4）$_2SO_4$、HNO_3、Na_2CO_3、$BaCl_2$、$NaOH$、$NaCl$、H_2SO_4 试剂，试利用它们之间的相互反应加以鉴别。

③ 混合溶液中含有 K^+、Mg^{2+}、Ca^{2+}、Ba^{2+}，请设计分离检出步骤。

（7）应用实验

① 石膏的硬化。把烧石膏加水调成糊状，然后把表面涂有一层很薄凡士林的硬币压在石膏上，数小时后，取出硬币，观察现象。

② 肥皂的制作。于一小烧杯中放入约 $5g$ 植（动）物油，再加入 $20mL95\%$ 乙醇和

15mL 40％NaOH 溶液，然后小心加热，微沸，不断搅拌至溶液黏稠为止。将皂化完全的肥皂液倒入盛有 150mL 饱和 NaCl 溶液的烧杯中，静置。待肥皂全部浮到溶液表面上时，即可取出，用少量水冲洗后再用布包好，压缩成块，自然干燥，即制得肥皂。

【思考题】

（1）如何分离 Ca^{2+} 和 Ba^{2+}？是否可用硫酸分离它们？为什么？

（2）如何分离 Ca^{2+} 和 Mg^{2+}？$Mg(OH)_2$ 和 $MgCO_3$ 为什么都可溶于饱和 NH_4Cl 溶液中？

（3）如何配制不含 Na_2CO_3 的 NaOH 溶液？

（4）钠汞齐的制备实验中，若不慎将汞滴到实验台面或地上时，应及时采取什么措施？

3.4　主族金属元素（二）锡、铅、锑和铋

【实验目的】

（1）掌握锡、铅、锑和铋的硫化物及硫代硫酸盐的性质。

（2）掌握锡、铅、锑和铋的氢氧化物的酸碱性。

（3）掌握锡、铅、锑和铋盐的水解性质。

（4）掌握锡、铅、锑和铋离子及化合物的有关氧化还原性。

（5）学会锡、铅、锑和铋离子的鉴定方法。

【实验原理】

锡和铅都能生成有色硫化物：SnS（棕色）、SnS_2（黄色）、PbS（黑色）。它们都不溶于水和稀酸。SnS、PbS 可溶于浓酸。高价态的 SnS_2 有成酸性质，可在 $(NH_4)_2S$ 或 Na_2S 溶液中因生成硫代酸盐而溶解。基于这一点，SnS 可溶于多硫化钠溶液中，生成硫代锡酸钠。

锡、铅都能形成＋2 价和＋4 价的化合物。＋2 价锡有强还原性，而＋4 价铅有强氧化性。锡和铅的氢氧化物都呈现两性。＋2 价态的氢氧化物在过量的碱中分别形成可溶性的 $[Sn(OH)_4]^{2-}$ 和 $[Pb(OH)_3]^-$。铅的许多化合物都是难溶的。Pb^{2+} 能生成难溶的黄色 $PbCrO_4$ 沉淀，这个反应可用于鉴定 Pb^{2+}。

Sn（Ⅱ）有较强的还原性，在碱性溶液中 $[Sn(OH)_4]^{2-}$ 能把 $Bi(OH)_3$ 还原为黑色的铋：

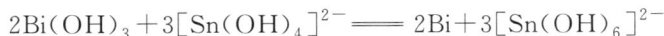
$$2Bi(OH)_3+3[Sn(OH)_4]^{2-} = 2Bi+3[Sn(OH)_6]^{2-}$$

这一反应常用来鉴定 Bi^{3+} 的存在。在酸性溶液中，Sn^{2+} 则可将 Fe^{3+} 还原：

$$2Fe^{3+}+Sn^{2+} = 2Fe^{2+}+Sn^{4+}$$

而 $SnCl_2$ 能将 $HgCl_2$ 还原成白色的氯化亚汞（Hg_2Cl_2）沉淀，过量的 $SnCl_2$ 则进一步将 Hg_2Cl_2 还原为黑色的单质汞：

$$2HgCl_2+Sn^{2+}+4Cl^- = Hg_2Cl_2(s)+SnCl_6^{2-}$$

$$Hg_2Cl_2+Sn^{2+}+4Cl^- = 2Hg(黑)+SnCl_6^{2-}$$

上述反应可用来鉴定溶液中的 Sn^{2+}，也可用于鉴定 Hg（Ⅱ）盐。

Pb（Ⅱ）的还原性比 Sn（Ⅱ）差，Pb（Ⅳ）的氧化性很强。要将 Pb（Ⅱ）的化合物氧化为 Pb（Ⅳ）的化合物，须在碱性条件下用较强的氧化剂才能实现：

$$Pb(OH)_2 + NaClO =\!=\!= PbO_2 \downarrow + NaCl + H_2O$$

锑、铋都能形成+3 价和+5 价的化合物。+3 价锑的氧化物和氢氧化物显两性，而+3 价铋的氧化物和氢氧化物只显碱性。+3 价锑有一定的还原性，而+3 价铋的还原性很弱，需用强氧化剂在碱性介质中才能氧化成+5 价态：

$$Bi_2O_3 + 2Na_2O_2 =\!=\!= 2NaBiO_3 + Na_2O$$

+5 价铋显强氧化性，在酸性介质中可把 Mn^{2+} 氧化为紫红色的 MnO_4^-：

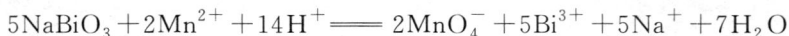

$$5NaBiO_3 + 2Mn^{2+} + 14H^+ =\!=\!= 2MnO_4^- + 5Bi^{3+} + 5Na^+ + 7H_2O$$

这个反应常用来定性鉴别溶液中 Mn^{2+} 的存在。

Sb^{3+} 和 SbO_4^{3-} 在锡片上可以还原为金属锑，使锡片呈现黑色。利用这个反应可以鉴定 Sb^{3+} 和 SbO_4^{3-}：

$$2Sb^{3+} + 3Sn =\!=\!= 2Sb \downarrow + 3Sn^{2+}$$

注：Bi^{3+} 虽可发生类似反应，但所需时间很长。

锑和铋都能生成不溶于稀酸的有色硫化物：Sb_2S_3 和 Sb_2S_5 为橙色，Bi_2S_3 为黑色。锑的硫化物具有成酸性质，能溶于 $(NH_4)_2S$ 或 Na_2S 溶液中，生成硫代酸盐，而铋的硫化物则不溶。

【实验用品】

（1）仪器　离心机，试管，离心管，点滴板，烧杯。

（2）试剂

$HCl(2mol\cdot L^{-1}，6mol\cdot L^{-1}，浓)$　　　　　$SbCl_3(0.1mol\cdot L^{-1})$

$H_2SO_4(1mol\cdot L^{-1}，2mol\cdot L^{-1})$　　　　　$BiCl_3(0.1mol\cdot L^{-1})$

$HNO_3(2mol\cdot L^{-1}，6mol\cdot L^{-1})$　　　　　$HgCl_2(0.1mol\cdot L^{-1})$

$NaOH(2mol\cdot L^{-1}，6mol\cdot L^{-1})$　　　　　锡片

$KI(0.1mol\cdot L^{-1})$　　　　　$SnCl_2\cdot 6H_2O(s)$

$Na_2S(0.1mol\cdot L^{-1}，0.5mol\cdot L^{-1})$　　　　　$PbO_2(s)$

$Na_2S_x(0.5mol\cdot L^{-1})$　　　　　$NaBiO_3(s)$

$KMnO_4(0.1mol\cdot L^{-1})$　　　　　淀粉-KI 试纸

$Na_2CO_3(0.1mol\cdot L^{-1})$　　　　　SnS

$K_2CrO_4(0.1mol\cdot L^{-1})$　　　　　PbS

$MnSO_4(0.1mol\cdot L^{-1})$　　　　　Sb_2S_3

$Pb(NO_3)_2(0.1mol\cdot L^{-1})$　　　　　Bi_2S_3

$SnCl_2(0.1mol\cdot L^{-1})$

【实验内容】

（1）Sn(Ⅱ)、Pb(Ⅱ)、Sb(Ⅲ)、Bi(Ⅲ) 的硫化物

① 在四支离心管中分别加入 10 滴浓度均为 $0.1mol\cdot L^{-1}$ 的 $SnCl_2$、$Pb(NO_3)_2$、$SbCl_3$、$BiCl_3$ 溶液，然后分别加入 10 滴 $0.1mol\cdot L^{-1}Na_2S$ 溶液，观察沉淀的颜色有何不同，记录实验现象并写出反应式（沉淀保留以进行下面实验）。

② 试验 SnS 分别在 $6mol \cdot L^{-1}$ HCl 溶液和 $0.5mol \cdot L^{-1} Na_2S_x$ 溶液中的溶解情况；PbS 分别在 $6mol \cdot L^{-1}$ HCl 溶液和 $6mol \cdot L^{-1} HNO_3$ 溶液中的溶解情况；Sb_2S_3 分别在 $6mol \cdot L^{-1}$ HCl 溶液、$0.5mol \cdot L^{-1} Na_2S$ 溶液和 $2mol \cdot L^{-1} NaOH$ 溶液中的溶解情况；Bi_2S_3 在 $6mol \cdot L^{-1}$ HCl 溶液中的溶解情况。记录实验现象并写出有关反应方程式。

（2）Sn、Pb、Sb、Bi 氢氧化物的酸碱性

① 在四支试管中分别加入 5 滴浓度为 $0.1mol \cdot L^{-1}$ 的 $SnCl_2$、$Pb(NO_3)_2$、$SbCl_3$、$BiCl_3$ 溶液，分别逐滴加入新配制的 $2mol \cdot L^{-1} NaOH$ 溶液。观察从加入少量到过量 NaOH 溶液时的实验现象，解释并写出反应方程式。

② 在四支离心管中分别加入 10 滴浓度均为 $0.1mol \cdot L^{-1}$ 的 $SnCl_2$、$Pb(NO_3)_2$、$SbCl_3$、$BiCl_3$ 溶液，分别逐滴加入 $2mol \cdot L^{-1} NaOH$ 溶液至沉淀生成，然后离心分离沉淀。在沉淀中分别滴加 $2mol \cdot L^{-1}$ HCl 溶液［注意：在 $Pb(OH)_2$ 沉淀中加入 $2mol \cdot L^{-1} HNO_3$ 溶液］。观察氢氧化物沉淀在稀酸中的溶解情况，写出反应式。

（3）Sn（Ⅱ）、Sb（Ⅲ）和 Bi（Ⅲ）盐的水解

① 取 $SnCl_2 \cdot 6H_2O$ 晶体少量于试管中，加 1mL 水，观察现象并写出反应式。

② 取少量 $0.1mol \cdot L^{-1} SbCl_3$ 和 $0.1mol \cdot L^{-1} BiCl_3$ 溶液，分别加水进行稀释，观察现象。若再滴加 $6mol \cdot L^{-1}$ HCl 溶液，情况又如何？解释实验现象并写出有关反应式。

（4）Sn、Pb、Sb、Bi 化合物的氧化还原性

① Sn（Ⅱ）的还原性。在点滴板中加入 2 滴 $0.1mol \cdot L^{-1} HgCl_2$ 溶液，然后逐滴加入 $0.1mol \cdot L^{-1} SnCl_2$ 溶液，有何现象发生？继续滴加 $SnCl_2$ 过量，又有什么变化？解释实验现象并写出反应式。

② Sb（Ⅲ）的还原性。在试管中加入 2 滴 $0.1mol \cdot L^{-1} KMnO_4$ 溶液和 $1mol \cdot L^{-1} H_2SO_4$，然后加入 5 滴 $0.1mol \cdot L^{-1} SbCl_3$ 溶液，观察并解释实验现象，写出反应式。用 $BiCl_3$ 代替 $SbCl_3$ 重复上述实验，观察现象并加以解释。

③ Pb（Ⅳ）、Bi（Ⅴ）的氧化性。

a. 在试管中加入 $1mL 6mol \cdot L^{-1}$ HCl 溶液，然后加入少量 PbO_2 固体，振荡试管，用淀粉-KI 试纸在管口检验有无 Cl_2 逸出，记录现象并写出反应式。

b. 在离心管中加入 2 滴 $0.1mol \cdot L^{-1} MnSO_4$ 溶液和 $2mL 6mol \cdot L^{-1} HNO_3$ 溶液，再加入少量 $NaBiO_3$ 固体，水浴加热，离心分离。观察紫红色 MnO_4^- 的生成，解释实验现象并写出反应式。

（5）铅（Ⅱ）难溶盐的生成　在点滴板的 5 个孔中分别加入 1 滴 $0.1mol \cdot L^{-1}$ $Pb(NO_3)_2$ 溶液，然后再分别滴加下列溶液：$2mol \cdot L^{-1}$ HCl、$0.1mol \cdot L^{-1}$ KI、$2mol \cdot L^{-1}$ H_2SO_4、$0.1mol \cdot L^{-1} K_2CrO_4$、$0.1mol \cdot L^{-1} Na_2CO_3$。观察沉淀的生成和颜色，写出有关反应式。

（6）Sb^{2+} 和 Bi^{2+} 的鉴定

① 在一小片光亮的锡片上滴加 1 滴 $0.1mol \cdot L^{-1} SbCl_3$ 溶液，观察锡片上出现的黑色圆斑，此法可鉴定 Sb 的存在。

② 在点滴板中加入 1 滴 $0.1mol \cdot L^{-1} SnCl_2$ 溶液，再滴加 $6mol \cdot L^{-1} NaOH$ 溶液至生成

的沉淀完全溶解，然后加入 2 滴 $0.1mol \cdot L^{-1}BiCl_3$ 溶液。析出黑色沉淀表示有铋存在。写出有关反应式。

（7）Sn^{2+} 和 Pb^{2+} 的鉴定　根据上述实验现象与结论，进行混合溶液中 Sn^{2+} 和 Pb^{2+} 的分离与鉴定的实验设计。

【思考题】

（1）配制 $SnCl_2$ 溶液时，需要加入盐酸和锡粒，其原理是什么？

（2）利用锡，铅，锑，铋的化合物在性质上的差异自行设计一种分离方案。

（3）如何分离 SnS，Sb_2S_3，PbS？

3.5 过渡金属元素（一）铬、锰、铁、钴和镍

【实验目的】

（1）熟悉 d 区元素主要氢氧化物的酸碱性。

（2）掌握 d 区元素主要化合物的氧化还原性。

（3）掌握 d 区元素的配合物的形成和性质。

（4）掌握 Cr^{3+}、Mn^{2+}、Fe^{3+}、Co^{2+}、Ni^{2+} 混合离子的分离及鉴定方法。

【实验原理】

（1）铬和锰

① 氢氧化物的生成及其性质。灰绿色的 $Cr(OH)_3$ 呈两性，与酸作用生成 Cr^{3+}（aq）。在酸性溶液中，Cr^{3+} 的还原性较弱，只有 $K_2S_2O_8$ 或 $KMnO_4$ 等强氧化剂才能将其氧化为 $Cr_2O_7^{2-}$。$Cr(OH)_3$ 与过量的碱作用生成亮绿色的 $Cr(OH)_4^-$。在碱性溶液中，$Cr(OH)_4^-$ 具有较强的还原性，可被 H_2O_2 氧化为 CrO_4^{2-}。Cr^{3+} 与氨水作用只能生成 $Cr(OH)_3$ 沉淀，不能生成氨的配合物。由于氨水的碱性不够，所以 $Cr(OH)_3$ 不能以 $Cr(OH)_4^-$ 形式溶于过量氨水。由于 $Cr(OH)_3$ 具有难溶性，所以 $[Cr(NH_3)_6]^{3+}$ 在水溶液中不能形成，需在液氨中才能生成。

② 重铬酸盐、$KMnO_4$ 的性质。重铬酸盐的溶解度较铬酸盐大，因此，在重铬酸盐溶液中加入 Ag^+、Pb^{2+}、Ba^{2+} 等离子时，将析出铬酸盐沉淀。在酸性溶液中，$Cr_2O_7^{2-}$ 与 H_2O_2 能生成深蓝色的过氧化铬 CrO_5，但它很不稳定，会很快分解为 Cr^{3+} 和 O_2；若被萃取到乙醚或戊醇中则稳定得多。此性质可用于鉴定 Cr（Ⅵ）和 Cr（Ⅲ）的存在。

$KMnO_4$ 是重要的氧化剂，其还原产物随介质的不同而不同。在酸性介质中，被还原为 Mn^{2+}；在中性介质中，被还原为 MnO_2；而在强碱性介质中和少量还原剂作用时，则被还原为 MnO_4^{2-}。在有 HNO_3 存在的条件下，Mn^{2+} 可被 $NaBiO_3$、PbO_2、$(NH_4)_2S_2O_8$ 氧化为紫红色的 MnO_4^-，这三个反应在实验室中常用于鉴定 Mn^{2+} 的存在。

（2）铁、钴、镍　$Fe(OH)_2$（白色）和 $Co(OH)_2$（粉色）除具有碱性外，均具有还原性，易被空气中 O_2 所氧化：

$$4Fe(OH)_2 + O_2 + 2H_2O =\!=\!= 4Fe(OH)_3$$

$$4Co(OH)_2 + O_2 + 2H_2O =\!=\!= 4Co(OH)_3$$

$Co(OH)_3$（褐色）和 $Ni(OH)_3$（黑色）具强氧化性，可将盐酸中的 Cl^- 氧化成 Cl_2：

$$2Co(OH)_3 + 6HCl(浓) \longrightarrow 2CoCl_2 + Cl_2 \uparrow + 6H_2O$$

$$Ni(OH)_3 + 6HCl(浓) \longrightarrow 2NiCl_2 + Cl_2 \uparrow + 6H_2O$$

铁系元素是很好的配合物的形成体，能形成多种配合物，常见的有氨的配合物。Fe^{2+}、Co^{2+}、Ni^{2+} 与 NH_3 能形成配离子，它们的稳定性依次递增。

Co^{2+} 与过量氨水作用，生成 $[Co(NH_3)_6]^{2+}$ 配离子：

$$Co^{2+} + 6NH_3 \cdot H_2O \longrightarrow [Co(NH_3)_6]^{2+} + 6H_2O$$

$[Co(NH_3)_6]^{2+}$ 配离子不稳定，放置于空气中立即被氧化成 $[Co(NH_3)_6]^{3+}$：

$$4[Co(NH_3)_6]^{2+} + O_2 + 2H_2O \longrightarrow 4[Co(NH_3)_6]^{3+} + 4OH^-$$

二价 Ni^{2+} 与过量氨水反应，生成浅蓝色 $[Ni(NH_3)_6]^{2+}$ 配离子。

$$Ni^{2+} + 6NH_3 \cdot H_2O \longrightarrow [Ni(NH_3)_6]^{2+} + 6H_2O$$

铁系元素还有一些配合物，不仅很稳定，而且具有特殊颜色。根据这些特性，可用来鉴定铁系元素离子。如三价 Fe^{3+} 与黄血盐 $K_4[Fe(CN)_6]$ 溶液反应，生成深蓝色配合物沉淀：

$$Fe^{3+} + K^+ + [Fe(CN)_6]^{4-} \longrightarrow K[Fe(CN)_6Fe] \downarrow$$
$$（蓝色）$$

二价 Fe^{2+} 与赤血盐 $K_3[Fe(CN)_6]$ 溶液反应，生成深蓝色配合物沉淀：

$$Fe^{2+} + K^+ + [Fe(CN)_6]^{3-} \longrightarrow K[Fe(CN)_6Fe] \downarrow$$
$$（蓝色）$$

二价 Co^{2+} 与 SCN^- 作用，生成蓝色配离子：

$$Co^{2+} + 4SCN^- \longrightarrow [Co(SCN)_4]^{2-}$$
$$（蓝色）$$

当溶液中混有少量 Fe^{3+} 时，Fe^{3+} 与 SCN^- 作用生成血红色配离子：

$$Fe^{3+} + nSCN^- \longrightarrow [Fe(SCN)_n]^{3-n} \quad (n = 1 \sim 6)$$

少量 Fe^{3+} 的存在干扰 Co^{2+} 的检出，可采用加掩蔽剂 NH_4F（或 NaF）的方法，F^- 可与 Fe^{3+} 结合形成更稳定且无色的配离子 $[FeF_6]^{3-}$，将 Fe^{3+} 掩蔽起来，从而消除 Fe^{3+} 的干扰。

$$[Fe(SCN)_n]^{3-n} + 6F^- \longrightarrow [FeF_6]^{3-} + (3-n)SCN^-$$

Ni^{2+} 在氨或 NaAc 溶液中，与丁二酮肟反应生成鲜红色螯合物沉淀。

利用铁系元素所形成化合物的特征颜色来鉴定 Fe^{3+}，Fe^{2+}，Co^{2+} 和 Ni^{2+}。

【实验用品】

(1) 仪器　离心机，点滴板，试管，离心管，长滴管，烧杯。

(2) 试剂

$HCl(2 mol \cdot L^{-1}$，浓) 　　　　　　$(NH_4)_2Fe(SO_4)_2(0.1 mol \cdot L^{-1})$

$H_2SO_4(2 mol \cdot L^{-1})$ 　　　　　　$CoCl_2(0.1 mol \cdot L^{-1})$

$NaOH(2 mol \cdot L^{-1})$ 　　　　　　$MnSO_4(0.1 mol \cdot L^{-1})$

$NH_3 \cdot H_2O(2 mol \cdot L^{-1}$，$6 mol \cdot L^{-1})$ 　　$NiSO_4(0.1 mol \cdot L^{-1})$

Cr$_2$(SO$_4$)$_3$（0.1mol·L^{-1}）

Na$_2$SO$_3$（0.1mol·L^{-1}）

K$_2$Cr$_2$O$_7$（0.1mol·L^{-1}）

FeSO$_4$（0.1mol·L^{-1}）

FeCl$_3$（0.1mol·L^{-1}）

KSCN（0.1mol·L^{-1}）

K$_4$[Fe(CN)$_6$]（0.1mol·L^{-1}）

Fe$_3$[Fe(CN)$_6$]（0.1mol·L^{-1}）

KMnO$_4$（0.01mol·L^{-1}）

KSCN(s)

H$_2$O$_2$（3%）

丁二酮肟

溴水

丙酮

戊醇

淀粉-KI 试纸

【实验内容】

（1）氢氧化物的生成和性质

① 取 A、B 两支试管，分别加入 0.5mL 0.1mol·L^{-1}（NH$_4$）$_2$Fe（SO$_4$）$_2$ 溶液，煮沸去氧。再在 C 试管中加入 2mL 2mol·L^{-1} NaOH 溶液，煮沸驱氧。稍冷后用长滴管吸取 2mol·L^{-1} NaOH 溶液，分别插入 A、B 两支试管底部，慢慢挤出 NaOH 溶液（注意：不能鼓泡），观察产物的颜色和状态。然后，往 A 试管中加入 2mol·L^{-1} HCl 溶液，观察现象；B 试管在空气中放置，观察现象（保留沉淀）。写出有关反应式。

② 取 A、B、C 三支离心管，分别加入 5 滴 0.1mol·L^{-1} CoCl$_2$ 溶液，再逐滴加入 2mol·L^{-1} NaOH 溶液，注意观察沉淀的形成和颜色的变化。将 A、B 两支离心管进行离心分离，弃去清液。在 A 管中加入 2mol·L^{-1} HCl 溶液，在 B 管中加入 2mol·L^{-1} NaOH 溶液，观察现象。C 管在空气中放置，观察现象（保留沉淀），写出有关反应式。

③ 取 A、B、C 三支离心管，分别加入 5 滴 0.1mol·L^{-1} NiSO$_4$ 溶液，再逐滴加入 2mol·L^{-1} NaOH 溶液，注意观察沉淀的形成和颜色的变化。将 A、B 两支离心管进行离心分离，弃去清液。在 A 管中加入 2mol·L^{-1} HCl 溶液，在 B 管中加入 2mol·L^{-1} NaOH 溶液，观察现象。C 管在空气中放置后，观察沉淀颜色是否有变化。然后滴加溴水，再观察现象（保留此沉淀）。写出有关反应式。

④ 取以上保留的 Fe(OH)$_3$、Co(OH)$_3$、Ni(OH)$_3$ 沉淀，分别加入浓 HCl，并用淀粉-KI 试纸在离心管口检查逸出的气体，观察现象，写出有关反应式。

根据步骤①～④的结果，比较 Fe(Ⅱ)、Co(Ⅱ)、Ni(Ⅱ) 的还原性差异和 Fe(Ⅲ)、Co(Ⅲ)、Ni(Ⅲ) 的氧化性差异。

⑤ 取 A、B、C 三支试管，在 A、B 两支试管中分别加入 0.5mL 0.1mol·L^{-1} MnSO$_4$ 溶液，C 试管中加入 2mL 2mol·L^{-1} NaOH 溶液，三支试管的溶液均进行煮沸驱氧，经冷却后用一长滴管吸取 C 试管的 NaOH 溶液，分别插入 A、B 两支试管底部，慢慢挤出 NaOH 溶液（注意：不能鼓泡）。观察产物的颜色和状态。在 A 试管中加入 2mol·L^{-1} HCl 溶液，观察现象；在 B 试管中加入过量的 2mol·L^{-1} NaOH 溶液，充分振荡，再观察现象。离心分离 B 试管的沉淀，弃去清液，在沉淀中加入浓 HCl，用淀粉-KI 试纸在离心管口检查逸出的气体。观察现象，写出有关反应式。

⑥ 取 A、B 两支试管，分别加入 0.5mL 0.1mol·L^{-1} Cr$_2$（SO$_4$）$_3$ 溶液，然后逐滴加入 2mol·L^{-1} NaOH 溶液至沉淀生成，观察和记录沉淀的颜色。然后分别用 2mol·L^{-1} HCl 和

$2mol \cdot L^{-1}$ NaOH 溶液试验沉淀的酸碱性。在加碱的试管中加入 1mL 3% H_2O_2 溶液，加热，观察溶液颜色的变化。待试管冷却后，加入 1mL 戊醇（必要时可补加几滴 H_2O_2），再逐滴加入 $2mol \cdot L^{-1}$ H_2SO_4 溶液酸化，轻摇试管，静置，待分层后观察戊醇的颜色变化，写出有关反应式。

（2）配合物的生成和应用

① 氨配合物。分别取浓度均为 $0.1mol \cdot L^{-1}$，含 Cr^{3+}、Mn^{2+}、Fe^{2+}、Co^{2+}、Ni^{2+} 的溶液各 5 滴，滴加 $6mol \cdot L^{-1}$ $NH_3 \cdot H_2O$ 至过量，观察现象，写出有关反应式。根据实验结果，归纳上述离子形成氨配合物的能力，指出哪些离子能形成氨配合物，哪些离子不能形成氨配合物。

② 其他配体的配合物。

a. 取 2 滴 $0.1mol \cdot L^{-1}$ $CoCl_2$ 溶液于点滴板中，加入 2 滴丙酮，再加入少量固体 KSCN，观察现象，写出反应式。

b. 在点滴板中试验 $0.1mol \cdot L^{-1}$ $FeCl_3$ 与 $0.1mol \cdot L^{-1}$ $K_4[Fe(CN)_6]$ 反应、$0.1mol \cdot L^{-1}$ $FeSO_4$ 与 $0.1mol \cdot L^{-1}$ $K_3[Fe(CN)_6]$ 反应，观察现象，写出反应式。

c. 取 2 滴 $0.1mol \cdot L^{-1}$ $NiSO_4$ 溶液于点滴板中，滴加 $2mol \cdot L^{-1}$ $NH_3 \cdot H_2O$ 溶液至弱碱性后，再加入 2 滴丁二酮肟，观察现象。

（3）锰（Ⅶ）和铬（Ⅵ）的氧化性

① 分别试验 $0.01mol \cdot L^{-1}$ $KMnO_4$ 溶液在强酸性、中性、强碱性介质中与 $0.1mol \cdot L^{-1}$ Na_2SO_3 溶液作用的情况，观察产物的性状和颜色的差异，写出有关反应式。

② 试验在硫酸介质中 $0.1mol \cdot L^{-1}$ $K_2Cr_2O_7$ 溶液与 $0.1mol \cdot L^{-1}$ $FeSO_4$ 溶液的作用，观察现象并写出反应式。

（4）混合离子的分离与鉴定　现有如下两组混合溶液，试设计分离方案进行分离并加以鉴定。

① Cr^{3+}、Mn^{2+}（均为 $0.1mol \cdot L^{-1}$）；

② Ni^{2+}、Fe^{3+}、Co^{2+}（均为 $0.1mol \cdot L^{-1}$）。

【思考题】

（1）制取 $Mn(OH)_2$ 和 $Fe(OH)_2$ 时，为什么要先把有关溶液煮沸？

（2）制取 $Co(OH)_3$ 和 $Ni(OH)_3$ 时，为什么要把作为原料的 Co(Ⅱ)、Ni(Ⅱ) 在碱性介质中进行氧化？

（3）鉴定 Mn^{2+} 时，下列情况对鉴定反应产生什么影响？

① 沉淀若未用去离子水洗涤，存有较多 Cr^{3+}；

② 介质用盐酸，而不用硝酸；

③ 溶液中 Mn^{2+} 浓度太高；

④ 多余的 H_2O_2 没有全部分解。

（4）鉴定 Co^{2+} 时，除加 KSCN 饱和溶液外，为何还要加入 NaF(s) 和丙酮？什么情况下可以不加 NaF？

（5）鉴定 Ni^{2+} 时，为何用 $NH_3 \cdot H_2O$ 调节 pH 在 5～10 范围？强酸或强碱溶液对检验 Ni^{2+} 有何影响？

3.6 过渡金属元素（二）铜、银、锌、镉和汞

【实验目的】

（1）掌握铜、银、锌、镉、汞氧化物或氢氧化物的酸碱性和稳定性。

（2）掌握铜、银、锌、镉、汞配合物的形成和性质。

（3）掌握 Cu^{2+}、Ag^+、Zn^{2+}、Cd^{2+}、Hg_2^{2+} 混合离子的分离和鉴定方法。

【实验原理】

在周期表中，Cu、Ag 属 ⅠB 族元素，Zn、Cd 和 Hg 为 ⅡB 族元素。Cu、Zn、Cd 和 Hg 常见化合价为 +2 价，而 Ag 为 +1 价。Cu 与 Hg 的化合价也有 +1 价。它们化合物的重要性质如下。

（1）氢氧化物的酸碱性和脱水性

① Ag^+、Hg^{2+} 和 Hg_2^{2+} 与适量 NaOH 反应时，产物是氧化物。这是由于它们的氢氧化物极不稳定，在常温下易脱水所致。这些氧化物显碱性。

② $Cu(OH)_2$（浅蓝色）也不稳定，加热至 90℃ 时脱水产生黑色 CuO。$Cu(OH)_2$ 呈较弱的两性（偏碱），$Cd(OH)_2$ 显碱性，$Zn(OH)_2$ 属典型两性。

（2）生成配合物 Cu^{2+}、Cu^+、Ag^+、Zn^{2+}、Cd^{2+} 和 Hg^{2+} 等离子都有较强的接受配体的能力，能与多种配体（如 X^-、CN^-、$S_2O_3^{2-}$、SCN^- 和 NH_3）形成配离子。

铜盐与过量 Cl^- 能形成黄绿色 $[CuCl_4]^{2-}$ 配离子：

$$Cu^{2+} + 4Cl^- \rightleftharpoons [CuCl_4]^{2-}$$
（黄绿色）

银盐与过量 $Na_2S_2O_3$ 溶液反应形成无色 $[Ag(S_2O_3)_2]^{3-}$：

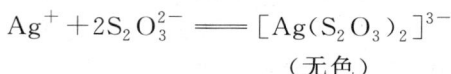

$$Ag^+ + 2S_2O_3^{2-} \rightleftharpoons [Ag(S_2O_3)_2]^{3-}$$
（无色）

有机物二苯硫腙（HDZ）（绿色），在碱性条件下与 Zn^{2+} 反应生成粉红色的 $[Zn(DZ)_2]$，常用来鉴定 Zn^{2+} 的存在：

$$Zn^{2+} + 2HDZ \rightleftharpoons [Zn(DZ)_2] + 2H^+ \text{（碱性介质）}$$

Hg^{2+} 与过量 KSCN 溶液反应生成 $[Hg(SCN)_4]^{2-}$ 配离子：

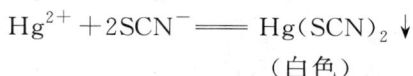

$$Hg^{2+} + 2SCN^- \rightleftharpoons Hg(SCN)_2 \downarrow$$
（白色）

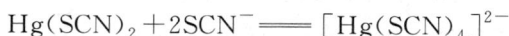

$$Hg(SCN)_2 + 2SCN^- \rightleftharpoons [Hg(SCN)_4]^{2-}$$

$[Hg(SCN)_4]^{2-}$ 与 Co^{2+} 反应生成蓝紫色的 $Co[Hg(SCN)_4]$，可用作鉴定 Co^{2+}。与 Zn^{2+} 反应生成白色的 $Zn[Hg(SCN)_4]$，可用来鉴定 Zn^{2+} 的存在。

Cu^{2+}、Ag^+、Zn^{2+} 和 Cd^{2+} 与过量的 $NH_3 \cdot H_2O$ 反应时，均生成氨的配离子。$Cu_2(OH)_2SO_4$、AgOH、Ag_2O 等难溶物均溶于 $NH_3 \cdot H_2O$ 形成配合物。Hg^{2+} 只有在大量 NH_4^+ 存在时，才与 $NH_3 \cdot H_2O$ 生成配离子。当 NH_4^+ 不存在时，则生成难溶盐沉淀。

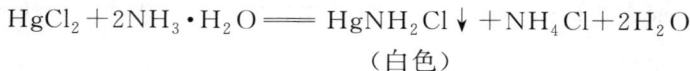

$$HgCl_2 + 2NH_3 \cdot H_2O \rightleftharpoons HgNH_2Cl \downarrow + NH_4Cl + 2H_2O$$
（白色）

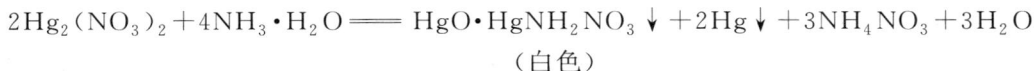

$$2Hg_2(NO_3)_2 + 4NH_3 \cdot H_2O \xlongequal{\hspace{1cm}} HgO \cdot HgNH_2NO_3 \downarrow + 2Hg \downarrow + 3NH_4NO_3 + 3H_2O$$
$$（白色）$$

Cu^{2+}、Cu^+、Ag^+、Zn^{2+}、Cd^{2+} 和 Hg^{2+} 与过量 KI 反应时，除 Zn^{2+} 外，均与 I^- 形成配离子。由于 Cu^{2+} 的氧化性，Cu^{2+} 与 I^- 反应时生成的产物是 Cu（I）的配离子 $[CuI_2]^-$。Hg_2^{2+} 较稳定，而 Hg（I）配离子易歧化，产物是 $[HgI_4]^{2-}$ 配离子，它与 NaOH 的混合液为奈斯勒试剂，可用于鉴定 NH_4^+。

（3）离子的氧化性 Cu^{2+} 具有氧化性，与 I^- 反应时，生成的不是 CuI_2，而是白色的 CuI 沉淀。白色 CuI 沉淀溶于过量的 KI 溶液中生成 CuI_2^- 配离子。CuI 也能溶于 KSCN 溶液中生成 $Cu(SCN)_2^-$ 配离子。这两种配离子稳定性不是很大，所以在稀释时又分别重新沉淀为 CuI 和 CuSCN。Ag^+ 有较强的氧化性，如果在 $AgNO_3$ 的氨水溶液中加入醛类，如甲醛或葡萄糖，则醛基被氧化为羧基，而银离子被还原为金属银。这个方法可用于制备银镜。酸性条件下 Hg^{2+} 具有较强的氧化性，能把 Zn、Fe、Cu 等氧化，因此 Hg^{2+} 可借与 $SnCl_2$ 反应而生成白色 Hg_2Cl_2 沉淀，再转变为灰黑色 Hg 沉淀的反应来鉴定。

【实验用品】

（1）仪器 离心机，点滴板，试管，离心管。

（2）试剂

$HCl(2mol \cdot L^{-1})$ 　　　　　　　　　　$Hg(NO_3)_2(0.1mol \cdot L^{-1})$

$HNO_3(2mol \cdot L^{-1})$ 　　　　　　　　　$Hg_2(NO_3)_2(0.1mol \cdot L^{-1})$

$HAc(2mol \cdot L^{-1})$ 　　　　　　　　　　$HgCl_2(0.1mol \cdot L^{-1})$

$NaOH(2mol \cdot L^{-1}，6mol \cdot L^{-1})$ 　　　$Na_2S_2O_3(0.1mol \cdot L^{-1})$

$NH_3 \cdot H_2O(2mol \cdot L^{-1}，6mol \cdot L^{-1})$ 　$KI(2mol \cdot L^{-1}，0.1mol \cdot L^{-1})$

KSCN（饱和） 　　　　　　　　　　　　$NH_4Cl(1mol \cdot L^{-1})$

$K_4[Fe(CN)_6](0.1mol \cdot L^{-1})$ 　　　　　$Na_2S(0.1mol \cdot L^{-1})$

$CuSO_4$（$0.1mol \cdot L^{-1}$） 　　　　　　　葡萄糖溶液（10%）

$AgNO_3$（$0.1mol \cdot L^{-1}$） 　　　　　　　淀粉（0.2%）

$ZnSO_4(0.1mol \cdot L^{-1})$ 　　　　　　　　二苯硫腙的 CCl_4 溶液

$Cd(NO_3)_2$（$0.1mol \cdot L^{-1}$）

【实验内容】

（1）氢氧化物的生成及其性质 在 6 支试管中分别加入 5 滴浓度均为 $0.1mol \cdot L^{-1}$ 的 $CuSO_4$、$AgNO_3$、$ZnSO_4$、$Cd(NO_3)_2$、$Hg(NO_3)_2$、$Hg_2(NO_3)_2$ 溶液，然后分别滴加 $2mol \cdot L^{-1}$ NaOH 溶液，观察沉淀的生成和颜色。将每个试管中的沉淀分为 2 份，检验其酸碱性。写出有关反应式。

（2）银镜反应 取 1 支洁净的试管，加入 5 滴 $0.1mol \cdot L^{-1}$ $AgNO_3$ 溶液，然后滴加 $2mol \cdot L^{-1}$ $NH_3 \cdot H_2O$ 溶液至析出的沉淀恰好溶解，再加入 1mL 10% 葡萄糖溶液，在水浴中加热，观察现象。倒掉溶液，在试管中加入 $2mol \cdot L^{-1}$ HNO_3 溶液，使银溶解洗除。写出反应式。

（3）CuI 的生成和性质　在 2 支离心管中各加入 5 滴 $0.1mol \cdot L^{-1}$ $CuSO_4$ 溶液，然后滴加 $0.1mol \cdot L^{-1}$ KI 溶液至有沉淀生成，离心分离。在上层清液中加入 2 滴淀粉溶液，有何现象？然后吸出清液，将沉淀洗涤 2 次后，一份加入 $2mol \cdot L^{-1}$ KI 溶液至沉淀溶解，再加入大量水稀释，有何现象？另一份加入饱和 KSCN 溶液至沉淀溶解，再加水稀释，有何现象？写出有关反应式。

（4）配合物的生成及其应用

① 氨配合物。

a. 在 3 支试管中分别加入 10 滴浓度均为 $0.1mol \cdot L^{-1}$ 的 $CuSO_4$、$AgNO_3$、$ZnSO_4$ 溶液，再分别滴加 $2mol \cdot L^{-1}$ $NH_3 \cdot H_2O$，观察沉淀的生成和溶解。写出有关反应式。

b. 在试管中加入 10 滴 $0.1mol \cdot L^{-1}$ $Cd(NO_3)_2$ 溶液，再逐滴加入 $2mol \cdot L^{-1}$ $NH_3 \cdot H_2O$ 溶液，观察沉淀的生成和溶解。写出反应式。

c. 在 1 支试管中加入 2 滴 $0.1mol \cdot L^{-1}$ $HgCl_2$ 溶液，滴加 $6mol \cdot L^{-1}$ $NH_3 \cdot H_2O$ 溶液，有无沉淀？继续加氨水，沉淀是否溶解？再滴加 $1mol \cdot L^{-1}$ NH_4Cl 溶液，充分振荡试管，观察沉淀是否溶解。记录现象并写出反应式。

② 其他配体的配合物。

a. 取 1mL $0.1mol \cdot L^{-1}$ $Na_2S_2O_3$ 溶液于试管中，逐滴加入 $0.1mol \cdot L^{-1}$ $AgNO_3$ 溶液，观察白色沉淀的生成和溶解。写出有关反应式。

b. 在试管中加入 2 滴 $0.1mol \cdot L^{-1}$ $CuSO_4$ 溶液，加入 1 滴 $2mol \cdot L^{-1}$ HAc 和 2 滴 $0.1mol \cdot L^{-1}$ $K_4[Fe(CN)_6]$ 溶液，有红棕色沉淀生成，在沉淀中加 $6mol \cdot L^{-1}$ $NH_3 \cdot H_2O$ 溶液，沉淀溶解呈深蓝色，表示有 Cu^{2+} 存在，写出反应式。

c. 在试管中加入 2 滴 $0.1mol \cdot L^{-1}$ $AgNO_3$，然后加入 $2mol \cdot L^{-1}$ HCl 溶液至沉淀完全，离心分离，将沉淀洗涤 2 次，在沉淀中加入 $2mol \cdot L^{-1}$ $NH_3 \cdot H_2O$ 溶液至沉淀溶解，再加入 2 滴 $0.1mol \cdot L^{-1}$ KI 溶液，有黄色沉淀生成，表示有 Ag^+ 存在。写出反应式。

d. 在试管中加入 2 滴 $0.1mol \cdot L^{-1}$ $ZnSO_4$ 溶液，再加入 5 滴 $6mol \cdot L^{-1}$ NaOH 溶液。再加入 10 滴二苯硫腙的 CCl_4 溶液，振荡试管，观察水层和 CCl_4 层的颜色变化。

e. 在点滴板中加入 2 滴 $0.1mol \cdot L^{-1}$ $Cd(NO_3)_2$ 溶液，再加入 1 滴 $2mol \cdot L^{-1}$ HCl 溶液酸化，然后滴加 $0.1mol \cdot L^{-1}$ Na_2S 溶液，有黄色沉淀生成，表示有 Cd^{2+} 存在。写出反应式。

（5）实验设计　设计实验方案，对下列混合离子进行分离与鉴定（自配上述混合离子的溶液）。

① Cu^{2+}、Ag^+、Zn^{2+}、Cd^{2+}、Hg^{2+}。

② Cu^{2+}、Ag^+、Fe^{3+}。

③ Zn^{2+}、Cd^{2+}、Ba^{2+}。

【思考题】

（1）Hg^{2+} 与过量的 $NH_3 \cdot H_2O$ 反应，能生成 $[Hg(NH_3)_4]^{2+}$ 吗？要使 Hg^{2+} 生成 $[Hg(NH_3)_4]^{2+}$，需采取什么措施？

（2）制备 CuCl 时，除了 $CuCl_2$ 和 Cu 屑外，加浓 HCl 的目的是什么？能否用其他物质代替？

（3）配制含 Cu^{2+}、Ag^+、Zn^{2+}、Cd^{2+}、Hg^{2+} 的混合溶液时应用什么阴离子的盐来配制？能否用氯化物或硫酸盐来配制？

（4）CuCl(s) 溶于浓 $NH_3 \cdot H_2O$ （或浓 HCl）后，生成的产物呈蓝色（或棕黄色），为何物？此蓝色是 $[Cu(NH_3)_2]^+$ 配离子的颜色吗？

（5）在 $CuSO_4$ 溶液中加入 KI 即产生白色 CuI 沉淀，而加入 NaCl 溶液为何不产生白色 CuCl 沉淀？

（6）为何先将 $AgNO_3$ 制成 $[Ag(NH_3)_2]^+$ 配离子，然后用葡萄糖还原制取银镜？若用葡萄糖直接还原 $AgNO_3$ 溶液能否制得？为什么？

3.7　纸色谱法分离和鉴定某些阳离子

【实验目的】
（1）了解纸色谱法分离的原理和操作技术。
（2）学习如何根据组分的不同 R_f 值分离鉴别未知试样的组分。

【实验原理】
纸色谱法是以滤纸作为载体的色谱分离法。固定相为滤纸上吸着的水分（一般滤纸可以吸着约等于本身总量 20%的水分），流动相为有机试剂，又称为展开剂。常用的展开剂通常是由有机溶剂、酸和水混合配成的。具体组成决定于分离的对象。在分离过程中，由于毛细管作用，展开剂沿着滤纸条向上慢慢扩展，与滤纸上的固定相相遇。当它经过点放在滤纸上的试液时，被分离的组分就在两相间不断地进行分配。由于各组分的分配系数不同而移动速度不同，分配系数大的移动速度快，移动的距离大；分配系数小的移动速度慢，移动的距离小，从而使它们逐个分开。

在纸色谱分离中，各组分在纸上移动的距离通常用比移值（R_f）来表示：

$$R_f = \frac{\text{原点到色谱点中心的距离}}{\text{原点到溶剂前沿的距离}}$$

应用比移值来比较可以消除色谱时间的影响，在一定条件下，不管色谱时间多长，前沿上升，斑点也跟着上升，但它们的比值不变。对于某组分来说，在一定色谱条件下，比移值是一定的，因此可以根据比移值进行定性鉴定。

R_f 值最小为 0，即斑点在原地不动；最大为 1，即该组分随溶剂扩展到溶剂前沿。从各组分 R_f 值之间相差大小可判断彼此能否分离。在一般情况下，R_f 相差 0.02 以上即可以相互分离。当然在几种组分相互分离时，各 R_f 值相差越大，其分离效果越好。

试样在滤纸上展开以后，多数情况下是无色的，无法确定某种组分的位置，所以要根据物质的特性喷洒适宜的显色剂进行显色，从而得到色谱图。根据 R_f 值及斑点颜色（与已知试样对照）判断溶液中存在何种组分。

【实验用品】
（1）仪器　广口瓶（500mL 2 个），量筒（100mL），开口小滴瓶，烧杯（50mL 5 个，500mL 1 个），镊子，30cm ×50cm 搪瓷盘，喉头喷雾器，小刷子，7.5cm×11cm 色层滤纸

1 张，普通滤纸 1 张，毛细管 5 根，铅笔，尺。

（2）试剂

HCl（浓）

$NH_3 \cdot H_2O$（浓）

$FeCl_3$（$0.1mol \cdot L^{-1}$）

$CoCl_2$（$1.0mol \cdot L^{-1}$）

$NiCl_2$（$1.0mol \cdot L^{-1}$）

$CuCl_2$（$1.0mol \cdot L^{-1}$）

$K_4[Fe(CN)_6]$（$0.1mol \cdot L^{-1}$）

$K_3[Fe(CN)_6]$（$0.1mol \cdot L^{-1}$）

丙酮

丁二酮肟

未知液（由 $0.1mol \cdot L^{-1}$ $FeCl_3$，$1.0mol \cdot L^{-1}$ $CoCl_2$，$1.0mol \cdot L^{-1}$ $NiCl_2$，$1.0mol \cdot L^{-1}$ $CuCl_2$ 等体积混合）

【实验内容】

（1）准备工作

① 在一个 500mL 广口瓶中加入 17mL 丙酮，2mL 浓 HCl 及 1mL 去离子水，配制成展开液，盖好瓶盖。

② 在另一个 500mL 广口瓶中放入一个盛浓 $NH_3 \cdot H_2O$ 的开口小滴瓶，盖好广口瓶。

③ 在长 11cm、宽 7.5cm 的滤纸上，用铅笔画四条间隔为 1.5cm 的竖线平行于长边，在纸条上端 1cm 处和下端 2cm 处各画出一条横线，在纸条上端画好的各小方格内标出 Fe^{3+}、Co^{2+}、Ni^{2+}、Cu^{2+}、未知液五种样品的名称。最后按四条竖线折叠成五棱柱体。

④ 在 5 个干净、干燥的烧杯中分别滴几滴 $0.1mol \cdot L^{-1}$ $FeCl_3$ 溶液、$1.0mol \cdot L^{-1}$ $CoCl_2$ 溶液、$1.0mol \cdot L^{-1}$ $NiCl_2$ 溶液、$1.0mol \cdot L^{-1}$ $CuCl_2$ 溶液及未知液，再各放入一支毛细管。

（2）加样

① 取一张普通滤纸作练习用。用毛细管吸取溶液后垂直触到滤纸上，当滤纸上形成直径为 0.3～0.5cm 的圆形斑点时，立即提起毛细管。反复练习几次，直到能做出小于或接近直径为 0.5cm 的斑点为止。

② 按所标明的样品名称，在滤纸下端横线上分别加样，将加样后的滤纸置于通风处晾干。

（3）展开　按滤纸上的折痕重新折叠一次。用镊子将滤纸五棱柱体垂直放入盛有展开液的广口瓶中，盖好瓶盖，观察各种离子在滤纸上展开的速度及颜色。当溶剂前沿接近滤纸上端横线时，用镊子将滤纸取出，用铅笔标记出溶剂前沿的位置，然后放入 500mL 烧杯中，于通风处晾干。

（4）斑点显色　当离子斑点无色或颜色较浅时，常需要加上显色剂，使离子斑点呈现出特征的颜色。以上 4 种离子可采用下面两种方法显色。

① 将滤纸置于充满氨气的广口瓶上，5min 后取出滤纸，观察并记录斑点的颜色。其中 Ni^{2+} 的颜色较浅，可用小刷子蘸取丁二酮肟溶液快速涂抹，记录 Ni^{2+} 所形成斑点的颜色。

② 将滤纸放在搪瓷盘中，用喉头喷雾器向纸上喷洒 $0.1mol \cdot L^{-1}$ $K_3[Fe(CN)_6]$ 溶液与 $0.1mol \cdot L^{-1}$ $K_4[Fe(CN)_6]$ 溶液的等体积混合液，观察并记录斑点的颜色。

（5）确定未知液中含有的离子　观察未知液在纸上形成斑点的数量、颜色和位置，分别与已知离子斑点的颜色、位置相对照，便可以确定未知液中含有哪几种离子。

（6）R_f 值的测定　用直尺分别测量溶剂移动的距离和离子移动的距离，然后计算出四种离子的 R_f 值。

（7）实验结果

① 展开液的组成（体积分数）：丙酮∶HCl（浓）∶H_2O＝_____。

② 已知离子斑点的颜色和 R_f 值。

③ 未知液中含有的离子为_____。

【数据记录与处理】

将实验数据记录与处理结果填入表 3-2。

表 3-2　纸上色谱数据记录与处理

项目		Fe^{3+}	Co^{2+}	Ni^{2+}	Cu^{2+}
斑点颜色	$K_3[Fe(CN)_6]+K_4[Fe(CN)_6]$				
	$NH_3(g)$				
展开液移动的距离 b/cm					
离子移动的距离 a/cm					
$R_f=a/b$					

【思考题】

（1）纸色谱法分离各组分的原理是什么？

（2）本实验中什么做固定相？什么做流动相？

（3）实验中怎样才能得到好的色谱谱图？在操作上应注意哪些问题？

第 **4** 章

Chapter **04**

定量分析实验

4.1 滴定法操作练习

【实验目的】

（1）了解常用玻璃量器的基本知识。

（2）学习、掌握滴定分析常用仪器的洗涤方法和使用方法。

（3）练习滴定分析基本操作和正确判断滴定终点。

【实验原理】

一定浓度的 HCl 溶液和 NaOH 溶液相互滴定时，所消耗的体积之比 $V(\text{HCl})/V(\text{NaOH})$ 应是一定的。在指示剂不变的情况下，改变被滴定溶液的体积，此体积之比应基本不变。借此，可以检验滴定操作技术和判断终点的能力。

滴定终点的判断正确与否是影响滴定分析准确度的重要因素，必须学会正确判断终点以及检验终点的方法。酸碱滴定所用的指示剂大多数是可逆的，这有利于练习判断滴定终点和验证终点。

甲基橙的变色范围 pH 是 3.1（红色）~4.4（黄色），pH4.0 附近为橙色。以甲基橙为指示剂，用 NaOH 溶液滴定酸性溶液时，终点颜色变化是由橙变黄；而用 HCl 溶液滴定碱性溶液时，则应以由黄变橙时为终点。判断橙色，对初学者有一定的难度，所以在做滴定练习之前，应先练习判断和验证终点。具体做法是：在锥形瓶中加入约 30mL 水和 1 滴甲基橙指示剂，从碱式滴定管中放出 2~3 滴 NaOH 溶液，观察其黄色；然后用酸式滴定管滴加 HCl 溶液至由黄变橙，如果已滴到红色，再滴加 NaOH 溶液至黄。如此反复滴加 HCl 和 NaOH 溶液，直至能做到加半滴 NaOH 溶液由橙变黄（验证：再加半滴 NaOH 溶液颜色不变，或加半滴 HCl 溶液则变橙），而加半滴 HCl 溶液由黄变橙（验证：再加半滴 HCl 溶液变红，或加半滴 NaOH 溶液能变黄）为止，达到能通过加入半滴溶液而确定终点的程度。熟悉了判断终点的方法后，再按实验内容（4）的步骤进行滴定练习。

酚酞的变色范围 pH 为 8.0（无色）~10.0（红色）。在 pH 为 8.0~9.0 之间，溶液为粉红色。

在以后的各次实验中，每遇到一种新的指示剂，均应先练习能正确地判断终点颜色变化后再开始实验。

【实验用品】

（1）仪器　酸式滴定管（50mL），碱式滴定管（50mL），锥形瓶，移液管（25mL），细口瓶（250mL）。

（2）试剂

NaOH 溶液（$0.1mol \cdot L^{-1}$，$6mol \cdot L^{-1}$）　　　HCl 溶液（$0.1mol \cdot L^{-1}$，$6mol \cdot L^{-1}$）

甲基橙溶液（0.1%）　　　　　　　　　　酚酞溶液（0.2%）

【实验内容】

（1）滴定管及移液管的准备　将酸式滴定管重新涂凡士林油，并检查是否漏水。碱式滴定管的乳胶管如已老化，则更换新的，并检查玻璃珠大小是否合适，是否漏水。按要求洗涤和润洗上述量器。

（2）配制 250mL $0.1mol \cdot L^{-1}$ 的 NaOH 溶液　取计算量 $6mol \cdot L^{-1}$ NaOH 溶液置于细口瓶中，加水稀释至 250mL，盖上橡胶塞，摇匀。

（3）配制 250mL $0.1mol \cdot L^{-1}$ 的 HCl 溶液　取计算量 $6mol \cdot L^{-1}$ HCl 溶液置于细口瓶中，加水稀释至 250mL，盖上瓶塞，摇匀。

（4）用 HCl 溶液滴定 NaOH 溶液　在碱式滴定管中装入 $0.1mol \cdot L^{-1}$ NaOH 溶液，排除玻璃珠下部管中的气泡，并将液面调节至 0.00mL 标线。在酸式滴定管中装入 $0.1mol \cdot L^{-1}$ HCl 溶液并调定零点。以 $10mL \cdot min^{-1}$ 的流速放出 20.00mL NaOH 溶液至锥形瓶中（或者先快速放出 19.5mL，等待 30s，再继续放到 20.00mL），加 1 滴甲基橙指示剂，用 HCl 溶液滴定到溶液由黄变橙，记录所耗 HCl 溶液的体积（读准至 0.01mL）。再放出 2.00mL NaOH 溶液（此时碱式滴定管读数为 22.00mL），继续用 HCl 溶液滴定至橙色，记录滴定终点读数。如此连续滴定 5 次，得到 5 组数据，均为累计体积。计算每次滴定的体积比 [$V(HCl)/V(NaOH)$]，其相对极差应不超过 0.2%，否则要重新连续滴定 5 次。

（5）用 NaOH 溶液滴定 HCl 溶液　用 25mL 移液管移取 $0.1mol \cdot L^{-1}$ HCl 溶液置于锥形瓶中，加 2 滴酚酞，然后用 $0.1mol \cdot L^{-1}$ NaOH 溶液滴定至刚出现粉红色，30s 之内不褪色即到终点，记录读数。如此滴定 4 次，所耗 NaOH 溶液体积的极差（R）应不超过 0.04mL。求出 NaOH 溶液体积的平均值，并计算 $V(HCl)/V(NaOH)$。

【数据记录与处理】

将数据记录及处理结果填入表 4-1 和表 4-2。

表 4-1　用 $0.1mol \cdot L^{-1}$ HCl 溶液滴定 $0.1mol \cdot L^{-1}$ NaOH 溶液

项　　目	1	2	3	4	5
$V(NaOH)/mL$	20.00	22.00	24.00	26.00	28.00
$V(HCl)/mL$					
$V(HCl)/V(NaOH)$					
$V(HCl)/V(NaOH)$ 平均值 $\bar{x}$					
相对极差/%					

表 4-2　用 0.1mol·L^{-1} NaOH 溶液滴定 0.1mol·L^{-1} HCl 溶液

项　目	1	2	3	4
$V(HCl)/mL$	25.00	25.00	25.00	25.00
$V(NaOH)/mL$				
$\overline{V}(NaOH)$平均值/mL				
极差 R/mL				
$V(HCl)/V(NaOH)$				

【说明】

本实验所配制的 NaOH 溶液并非标准溶液，仅限于在滴定练习中使用。NaOH 标准溶液的配制方法将在之后的实验中学习。

【思考题】

（1）玻璃量器洗净的标志是什么？

（2）滴定管和移液管应如何洗涤？使用前应如何处理？锥形瓶使用前是否要干燥？

（3）哪些仪器须用铬酸洗液进行洗涤？是否每次实验前都要用铬酸洗液进行洗涤？使用铬酸洗液时应注意些什么？

（4）移液管排空后遗留在流液口内的少量溶液是否应吹出？

（5）0.1mol·L^{-1} HCl 溶液与 0.1mol·L^{-1} NaOH 溶液相互滴定的 pH 突跃范围是多少？如果要求终点误差不超过 0.2%，酚酞和甲基橙是否都可用作指示剂？实验内容（4）和（5）中求得的 $V(HCl)/V(NaOH)$ 比值若有明显差别，其原因何在？

4.2　酸碱标准溶液浓度的标定

【实验目的】

（1）进一步练习滴定操作。

（2）学习酸碱溶液浓度的标定方法。

【实验原理】

标定酸溶液和碱溶液所用的基准物质有多种，本实验中介绍两种常用的基准物质——邻苯二甲酸氢钾和无水 Na_2CO_3。

（1）邻苯二甲酸氢钾（$KHC_8H_4O_4$）　分子中只有一个可解离的 H^+。与 NaOH 的反应式（即标定反应式）为：

$$KHC_8H_4O_4 + NaOH = KNaC_8H_4O_4 + H_2O$$

邻苯二甲酸氢钾用作为基准物的优点是：①易于获得纯品；②不吸湿且易于干燥；③摩尔质量大，称量的相对误差小。常以酚酞为指示剂用基准物质邻苯二甲酸氢钾标定 NaOH 标准溶液的浓度。

（2）无水 Na_2CO_3　用无水 Na_2CO_3 作为基准物质标定 HCl 标准溶液的浓度。由于

Na_2CO_3 易吸收空气中的水分，因此采用市售基准试剂级的 Na_2CO_3 时应预先于 180℃下使之充分干燥，并保存于干燥器中，标定时常以甲基橙为指示剂。标定反应为：

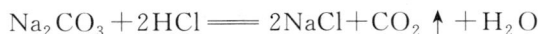

$$Na_2CO_3 + 2HCl \Longrightarrow 2NaCl + CO_2 \uparrow + H_2O$$

NaOH 标准溶液与 HCl 标准溶液的浓度，一般只需标定其中一种，另一种则通过 NaOH 溶液与 HCl 溶液滴定的体积比算出。标定 NaOH 溶液还是标定 HCl 溶液，要视采用何种标准溶液测定何种试样而定。原则上，应标定测定时所采用的标准溶液，标定时的条件与测定时的条件（例如指示剂和被测成分等）应尽可能一致。

【实验用品】

（1）仪器　台秤，电子天平，量筒，细口瓶，烧杯，表面皿，虹吸管，锥形瓶，容量瓶（250mL），移液管（25mL）。

（2）试剂

HCl（0.1mol·L^{-1}，浓）　　　　NaOH（s）　　　　$BaCl_2$（200g·L^{-1}）

邻苯二甲酸氢钾（A. R.）　　　无水碳酸钠（A. R.）　　　甲基橙

酚酞

【实验内容】

以下标定实验，只选做其中一个。

（1）0.1mol·L^{-1} HCl 溶液和 0.1mol·L^{-1} NaOH 溶液的配制　通过计算求出配制 500mL 0.1mol·L^{-1} HCl 溶液所需浓盐酸的体积。然后，用量筒量取浓盐酸，加入水中，并稀释成 500mL，储于玻璃塞细口瓶中，充分摇匀。

同样，通过计算求出配制 500mL 0.1mol·L^{-1} NaOH 溶液所需的固体 NaOH 的量，在台秤上迅速称出（NaOH 应置于什么器皿中称？为什么？）置于烧杯中，立即用 100mL 水溶解，配制成溶液，储于具有橡胶塞的细口瓶中，充分摇匀。

固体氢氧化钠极易吸收空气中的 CO_2 和水分，所以称量必须迅速。市售固体氢氧化钠常因吸收 CO_2 而混有少量 Na_2CO_3，以致在分析结果中引入误差，因此在要求严格的情况下，配制 NaOH 溶液时必须设法除去 CO_3^{2-}，常用方法有两种。

① 在台秤上称取一定量固体 NaOH 于烧杯中，用少量水溶解后倒入细口瓶中，再用水稀释到一定体积（配成所要求浓度的标准溶液），加入 1～2mL 200g·L^{-1} $BaCl_2$ 溶液，摇匀后用橡胶塞塞紧，静置过夜，待沉淀完全沉降后，用虹吸管把清液转入另一细口瓶中，塞紧，备用。

② 饱和的 NaOH 溶液（约 500g·L^{-1}）具有不溶解 Na_2CO_3 的性质，所以用固体 NaOH 配制的饱和溶液，其中的 Na_2CO_3 可以全部沉降下来。在涂蜡的玻璃器皿或塑料容器中先配制饱和的 NaOH 溶液，待溶液澄清后，吸取上层溶液，用新煮沸并冷却的水稀释至一定浓度。

试剂瓶应贴上标签，注明试剂名称、配制日期、使用者姓名，并留一空位以备填入此溶液的准确浓度。在配制溶液后均须立即贴上标签，注意应养成此习惯。

长期使用的 NaOH 标准溶液，最好装入下口瓶中，瓶塞上部最好装一碱石灰管（为什么？）。

（2）NaOH 标准溶液浓度的标定　在电子天平上准确称取 3 份已在 105～110℃烘过 1h 以上的分析纯的邻苯二甲酸氢钾，每份 0.4～0.5g（取此量的依据是什么？）。放入 250mL

锥形瓶中，用约 25mL 煮沸后刚刚冷却的水使之溶解（如没有完全溶解，可稍微加热）。冷却后加入 2 滴酚酞指示剂，用 NaOH 标准溶液滴定至呈微红色半分钟内不褪，即为终点。3 份测定的相对平均偏差应小于 0.2%，否则应重复测定。

（3）HCl 标准溶液浓度的标定　准确称取 1.0～1.5g 已烘干的无水碳酸钠于烧杯中，加水溶解后转入 250mL 容量瓶中并定容至刻度。用移液管移取 25.00mL 配制的 Na_2CO_3 溶液于 250mL 锥形瓶中，以甲基橙为指示剂，以 $0.1mol \cdot L^{-1}$ HCl 标准溶液滴定至溶液由黄色转变为橙色。记下 HCl 标准溶液的耗用量，计算出 HCl 标准溶液的浓度 $c(HCl)$，平行测定 3 次以上并计算平均值 $\bar{c}(HCl)$。

【数据记录与处理】

分别按表 4-3 和表 4-4 记录并处理数据。

表 4-3　NaOH 标准溶液浓度的标定

平行测定次数 记录项目	1	2	3
$m(KHC_8H_4O_4)/g$			
$V(NaOH)/mL$			
$c(NaOH)/(mol \cdot L^{-1})$			
$\bar{c}(NaOH)/(mol \cdot L^{-1})$			
相对平均偏差			

表 4-4　HCl 标准溶液浓度的标定

平行测定次数 记录项目	1	2	3
$m(Na_2CO_3)/g$			
$V(HCl)/mL$			
$c(HCl)/(mol \cdot L^{-1})$			
$\bar{c}(HCl)/(mol \cdot L^{-1})$			
相对平均偏差			

NaOH 标准溶液浓度计算公式：

$$c(NaOH) = \frac{m(KHC_8H_4O_4)}{V(NaOH) \times 10^{-3} M(KHC_8H_4O_4)}$$

式中　$c(NaOH)$——NaOH 标准溶液浓度，$mol \cdot L^{-1}$；

$m(KHC_8H_4O_4)$——称取 $KHC_8H_4O_4$ 的质量，g；

$V(NaOH)$——消耗 NaOH 标准溶液的体积，mL；

$M(KHC_8H_4O_4)$——$KHC_8H_4O_4$ 的摩尔质量，$g \cdot mol^{-1}$。

HCl 标准溶液浓度计算公式：

$$c(HCl) = \frac{2m(Na_2CO_3) \times \frac{25}{250}}{V(HCl) \times 10^{-3} M(Na_2CO_3)}$$

式中　$c(HCl)$——HCl 标准溶液浓度，$mol \cdot L^{-1}$；

　$m(Na_2CO_3)$——称取 Na_2CO_3 的质量，g；

　　　$V(HCl)$——消耗 HCl 标准溶液的体积，mL；

　$M(Na_2CO_3)$——Na_2CO_3 的摩尔质量，$g \cdot mol^{-1}$。

【思考题】

(1) 溶解基准物质 $KHC_8H_4O_4$ 或 Na_2CO_3 所用水的体积的量取，是否需要准确？为什么？

(2) 用于标定的锥形瓶，其内壁是否要预先干燥，为什么？

(3) 用邻苯二甲酸氢钾为基准物质标定 $0.1 mol \cdot L^{-1}$ NaOH 溶液时，基准物称取量如何计算？

(4) 如何计算以无水 Na_2CO_3 为基准物质标定 $0.1 mol \cdot L^{-1}$ HCl 溶液的质量？

(5) 用邻苯二甲酸氢钾标定 NaOH 溶液时，为什么用酚酞作指示剂？而用无水 Na_2CO_3 为基准物标定 HCl 溶液时，却不用酚酞作指示剂？

(6) 如果 NaOH 标准溶液在保存过程中吸收了空气中的 CO_2，用该标准溶液滴定盐酸，以甲基橙为指示剂，用 NaOH 溶液原来的浓度进行计算会不会引入误差？若用酚酞为指示剂进行滴定，又怎样？

(7) 标定 NaOH 溶液，可用 $KHC_8H_4O_4$ 为基准物质，也可用 HCl 标准溶液作比较。试比较此两法的优缺点。

(8) $KHC_8H_4O_4$ 是否可用作标定 HCl 溶液的基准物？$Na_2C_2O_4$ 能否用作基准物质来标定 NaOH 溶液？

4.3　尿素中氮含量的测定

【实验目的】

(1) 学习尿素试样测定前的消化方法。

(2) 学习以甲醛强化间接法测定尿素中的氮含量的原理和方法。

【实验原理】

尿素 $CO(NH_2)_2$ 经浓硫酸消化后转化为 $(NH_4)_2SO_4$。过量的 H_2SO_4 以甲基红作指示剂，用 NaOH 标准溶液滴定至溶液从红色到黄色。$(NH_4)_2SO_4$ 为强酸弱碱盐，可用酸碱滴定法测定其含氮量，但由于 NH_4^+ 的酸性太弱（$K_a^\ominus = 5.6 \times 10^{-10}$），故不能用 NaOH 标准溶液直接滴定。

甲醛法是基于铵盐与甲醛作用，可定量地生成六亚甲基四胺盐和 H^+，反应式如下：

$$4NH_4^+ + 6HCHO \longrightarrow (CH_2)_6N_4H^+ + 6H_2O + 3H^+$$

由于生成的 $(CH_2)_6N_4H^+$（$K_a^\ominus = 7.1 \times 10^{-6}$）和 H^+ 可用 NaOH 标准溶液滴定，滴定终点生成的 $(CH_2)_6N_4$ 是弱碱，化学计量点时，溶液的 pH 约为 8.7，因此应选用酚酞为

指示剂，滴定至溶液呈现微红色即为终点。

铵盐与甲醛的反应在室温下进行较慢，加甲醛后，需放置几分钟，使反应进行完全。

【实验用品】

（1）仪器　电子天平，碱式滴定管（50mL），烧杯（100mL），量筒，表面皿，移液管（25mL），电炉，容量瓶（250mL），锥形瓶（250mL）。

（2）试剂

NaOH 溶液（0.1mol·L⁻¹，2mol·L⁻¹）　　　H₂SO₄（浓）

酚酞（2g·L⁻¹ 乙醇溶液）　　　　　　　　甲基红

甲醛溶液（40%）　　　　　　　　　　邻苯二甲酸氢钾（KHC₄H₈O₄）基准试剂

尿素试样

【实验内容】

（1）甲醛溶液的处理　甲醛中常含有微量的甲酸（甲醛受空气氧化所致），应将其除去，否则会产生误差。处理方法如下：取市售即 40% 甲醛的上层清液于烧杯中用水稀释一倍，加入 1~2 滴酚酞指示剂，用 0.1mol·L⁻¹ NaOH 标准溶液滴定至甲醛溶液呈淡红色。

（2）试样中含氮量的测定　准确称取尿素试样 1g 左右于 100mL 干燥的烧杯中，再向烧杯中加入 6mL 浓硫酸。盖上表面皿，小火加热至无二氧化碳出现，用洗瓶冲洗表面皿和烧杯壁，并用蒸馏水分次洗涤，定量转移至 250mL 容量瓶中，稀释至刻度，摇匀。

准确移取上述试液 25.00mL 于 250mL 锥形瓶中，加 2~3 滴甲基红指示剂，用 NaOH 溶液中和游离酸。先滴加 2mol·L⁻¹ NaOH 溶液，将试液中和至溶液的颜色稍微变淡，再继续用 0.1mol·L⁻¹ NaOH 溶液中和至红色变为纯黄色。然后，加入 10mL 前述已处理过的甲醛溶液，充分摇匀，放置 5min 后，加 3 滴酚酞溶液，用 0.1mol·L⁻¹ NaOH 标准溶液滴定至溶液由纯黄色变为橙色即为终点，平行测定 3 次。根据所消耗的 NaOH 标准溶液的体积，计算尿素中 N 的质量分数。

【数据记录与处理】

将实验数据填入表 4-5，并进行处理。

表 4-5　尿素中含氮量的测定

项　　目	1	2	3
称取尿素质量 m_s/g			
消耗 NaOH 标准溶液体积 $V(NaOH)$/mL			
$c(NaOH)/(mol·L^{-1})$			
$w(N)$			
$\overline{w}(N)$			
相对平均偏差			

按下式计算氮的质量分数：

$$w(N) = \frac{c(NaOH)V(NaOH)M(N) \times 10^{-3}}{m_s} \times 100\%$$

式中　$w(\text{N})$——尿素试样中 N 的质量分数；

$\quad c(\text{NaOH})$——NaOH 标准溶液的浓度，$mol \cdot L^{-1}$；

$\quad V(\text{NaOH})$——消耗 NaOH 标准溶液体积，mL；

$\quad M(\text{N})$——氮原子的摩尔质量，$g \cdot mol^{-1}$；

$\quad m_s$——称取尿素样品的质量，g。

【注意事项】

甲醛常以白色聚合状态存在（多聚甲醛），是链状聚合体的混合物。甲醛中含少量的聚甲醛不影响测定结果。

【思考题】

（1）NH_4NO_3、NH_4HCO_3 中的含氮量能否用甲醛法测定？

（2）尿素样品中的游离酸是否需要中和？如果中和能否选用酚酞为指示剂？为什么？

（3）中和过量的 H_2SO_4，加入 NaOH 溶液的量是否要准确控制？过量或不足对结果有何影响？加入的碱量是否要记录？

（4）滴定开始，溶液颜色变化为红色→橙色→纯黄色→橙色，是什么指示剂在起作用？

4.4　混合碱的测定

【实验目的】

（1）了解测定混合碱的原理。

（2）掌握用双指示剂法测定混合碱的方法。

【实验原理】

工业混合碱通常是 Na_2CO_3 与 NaOH 或 Na_2CO_3 与 $NaHCO_3$ 的混合物，常用双指示剂法测定其含量。

（1）试样若为 Na_2CO_3 与 NaOH 的混合物　由于 NaOH 为一元强碱，它与强酸 HCl 的滴定反应在水溶液中进行，是所有酸碱反应中反应完成程度最高的，突跃范围最大，很容易准确滴定，到达化学计量点 $pH = 7.0$。而 Na_2CO_3 为二元弱碱，分两步解离，其 $K_{b1}^{\ominus} = 1.79 \times 10^{-4}$，$K_{b2}^{\ominus} = 2.38 \times 10^{-8}$，且 $K_{b1}^{\ominus}/K_{b2}^{\ominus} \approx 10^4$。由多元碱能被强酸滴定的条件 $cK_b^{\ominus} \geqslant 10^{-8}$ 及能被分步滴定的条件 $K_{b1}^{\ominus}/K_{b2}^{\ominus} \geqslant 10^4$ 可知，Na_2CO_3 第一步和第二步解离产生的 OH^- 均可勉强被分步滴定，有两个突跃。第一化学计量点产物 $NaHCO_3$ 为两性物质，终点时：

$$pH = -\lg\sqrt{K_{a1}^{\ominus}K_{a2}^{\ominus}} = -\lg\sqrt{\frac{K_w^{\ominus}}{K_{b2}^{\ominus}} \times \frac{K_w^{\ominus}}{K_{b1}^{\ominus}}} = -\lg\sqrt{4.20 \times 10^{-7} \times 5.61 \times 10^{-11}} \approx 8.3$$

如果以酚酞为指示剂，在酚酞变色（变色范围 8.0~10.0）时，NaOH 被完全滴定，而 Na_2CO_3 被滴定至 $NaHCO_3$，滴定反应到达第一化学计量点。设此时用去 HCl 的体积为 V_1（单位为 mL），其滴定反应为：

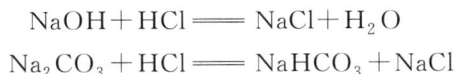

$$NaOH + HCl =\!\!=\!\!= NaCl + H_2O$$

$$Na_2CO_3 + HCl =\!\!=\!\!= NaHCO_3 + NaCl$$

第一化学计量点后，继续用 HCl 滴定，则滴定反应为：

$$Na_2CO_3 + 2HCl \Longrightarrow 2NaCl + H_2CO_3$$
$$ \hookrightarrow CO_2\uparrow + H_2O$$

到达第二化学计量点时产物为 H_2CO_3（$CO_2\uparrow + H_2O$），在室温下，CO_2 饱和溶液浓度为 $0.04 mol \cdot L^{-1}$，故终点可近似按下式计算：

$$pH = -lg\sqrt{c^{\ominus} K_{a1}^{\ominus}} = -lg\sqrt{0.04 \times 4.20 \times 10^{-7}} \approx 3.9$$

所以在第一化学计量点后，可加甲基橙（变色范围 3.1～4.4）作指示剂，用 HCl 标准溶液继续滴定至溶液由黄色变为橙色。设又消耗的 HCl 标准溶液的体积为 V_2（单位为 mL）。滴定 Na_2CO_3 所需 HCl 溶液是两次滴定加入的，从理论上讲，两次用量相等。故滴定 NaOH 所消耗的 HCl 溶液的用量为 $V_1 - V_2$。

（2）试样若为 Na_2CO_3 与 $NaHCO_3$ 的混合物　混合碱若为 Na_2CO_3 与 $NaHCO_3$ 的混合物，则 $V_1 < V_2$，V_1 仅为 Na_2CO_3 转化为 $NaHCO_3$ 所需 HCl 溶液用量，滴定试样中 $NaHCO_3$ 所需 HCl 溶液的用量为 $V_2 - V_1$。

【实验用品】

（1）仪器　电子天平，锥形瓶（250mL），烧杯（150mL），酸式滴定管（50mL），容量瓶（250mL），移液管（25mL）。

（2）试剂

酚酞的乙醇溶液（0.2%）　　　　　甲基橙（0.1%）

HCl 标准溶液（0.1mol·L^{-1}）　　　混合碱样品

【实验内容】

准确称取 2.0～2.2g（准确至 0.1mg）混合碱样品于 150mL 烧杯中，加 50mL 蒸馏水溶解，然后定量转移至 250mL 容量瓶中，分次用少量蒸馏水洗涤，洗涤液一并转入容量瓶，加蒸馏水至刻度，摇匀。用移液管移取 25.00mL 试液置于锥形瓶中，加入 2 滴酚酞指示剂，用 HCl 标准溶液滴定至红色恰好消失[1]，记下 HCl 用量 V_1（mL）。然后加入 2 滴甲基橙，继续用 HCl 标准溶液滴定至溶液由黄色变为橙色（接近终点时应剧烈摇动锥形瓶），记录又消耗的 HCl 溶液的体积 V_2（mL），平行测定 3 次以上。计算混合碱中各组分的含量。

【数据记录与处理】

将数据与结果填入表 4-6。

表 4-6　混合碱 $Na_2CO_3 + NaOH$（或 $Na_2CO_3 + NaHCO_3$）的测定

项　　目		1	2	3
混合碱样品质量 m_s/g				
第一化学计量点(酚酞变色)	消耗 HCl 标准溶液体积 V_1/mL			
第二化学计量点(甲基橙变色)	消耗 HCl 标准溶液体积 V_2/mL			
混合碱中各组分含量	$w(Na_2CO_3)$			
	$w(NaOH)$或 $w(NaHCO_3)$			
平均值	$\overline{w}(Na_2CO_3)$			
	$\overline{w}(NaOH)$或$\overline{w}(NaHCO_3)$			

（1）当 $V_1 > V_2$ 时，试样为 NaOH 和 Na_2CO_3 混合物。各组分的含量按下式计算：

$$w(NaOH) = \frac{c(HCl)(V_1 - V_2)M(NaOH) \times 10^{-3}}{m_s \times \frac{25}{250}} \times 100\%$$

$$w(Na_2CO_3) = \frac{c(HCl)V_2 M(Na_2CO_3) \times 10^{-3}}{m_s \times \frac{25}{250}} \times 100\%$$

（2）当 $V_1 < V_2$ 时，试样为 Na_2CO_3 和 $NaHCO_3$ 的混合物。各组分的含量按下式计算

$$w(Na_2CO_3) = \frac{c(HCl)V_1 M(Na_2CO_3) \times 10^{-3}}{m_s \times \frac{25}{250}} \times 100\%$$

$$w(NaHCO_3) = \frac{c(HCl)(V_2 - V_1)M(NaHCO_3) \times 10^{-3}}{m_s \times \frac{25}{250}} \times 100\%$$

式中 $c(HCl)$——HCl 标准溶液的浓度，$mol \cdot L^{-1}$；

V_1——酚酞为指示剂时，滴定消耗 HCl 标准溶液的体积，mL；

V_2——甲基橙为指示剂时，滴定消耗 HCl 标准溶液的体积，mL；

$M(NaOH)$——NaOH 的摩尔质量；$g \cdot mol^{-1}$；

$M(Na_2CO_3)$——Na_2CO_3 的摩尔质量，$g \cdot mol^{-1}$；

$M(NaHCO_3)$——$NaHCO_3$ 的摩尔质量，$g \cdot mol^{-1}$；

m_s——试样的质量，g。

【注释】

[1] 在第一滴定终点前，HCl 标准溶液要逐滴加入，并要不断摇动锥形瓶，以防溶液局部浓度过大。否则，一部分 Na_2CO_3 会直接被滴成 CO_2。

【思考题】

（1）Na_2CO_3 是食用碱主要成分，其中常含有少量的 $NaHCO_3$。能否用酚酞指示剂，测定 Na_2CO_3 含量？

（2）为什么移液管必须要用所移取溶液润洗，而锥形瓶则不能用所装溶液润洗？

4.5 氯化物中氯含量的测定（银量法）

【实验目的】

（1）学习 $AgNO_3$ 标准溶液的配制和标定方法。

（2）掌握沉淀滴定法中以 K_2CrO_4 指示剂测定 Cl^- 的原理。

【实验原理】

某些可溶性氯化物中氯含量的测定可采用银量法测定。银量法按指示剂的不同可分为莫尔法（Mohr 法，以铬酸钾为指示剂）、福尔哈德法（Volhard 法，以铁铵矾为指示剂）和法

扬司法（Fajans 法，吸附指示剂），三种方法的基本特点见表 4-7。

表 4-7 银量法的基本特点

项　目	莫尔法	福尔哈德法	法扬司法
指示剂	K_2CrO_4	铁铵矾	吸附指示剂
变色原理	分步沉淀法	生成有色配合物	表面电荷变化
用量	$5 \times 10^{-3}\,mol \cdot L^{-1}$	$0.015\,mol \cdot L^{-1}$	适量
适用酸度	pH 为 6.5～10.5，有 NH_4^+ 时为 6.5～7.2	强酸性介质中	视指示剂不同而不同
特点	干扰较多	测氯离子因存在 AgCl 向 AgSCN 的转化而得不到正确终点，需加保护剂。干扰相对较少	指示剂种类和应用范围直接相关。干扰情况也因指示剂不同而不同

用莫尔法测定 Cl^- 含量为本实验的基本要求。由于莫尔法的操作最为简单，尽管干扰较多，但测定一般水样中的 Cl^- 时多数仍选用莫尔法。在中性或弱碱性介质中，由于 AgCl 的溶解度小于 Ag_2CrO_4，因而在用 $AgNO_3$ 标准溶液滴定试样中的 Cl^- 时，首先生成 AgCl 沉淀，当 AgCl 沉淀完全后，过量的 $AgNO_3$ 溶液与 CrO_4^{2-} 作用生成砖红色沉淀，指示终点的到来。其反应方程式为：

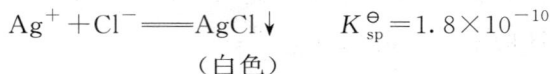

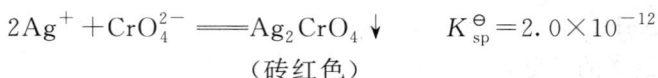

$$Ag^+ + Cl^- =\!=\!= AgCl \downarrow \qquad K_{sp}^{\ominus} = 1.8 \times 10^{-10}$$
（白色）

$$2Ag^+ + CrO_4^{2-} =\!=\!= Ag_2CrO_4 \downarrow \qquad K_{sp}^{\ominus} = 2.0 \times 10^{-12}$$
（砖红色）

滴定必须在中性或弱碱性介质中进行，最佳 pH 范围为 6.5～10.5（有 NH_4^+ 存在时 pH 则缩小为 6.5～7.2）。酸度过高会因 CrO_4^{2-} 质子化而不产生 Ag_2CrO_4 沉淀，过低则生成 Ag_2O 沉淀。根据肉眼一般能观察到指示剂变色，指示剂量一般控制在 $5 \times 10^{-3}\,mol \cdot L^{-1}$。

在莫尔法测定中，凡是能与 Ag^+ 形成难溶化合物或配合物的阴离子都会干扰测定，如：PO_4^{3-}、AsO_4^{3-}、SO_3^{2-}、S^{2-}、CO_3^{2-}、$C_2O_4^{2-}$ 等。其中 S^{2-} 可先酸化生成 H_2S 后加热除去；SO_3^{2-} 则可氧化成 SO_4^{2-} 后而不再干扰测定。大量有色离子，如 Cu^{2+}、Ni^{2+}、Co^{2+} 等，将影响终点的观察。此外，能与 CrO_4^{2-} 形成沉淀的离子，如 Ba^{2+}、Pb^{2+} 等，也干扰测定。其中 Ba^{2+} 的干扰可加入大量 Na_2SO_4 而消除。高价金属离子在中性介质中易水解而影响测定，也会有干扰。相比较而言，福尔哈德法是在酸性介质中进行滴定，干扰就要少得多。

【实验用品】

（1）仪器　台秤，电子天平，棕色细口瓶，锥形瓶（250mL），烧杯（150mL），棕色酸式滴定管（50mL），容量瓶（250mL），移液管（25mL），量筒。

（2）试剂

$AgNO_3$（A. R.）　　　　　NaCl（基准试剂）　　　　K_2CrO_4（5%）

【实验内容】

（1）0.05mol·L^{-1} AgNO$_3$ 溶液的配制　在台秤上称取配制 500mL 0.05mol·L^{-1} AgNO$_3$ 溶液所需固体 AgNO$_3$，溶于 500mL 不含 Cl$^-$ 的水中，将溶液转入棕色细口瓶中，置暗处保存，以减缓因见光而分解的作用。

（2）0.05mol·L^{-1} AgNO$_3$ 标准溶液浓度的标定　准确称取所需 NaCl 基准试剂（准确称量至小数点后第几位？）置于烧杯中，用水溶解，转入 250mL 容量瓶中，加水稀释至刻度，摇匀。

准确移取 25.00mL NaCl 标准溶液（也可以直接称取一定量 NaCl 基准试剂）于锥形瓶中，加 25mL 水、1mL 5%K$_2$CrO$_4$ 溶液，在不断摇动下用 AgNO$_3$ 溶液滴定，至白色沉淀中出现砖红色，即为终点。平行滴定 3 份。

根据 NaCl 标准溶液的浓度和滴定所消耗 AgNO$_3$ 标准溶液体积，计算 AgNO$_3$ 标准溶液的浓度。

（3）试样分析　准确称取一定量（学生自行计算）氯化物试样于烧杯中，加水溶解后，转入 250mL 容量瓶中，加水稀释至刻度，摇匀。

准确移取 25.00mL 氯化物试液于 250mL 锥形瓶中，加入 25mL 水，1mL5% K$_2$CrO$_4$ 溶液，在不断摇动下，用 AgNO$_3$ 标准溶液滴定，至白色沉淀中呈现砖红色即为终点。平行滴定 3 份，实验结束，洗涤滴定管[1]。

根据试样质量及消耗的 AgNO$_3$ 标准溶液的体积，计算试样中 Cl$^-$ 的含量。

【数据记录与处理】

将实验数据填入表 4-8、表 4-9，并进行结果处理。

表 4-8　0.05mol·L^{-1} AgNO$_3$ 标准溶液浓度的标定

项　　目	1	2	3
称取 NaCl 质量 m(AgNO$_3$)/g			
消耗 AgNO$_3$ 标准溶液体积 V(AgNO$_3$)/mL			
c(AgNO$_3$)/(mol·L^{-1})			
$\bar{c}$(AgNO$_3$)/(mol·L^{-1})			
相对平均偏差			

$$c(\text{AgNO}_3) = \frac{m(\text{NaCl}) \times \dfrac{25}{250}}{V(\text{AgNO}_3) \times 10^{-3} M(\text{NaCl})}$$

式中　c(AgNO$_3$)——AgNO$_3$ 标准滴定溶液浓度，mol·L^{-1}；

$\qquad m$(NaCl)——称取 NaCl 的质量，g；

$\qquad V$(AgNO$_3$)——实际消耗 AgNO$_3$ 溶液体积，mL；

$\qquad M$(NaCl)——NaCl 的摩尔质量，g·mol^{-1}。

表 4-9　氯化物中氯含量的测定

项　目	1	2	3
称取氯化物式样质量 m_s/g			
消耗 $AgNO_3$ 标准溶液体积 $V(AgNO_3)$/mL			
$w(Cl^-)$			
$\overline{w}(Cl^-)$			
相对平均偏差			

$$w(Cl^-) = \frac{c(AgNO_3)V(AgNO_3)M(Cl^-) \times 10^{-3}}{m_s \times \dfrac{25}{250}} \times 100\%$$

式中　$w(Cl^-)$——式样中 Cl^- 的质量分数；

　　　$c(AgNO_3)$——$AgNO_3$ 标准溶液浓度，$mol \cdot L^{-1}$；

　　　$V(AgNO_3)$——消耗 $AgNO_3$ 标准溶液体积，mL；

　　　　　m_s——称取式样质量，g；

　　　$M(Cl^-)$——Cl^- 的摩尔质量，$g \cdot mol^{-1}$。

【注释】

[1] 实验完毕，应将盛 $AgNO_3$ 溶液的滴定管先用蒸馏水冲洗 2~3 次后，再用自来水冲洗干净，以免产生 AgCl 沉淀留于滴定管中。

【思考题】

（1）$AgNO_3$ 溶液应装在酸式滴定管内还是碱式滴定管内？为什么？

（2）滴定中对指示剂 K_2CrO_4 的量是否要加以控制？为什么？

（3）滴定中试液的酸度控制在什么范围？为什么？怎样调节？有 NH_4^+ 存在时，在酸度控制上为何有所不同？

（4）滴定过程中要求充分摇动锥形瓶的原因是什么？

（5）NaCl 基准物为什么要经 500~600℃ 加热处理？如用未经处理的 NaCl 来标定 $AgNO_3$ 溶液，将产生什么影响？

4.6　水的硬度测定

【实验目的】

（1）了解水的硬度的测定意义和常用的硬度表示方法。

（2）掌握 EDTA 法测定水的硬度的原理和方法。

（3）掌握铬黑 T 和钙指示剂的应用，了解金属指示剂的特点。

【实验原理】

一般含有钙、镁盐类的水叫硬水（硬水和软水尚无明确的界限，硬度小于 5° 的，一般可称软水）。硬度有暂时硬度和永久硬度之分。

暂时硬度——水中含有钙、镁的酸式碳酸盐，遇热即成碳酸盐沉淀而硬度减小或消失。其反应式如下：

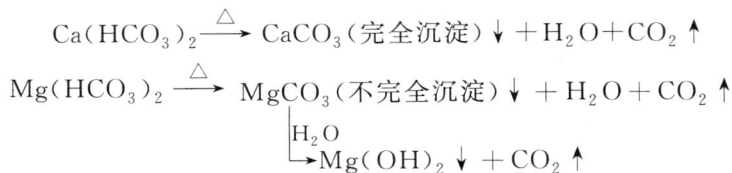

$$Ca(HCO_3)_2 \xrightarrow{\triangle} CaCO_3（完全沉淀）\downarrow + H_2O + CO_2 \uparrow$$

$$Mg(HCO_3)_2 \xrightarrow{\triangle} MgCO_3（不完全沉淀）\downarrow + H_2O + CO_2 \uparrow$$

$$\xrightarrow[]{H_2O} Mg(OH)_2 \downarrow + CO_2 \uparrow$$

永久硬度——水中含有钙、镁的硫酸盐、氯化物、硝酸盐，在加热时亦不沉淀（但在锅炉运行温度下，溶解度低的可析出而成为锅垢）。

暂时硬度和永久硬度的总和称为"总硬度"。由 Mg^{2+} 形成的硬度称为"镁硬度"，由 Ca^{2+} 形成的硬度称为"钙硬度"。

水中 Ca^{2+}、Mg^{2+} 含量，可用 EDTA 配位滴定法测定。钙硬度测定原理与以 $CaCO_3$ 为基准物质标定 EDTA 标准溶液浓度相同。总硬度则以铬黑 T 为指示剂，控制溶液的 pH≈ 10，以 EDTA 标准溶液滴定之。由 EDTA 溶液的浓度和用量，可算出水的总硬度，由总硬度减去钙硬度即为镁硬度。

水的硬度的表示方法有多种，随各国的习惯而有所不同。有将水中的盐类都折算成 $CaCO_3$ 而以 $CaCO_3$ 的量来表示的。本书采用我国目前常用的表示方法：以度（°）计，1 硬度单位表示十万份水中含 1 份 CaO，即 $1° = 10mg \cdot L^{-1} CaO$。

【实验用品】

(1) 仪器　台秤，电子天平，锥形瓶（250mL），烧杯，表面皿，量筒，试剂瓶，酸式滴定管（50mL），容量瓶（250mL），移液管（25mL，100mL）。

(2) 试剂

EDTA 二钠盐（A.R.，s）　　　　　　　　$HCl(6mol \cdot L^{-1})$

NH_3-NH_4Cl 缓冲溶液（pH=10）　　　　钙指示剂

NaOH 溶液（$100g \cdot L^{-1}$）　　　　　　　铬黑 T 指示剂（s）

$CaCO_3$（A.R.，s）　　　　　　　　　　水样

【实验内容】

(1) $0.02mol \cdot L^{-1}$ EDTA 溶液的配制及标定　称取 4g EDTA 二钠盐于 300mL 水中，加热溶解，冷却后转移至试剂瓶中，稀释至 500mL，充分摇匀，待标定。

称取 0.4～0.6g 基准物质 $CaCO_3$ 于小烧杯，用少量蒸馏水润湿，盖上表面皿，滴加 $6mol \cdot L^{-1}$ HCl 至完全溶解后再过量几滴，加热煮沸、冷却，定量转入 250mL 容量瓶，定容至刻度，振荡均匀。

用移液管移取 25.00mL 上述标准溶液于 250mL 锥形瓶中，加 25mL 水，加 5mL $100g \cdot L^{-1}$ NaOH，再加入约 0.01g 钙指示剂，摇匀，以 $0.02mol \cdot L^{-1}$ EDTA 标准溶液滴定至溶液为纯蓝色即为终点。平行测定 3 次，计算 EDTA 的浓度。

(2) 总硬度的测定　量取澄清的水样 100mL（用什么量器？为什么？）于 250mL 锥形瓶中，加入 5mL NH_3-NH_4Cl 缓冲溶液，摇匀。再加入约 0.01g 铬黑 T 固体指示剂，再摇匀，此时溶液呈酒红色，以 $0.02mol \cdot L^{-1}$ EDTA 标准溶液滴定至呈纯蓝色，即为终点。平行测定 3 次。

(3) 钙硬度的测定　量取 100mL 水样于 250mL 锥形瓶中，加入 5mL $100g \cdot L^{-1}$ NaOH

溶液，摇匀；加入约 0.01g 钙指示剂，再摇匀。此时溶液呈淡红色。以 $0.02 mol \cdot L^{-1}$ EDTA 标准溶液滴定至呈纯蓝色，即为终点。平行测定 3 次。

（4）镁硬度的确定　由总硬度减去钙硬度即得镁硬度。

【数据处理】

（1）EDTA 标准溶液浓度计算公式

$$c(EDTA) = \frac{m(CaCO_3) \times \frac{25}{250}}{V(EDTA) \times 10^{-3} M(CaCO_3)}$$

式中　$c(EDTA)$——EDTA 标准滴定溶液浓度，$mol \cdot L^{-1}$；

　　　$m(CaCO_3)$——$CaCO_3$ 的质量，g；

　　　$M(CaCO_3)$——$CaCO_3$ 的摩尔质量，$g \cdot mol^{-1}$；

　　　$V(EDTA)$——滴定时消耗 EDTA 标准溶液的体积，mL。

（2）水的硬度计算公式

$$\rho_{总}(CaO) = \frac{c(EDTA) V_1(EDTA) M(CaO)}{V_s} \times 10^3$$

$$水硬度(°) = \frac{c(EDTA) V_1(EDTA) M(CaO)}{V_s \times 10} \times 10^3$$

$$\rho_{钙}(CaO) = \frac{c(EDTA) V_2(EDTA) M(CaO)}{V_s} \times 10^3$$

式中　$\rho_{总}(CaO)$——水样的总硬度，$mg \cdot L^{-1}$；

　　　$\rho_{钙}(CaO)$——水样的钙硬度，$mg \cdot L^{-1}$；

　　　$c(EDTA)$——EDTA 标准滴定溶液的浓度，$mol \cdot L^{-1}$；

　　　$V_1(EDTA)$——测定总硬度时消耗 EDTA 标准溶液的体积，L；

　　　$V_2(EDTA)$——测定钙硬度时消耗 EDTA 标准溶液的体积，L；

　　　　V_s——水样的体积，L；

　　　$M(CaO)$——CaO 摩尔质量，$g \cdot mol^{-1}$。

【思考题】

（1）如果对硬度测定中的数据要求保留两位有效数字，应如何量取 100mL 水样？

（2）用 EDTA 配位滴定法怎样测出水的总硬度？用什么指示剂？产生什么反应？

（3）用 EDTA 法测定水的硬度时，哪些离子的存在有干扰？如何消除？

（4）当水样中 Mg^{2+} 含量低时，以铬黑 T 作指示剂测水中 Ca^{2+}、Mg^{2+} 总量，终点不明晰，因此常在水样中先加少量 MgY^{2-} 配合物，再用 EDTA 滴定，终点就会敏锐。这样做对测定结果有无影响？说明其原理。

4.7　胃舒平药片中铝和镁的测定

【实验目的】

（1）掌握返滴定法的应用。

（2）学会沉淀分离的操作方法。

【实验原理】

胃舒平是一种中和胃酸的胃药，主要用于胃酸过多及胃和十二指肠溃疡。它的主要成分为氢氧化铝、三硅酸镁及少量颠茄流浸膏。在加工过程中，为了使药片成形，加了大量的糊精。

药片中铝和镁的含量可用 EDTA 配位滴定法测定。先将药片用酸溶解，分离除去不溶于水的物质。然后取试液加入过量 EDTA，调节 pH＝4 左右，煮沸数分钟，使 Al^{3+} 与 EDTA 充分配位，用返滴定法测定铝的含量。另取试液，调节 pH 为 8～9，将 $Al(OH)_3$ 沉淀分离，在 pH＝10 的条件下，以铬黑 T 为指示剂，用 EDTA 滴定滤液中的 Mg^{2+}，由此测定镁的含量。

【实验用品】

(1) 仪器　台秤，电子天平，研钵，锥形瓶（250mL），烧杯，酸式滴定管（50mL），容量瓶（100mL，250mL），移液管（25mL），量筒，表面皿，漏斗。

(2) 试剂

EDTA 二钠盐（A.R.，s)　　　　　　　　$HCl(3mol \cdot L^{-1}，6mol \cdot L^{-1})$

Zn(A.R.，s)　　　　　　　　　　　　　$HNO_3(8mol \cdot L^{-1})$

HNO_3（$0.1mol \cdot L^{-1}$，$5mol \cdot L^{-1}$，　　$NH_4Cl(2\%)$

　$8mol \cdot L^{-1}$）　　　　　　　　　　　　三乙醇胺（$30g \cdot L^{-1}$）

六亚甲基四胺溶液（$200g \cdot L^{-1}$）　　　　甲基红（$2g \cdot L^{-1}$）

NH_3-NH_4Cl 缓冲溶液（pH＝10)　　　　铬黑 T 指示剂（$5g \cdot L^{-1}$）

二甲酚橙水溶液指示剂（$2g \cdot L^{-1}$）　　　胃舒平药片（s）

$NH_3 \cdot H_2O$（$8mol \cdot L^{-1}$）

【实验内容】

(1) $0.01mol \cdot L^{-1}$ Zn^{2+} 标准溶液的配制　准确称取基准物锌 0.17g 于 100mL 烧杯中，加入 $6mol \cdot L^{-1}$ HCl 5mL，立即盖上表面皿，待锌完全溶解后，以少量水冲洗表面皿及烧杯壁，将溶液转入 250mL 容量瓶中，用水稀释至刻度，摇匀。

(2) $0.01mol \cdot L^{-1}$EDTA 溶液的配制及标定　称取 2g EDTA 二钠盐于 300mL 水中，加热溶解，冷却后转移至试剂瓶中，稀释至 500mL，充分摇匀。

平行移取 25.00mL Zn^{2+} 标准溶液 3 份分别置于 250mL 锥形瓶中，加入 2 滴二甲酚橙指示剂，滴加六亚甲基四胺溶液呈现稳定的紫红色后，再过量 5mL，用 EDTA 滴定至溶液由紫红色变为亮黄色即为终点。根据滴定用去 EDTA 体积和金属锌的质量，计算 EDTA 浓度。

(3) 样品处理　称取胃舒平药片 10 片，研细后，准确称取药片粉 0.2g 于 50mL 烧杯中，用水溶解，加入 $8mol \cdot L^{-1}HNO_3$10mL，盖上表面皿加热煮沸 5min，冷却后过滤，并以水洗涤沉淀，收集滤液及洗涤液于 100mL 容量瓶中，用水稀释至刻度，摇匀。

(4) 铝的测定　准确移取上述试液 25.00mL 于 250mL 锥形瓶中，准确加入 $0.01mol \cdot L^{-1}$EDTA 标准溶液 25.00mL，加入二甲酚橙 2～3 滴，溶液呈现黄色，滴加 $8mol \cdot L^{-1}NH_3 \cdot H_2O$ 使溶液恰好变成红色，再滴加 $3mol \cdot L^{-1}$HCl 溶液，使溶液恰呈黄色，在电炉上加热煮沸 3min 左右，冷却至室温。加入六亚甲基四胺溶液 10mL，此时溶液应呈黄色，如不呈黄色，可用 $3mol \cdot L^{-1}$HCl 调节。用 $0.01mol \cdot L^{-1}Zn^{2+}$ 标准溶液滴定至溶液由黄色变为紫红色即为终点，平行测定 3 次。计算药片中 Al(OH)₃ 含量（以 Al(OH)₃ 的质量分数表示）。

（5）镁的测定 移取上述试液 25.00mL，加甲基红 1 滴，滴加 8mol·L⁻¹NH₃·H₂O 使溶液出现沉淀，恰好变成黄色，煮沸 5min，趁热过滤，沉淀用 30mL 2%NH₄Cl 溶液洗涤，收集滤液及洗涤液于 250mL 锥形瓶中，加入 30g·L⁻¹三乙醇胺 5mL，NH₃-NH₄Cl 缓冲溶液（pH=10）10mL，铬黑 T 2~3 滴，用 0.01mol·L⁻¹ EDTA 滴定至溶液由紫红色变为蓝紫色即为终点，平行测定 3 次。计算药片中镁的含量（以 MgO 的质量分数表示）。

【数据处理】

（1）EDTA 标准溶液浓度计算公式

$$c(\text{EDTA}) = \frac{m(\text{Zn}) \times \frac{25}{250}}{V(\text{EDTA}) \times 10^{-3} M(\text{Zn})}$$

式中 $c(\text{EDTA})$——EDTA 标准滴定溶液浓度，mol·L⁻¹；

$m(\text{Zn})$——称取基准物质 Zn 的质量，g；

$M(\text{Zn})$——Zn 的摩尔质量，g·mol⁻¹；

$V(\text{EDTA})$——滴定时消耗 EDTA 标准滴定溶液的体积，mL。

（2）药片中 Al(OH)₃ 含量计算公式

$$w[\text{Al(OH)}_3] = \frac{[c(\text{EDTA})V(\text{EDTA}) - c(\text{Zn}^{2+})V(\text{Zn}^{2+})] \times 10^{-3} M[\text{Al(OH)}_3]}{m_s \times \frac{25}{100}} \times 100\%$$

（3）药片中氧化镁的含量计算公式

$$w(\text{MgO}) = \frac{c(\text{EDTA})V(\text{EDTA}) \times 10^{-3} M(\text{MgO})}{m_s \times \frac{25}{100}} \times 100\%$$

式中 $w[\text{Al(OH)}_3]$——胃舒平药片中 Al(OH)₃ 的质量分数；

$w(\text{MgO})$——胃舒平药片中 MgO 的质量分数；

$c(\text{EDTA})$——EDTA 标准溶液的浓度，mol·L⁻¹；

$V(\text{EDTA})$——测定时加入 EDTA 标准溶液的体积，mL；

$c(\text{Zn}^{2+})$——Zn²⁺ 标准溶液的浓度，mol·L⁻¹；

$V(\text{Zn}^{2+})$——测定时消耗 Zn²⁺ 标准滴定溶液的体积，mL；

$M[\text{Al(OH)}_3]$——Al(OH)₃ 的摩尔质量，g·mol⁻¹；

$M(\text{MgO})$——MgO 的摩尔质量，g·mol⁻¹；

m_s——试样的质量，g。

【思考题】

（1）测定 Al³⁺ 为什么不采用直接滴定法？

（2）能否采用 F 掩蔽 Al³⁺，而直接测定 Mg²⁺？

（3）在测定 Mg²⁺ 时，加入三乙醇胺的作用是什么？

4.8　铋铅合金中铋、铅含量的分析

【实验目的】

（1）掌握合金的溶样方法。

（2）学会控制不同的酸度对不同离子进行连续测定。

【实验原理】

铋铅合金的主要成分有铋、铅和少量的锡，测定合金中的铋、铅含量时，用 HNO_3 溶解试样，这时锡呈现 H_2SnO_2 沉淀，将 H_2SnO_2 过滤除去，滤液用作铋、铅的测定。

Bi^{3+}、Pb^{2+} 均能与 EDTA 形成稳定的配合物，$lgK^\ominus$ 值分别为 27.93 和 18.04，BiY 和 PbY 两者稳定常数相差较大，所以可以利用酸效应，控制不同的酸度，用 EDTA 分别测定 Bi^{3+}、Pb^{2+} 的含量。通常在 pH＝1 时测定 Bi^{3+}；在测定 Bi^{3+} 的溶液中连续加入六亚甲基四胺溶液，调节试液 pH 为 5～6，再测定 Pb^{2+}。

【实验用品】

（1）仪器　电子天平，锥形瓶（250mL），烧杯，酸式滴定管（50mL），容量瓶（250mL），移液管（25mL），表面皿，量筒，试剂瓶。

（2）试剂

EDTA（0.01mol·L^{-1}）　　　　　　　　　六亚甲基四胺溶液（200g·L^{-1}）

HNO_3（0.1mol·L^{-1}，5mol·L^{-1}）　　　　　铋铅合金试样（s）

二甲酚橙水溶液指示剂（2g·L^{-1}）

【实验内容】

准确称取 1.2g 铋铅合金试样于 250mL 烧杯中，加入 5mol·L^{-1} HNO_3 20mL，盖上表面皿，微沸溶解后，用水吹洗表面皿及烧杯壁。然后，于 250mL 容量瓶中过滤（在漏斗中含滤纸浆），用 0.1mol·L^{-1} HNO_3 洗涤 6～8 次后，用 0.1mol·L^{-1} HNO_3 稀释至刻度作为试液。

准确移取上述试液 25.00mL 于 250mL 锥形瓶中，加入 1～2 滴二甲酚橙指示剂，此时试液为紫红色。用 0.01mol·L^{-1} EDTA 标准溶液滴定至由紫红色变为亮黄色即为 Bi^{3+} 的终点，平行测定 3 次。根据消耗 EDTA 的体积，计算试液中 Bi^{3+} 的质量分数。

在滴定 Bi^{3+} 后的溶液中，滴加六亚甲基四胺溶液，使试液呈现稳定的紫红色，再过量滴加 5mL，用 EDTA 标准溶液滴定至紫红色转为亮黄色即为 Pb^{2+} 的终点，平行测定 3 次。根据消耗 EDTA 的体积，计算 Pb^{2+} 的质量分数。

【数据处理】

铋铅合金中铋和铅含量计算公式：

$$w(Bi)=\frac{c(EDTA)V_1(EDTA)\times 10^{-3}M(Bi)}{m_s\times \dfrac{25}{250}}\times 100\%$$

$$w(Pb)=\frac{c(EDTA)V_2(EDTA)\times 10^{-3}M(Pb)}{m_s\times \dfrac{25}{250}}\times 100\%$$

式中　$w(Bi)$——铋铅合金试样中铋的质量分数；

　　　$w(Pb)$——铋铅合金试样中铅的质量分数；

　　$c(EDTA)$——EDTA 标准溶液浓度，$mol \cdot L^{-1}$；

$V_1(EDTA)$——滴定 Bi^{3+} 时消耗 EDTA 标准溶液体积，mL；

$V_2(EDTA)$——滴定 Pb^{2+} 时消耗 EDTA 标准溶液体积，mL；

　　　$M(Bi)$——Bi 的摩尔质量，$g \cdot mol^{-1}$；

　　　$M(Pb)$——Pb 的摩尔质量，$g \cdot mol^{-1}$；

　　　　m_s——铋铅合金试样的质量，g。

【注意事项】

因铋铅合金中铋、铅是用 HNO_3 溶解，$0.1mol \cdot L^{-1}$ HNO_3 稀释，测定铋时不必再加 $0.1mol \cdot L^{-1}$ HNO_3。

【思考题】

测定 Pb^{2+} 能否用 HAc-NaAc（pH=5）作缓冲溶液？为什么？

4.9　过氧化氢含量的测定

【实验目的】

（1）掌握高锰酸钾法测定过氧化氢含量的原理和方法。

（2）掌握高锰酸钾标准溶液的配制和标定方法。

【实验原理】

工业品过氧化氢（俗名双氧水）的含量可用高锰酸钾法测定。在稀硫酸溶液中，室温条件下，H_2O_2 被 $KMnO_4$ 定量地氧化，其反应式为：

$$5H_2O_2 + 2MnO_4^- + 6H^+ = 2Mn^{2+} + 5O_2\uparrow + 8H_2O$$

根据高锰酸钾溶液的浓度和滴定所耗用的体积，可以计算溶液中过氧化氢的含量。

市售的 H_2O_2 约为 30% 的水溶液，极不稳定，滴定前需先用水稀释到一定浓度，以减少取样误差。在要求较高的测定中，由于商品双氧水中常加入少量乙酰苯胺等有机物质作稳定剂，此类有机物也消耗 $KMnO_4$ 而造成误差，此时，可改用碘量法测定。

高锰酸钾是最常用的氧化剂之一。市售的高锰酸钾常含有少量杂质，如硫酸盐、氯化物及硝酸盐等，因此不能用精确称量的高锰酸钾来直接配制准确浓度的溶液。用 $KMnO_4$ 配制的溶液要在暗处放置数天，或加热煮沸并静置 24h 以上后，待 $KMnO_4$ 把水中还原性杂质充分氧化后且使自身分解产生的 K_2MnO_4 充分歧化，再过滤除去 MnO_2 沉淀，标定其准确浓度。光线和 Mn^{2+}、MnO_2 等都能促进 $KMnO_4$ 分解，故配好的 $KMnO_4$ 应用棕色试剂瓶盛装并保存于暗处。

$KMnO_4$ 标准溶液常用还原剂 $Na_2C_2O_4$ 作基准物来标定。$Na_2C_2O_4$ 不含结晶水，容易精制。用 $Na_2C_2O_4$ 标定 $KMnO_4$ 溶液的反应如下：

$$2MnO_4^- + 5C_2O_4^{2-} + 16H^+ = 2Mn^{2+} + 10CO_2\uparrow + 8H_2O$$

滴定时可利用 MnO_4^- 本身的颜色指示滴定终点。

【实验用品】

(1) 仪器 台秤，电子天平，锥形瓶 (250mL)，烧杯 (150mL)，酸式滴定管 (50mL)，容量瓶 (250mL)，移液管 (25mL) 水浴锅，吸量管，玻璃砂芯漏斗，棕色试剂瓶。

(2) 试剂

$KMnO_4(s)$　　　　　　　　　　　　　　H_2SO_4 溶液 (3mol·L^{-1})

$Na_2C_2O_4$ (A.R. 或基准试剂)　　　　　H_2O_2 (30g·L^{-1}) 样品

【实验内容】

(1) 0.02mol·L^{-1} KMnO$_4$ 溶液的配制及标定 称取稍多于计算量的 $KMnO_4$，溶于适量的水中，加热煮沸 20~30min (随时加水以补充因蒸发而损失的水)。冷却后在暗处放置 7~10d (如果溶液经煮沸并在水浴上保温 1h，放置一天以上也可)，然后用玻璃砂芯漏斗 (或玻璃纤维) 过滤除去 $KMnO_4$ 等杂质。滤液储存于玻璃塞棕色瓶试剂中，待标定 ($KMnO_4$ 溶液一般由老师提供)。

准确称取 1.4~1.6g (准确至 0.0001g) 的干燥过的 $Na_2C_2O_4$ 基准物于小烧杯中，加少量蒸馏水溶解转入 250mL 容量瓶，用蒸馏水分次洗涤，洗涤液一并转入容量瓶后，加水至刻度，摇匀。用移液管移取上述 $Na_2C_2O_4$ 溶液 25.00mL 至锥形瓶中，加 10mL 3mol·L^{-1} H_2SO_4 溶液，加热至有蒸气冒出或在 75~85℃ 的水浴锅中加热 5~10min，立即用待标定的 $KMnO_4$ 溶液滴定。开始滴定时反应速度慢，每加入一滴 $KMnO_4$ 溶液，都摇动锥形瓶，使 $KMnO_4$ 颜色褪去后，再继续滴定。待溶液中产生了 Mn^{2+} 后，滴定速度可加快，但临近终点时滴定速度要减慢，同时充分摇匀，直到溶液呈现微红色并持续半分钟不褪色即为终点，记录滴定所耗用的 $KMnO_4$ 体积，平行测定不少于 3 次。根据 $Na_2C_2O_4$ 溶液的体积计算 $KMnO_4$ 溶液的浓度。

(2) H$_2$O$_2$ 含量的测定 用吸量管吸取 1.00mL H_2O_2 样品，置于 250mL 容量瓶中，加水稀释至刻度，充分摇匀。用移液管移取 25.00mL 稀释液置于 250mL 锥形瓶中，加入 10mL 3mol·L^{-1} H_2SO_4 溶液，用 $KMnO_4$ 标准溶液滴定至溶液呈微红色在半分钟内不褪色即为终点，平行测定 3 次。记录滴定时所消耗的 $KMnO_4$ 溶液体积。

根据 $KMnO_4$ 溶液的浓度和滴定时所消耗的体积以及滴定前样品的稀释情况，计算样品中 H_2O_2 的含量 (g·L^{-1})。

【数据处理】

(1) $KMnO_4$ 浓度计算公式

$$c(KMnO_4) = \frac{\frac{2}{5}m(Na_2C_2O_4) \times \frac{25}{250}}{V(KMnO_4) \times 10^{-3} \times M(Na_2C_2O_4)}$$

式中 $c(KMnO_4)$——$KMnO_4$ 溶液浓度，mol·L^{-1}；

$m(Na_2C_2O_4)$——称取草酸钠的质量，g；

$V(KMnO_4)$——消耗 $KMnO_4$ 溶液体积，mL；

$M(Na_2C_2O_4)$——草酸钠的摩尔质量，g·mol^{-1}。

(2) 样品中 H$_2$O$_2$ 含量计算公式

$$\rho(H_2O_2) = \frac{\frac{5}{2}c(KMnO_4)V(KMnO_4)M(H_2O_2)}{1.00 \times \frac{25}{250}}$$

式中　$\rho(H_2O_2)$——过氧化氢的质量浓度，$g \cdot L^{-1}$；

$\quad\quad c(KMnO_4)$—— $KMnO_4$ 标准溶液浓度，$mol \cdot L^{-1}$；

$\quad\quad V(KMnO_4)$—— 消耗 $KMnO_4$ 标准溶液的体积，mL；

$\quad\quad M(H_2O_2)$—— H_2O_2 的摩尔质量，$g \cdot mol^{-1}$。

【思考题】

(1) 配制 $KMnO_4$ 溶液为什么要加热煮沸并静置一段时间后过滤？

(2) 在滴定 $Na_2C_2O_4$ 溶液时为什么 $KMnO_4$ 开始褪色慢，之后会比较快？

(3) 在 $KMnO_4$ 滴定 $H_2C_2O_4$ 时为什么要将溶液加热至 $75 \sim 85℃$？

(4) 在 $KMnO_4$ 法中，应怎样控制滴定的速度？为什么？

4.10　石灰石中钙含量的测定

【实验目的】

(1) 掌握用高锰酸钾法测定钙的原理和方法。

(2) 了解沉淀分离的要求并学会相关的基本操作。

【实验原理】

石灰石的主要成分是 $CaCO_3$（含钙量约为 40%），此外还含有一定量的 $MgCO_3$、SiO_2、Fe_2O_3 和 Al_2O_3 等杂质。用高锰酸钾法测定石灰石中的钙先要将石灰石溶解后，再在近中性条件下使其中的钙以 CaC_2O_4 的形式沉淀下来，沉淀经过滤洗净后，再用稀硫酸溶液将其溶解，然后用 $KMnO_4$ 标准溶液滴定释放出来的 $C_2O_4^{2-}$。根据消耗的 $KMnO_4$ 溶液的量，计算钙的含量。有关反应如下：

$$CaCO_3 + 2H^+ \stackrel{}{=\!=\!=} Ca^{2+} + CO_2 \uparrow + H_2O$$

$$Ca^{2+} + C_2O_4^{2-} \stackrel{}{=\!=\!=} CaC_2O_4 \downarrow$$

$$5C_2O_4^{2-} + 2MnO_4^- + 16H^+ \stackrel{}{=\!=\!=} 2Mn^{2+} + 10CO_2 \uparrow + 8H_2O$$

除碱金属离子外，多种金属离子能干扰测定，因此当有较大量的干扰离子存在时，应预先对其进行分离或将其掩蔽。

【实验用品】

(1) 仪器　台秤，电子天平，锥形瓶（250mL），烧杯（250mL），表面皿，漏斗，酸式滴定管（50mL），容量瓶（250mL），移液管（25mL），电热板。

(2) 试剂

$KMnO_4$ 标准溶液（$0.02mol \cdot L^{-1}$）　　　　H_2SO_4 溶液（$1mol \cdot L^{-1}$）

$(NH_4)_2C_2O_4$ 溶液（$0.05mol \cdot L^{-1}$）　　　甲基橙水溶液（$1g \cdot L^{-1}$）

$NH_3 \cdot H_2O$($7mol \cdot L^{-1}$或 $1+1$)　　　　$AgNO_3$ 溶液（$0.01mol \cdot L^{-1}$）

HCl 溶液（$6mol \cdot L^{-1}$或 $1+1$）　　　　石灰石试样

【实验内容】

(1) $0.02mol \cdot L^{-1}$ $KMnO_4$ 标准溶液的配制和标定　　$0.02mol \cdot L^{-1}$ $KMnO_4$ 标准溶液的

配制和标定见实验 4.10 过氧化氢含量的测定。

（2）草酸钙沉淀的制备　准确称取约 0.2g 研细并烘干的石灰石试样两份，分别置于 250mL 烧杯中，加入适量蒸馏水，盖上表面皿（稍留缝隙），缓慢滴加 10mLHCl 溶液，并轻轻摇动烧杯，待不产生气泡后，用小火加热保持微沸约 5min，稍冷后向溶液中加入 2～3 滴甲基橙，再滴加 7mol·L^{-1}NH$_3$·H$_2$O，使溶液由红色变为黄色，趁热逐滴加入约 50mL (NH$_4$)$_2$C$_2$O$_4$ 溶液，在低温电热板（或水浴）上陈化 30min。冷却后过滤（先将上层清液倾入漏斗中），将烧杯中的沉淀洗涤数次后转入漏斗中，继续洗涤沉淀至无 Cl$^-$（承接洗涤液在 HNO$_3$ 介质中以 AgNO$_3$ 检查）。

（3）沉淀的溶解和 Ca^{2+} 含量的测定　将滤纸上的沉淀用 50mL 1mol·L^{-1}H$_2$SO$_4$ 溶液分多次冲洗到烧杯内，再用洗瓶洗 2 次，加入蒸馏水使总体积约为 100mL，加热至 70～80℃，用 KMnO$_4$ 标准溶液滴定至溶液呈淡红色，再将滤纸搅入溶液中，若溶液褪色，则继续滴定，直至出现的淡红色 30s 内不消失即为终点。计算石灰石中钙的质量分数，并取平均值。

【数据处理】
石灰石中钙的质量分数计算公式：

$$w(\mathrm{Ca}) = \frac{\frac{5}{2}c(\mathrm{KMnO_4})V(\mathrm{KMnO_4})M(\mathrm{Ca}) \times 10^{-3}}{m_s} \times 100\%$$

式中　$w(\mathrm{Ca})$——石灰石中钙的质量分数；

$c(\mathrm{KMnO_4})$——KMnO$_4$ 标准溶液浓度，mol·L^{-1}；

$V(\mathrm{KMnO_4})$——消耗 KMnO$_4$ 标准溶液的体积，mL；

$M(\mathrm{Ca})$——Ca 的摩尔质量，g·mol^{-1}；

m_s——称取石灰石样品质量，g。

【思考题】
（1）以 (NH$_4$)$_2$C$_2$O$_4$ 沉淀 Ca^{2+} 时，pH 应控制为多少？为什么？
（2）加入 (NH$_4$)$_2$C$_2$O$_4$ 时，为什么要在热溶液中逐滴加入？
（3）洗涤 CaC$_2$O$_4$ 沉淀时，为什么要洗至无 Cl$^-$？
（4）试比较 KMnO$_4$ 法测定 Ca^{2+} 和配位测定法测定 Ca^{2+} 的优缺点。

4.11　水样化学需氧量的测定

【实验目的】
（1）掌握酸性高锰酸钾法和重铬酸钾法测定化学耗氧量的原理及方法。
（2）了解水样化学需氧量的意义。

【实验原理】
水样的耗氧量是水质污染程度的主要指标之一，它分为生化需氧量（简称 BOD）和化学需氧量（简称 COD）两种。BOD 是指水中有机物质发生生物过程时所需要氧的量；COD 是指在特定条件下，用强氧化剂处理水样时，水样所消耗的氧化剂的量，常用每升水消耗

O_2 的量来表示。水样中的化学需氧量与测试条件有关,因此应严格控制反应条件,按规定的操作步骤来进行测定。

测定化学需氧量的方法有重铬酸钾法、酸性高锰酸钾法和碱性高锰酸钾法。重铬酸钾法是指在强酸性条件下,向水样中加入过量的 $K_2Cr_2O_7$,让其与水样中的还原性物质充分反应,剩余的 $K_2Cr_2O_7$ 以邻二氮菲为指示剂,用硫酸亚铁铵标准溶液返滴定。根据消耗的 $K_2Cr_2O_7$ 溶液的体积和浓度,计算水样的耗氧量。Cl^- 干扰测定,可在回流前加硫酸银除去。该法适用于工业废水及生活污水等含有较多复杂污染物的水样的测定。其滴定反应式为:

$$Cr_2O_7^{2-} + 6Fe^{2+} + 14H^+ == 2Cr^{3+} + 6Fe^{3+} + 7H_2O$$

酸性高锰酸钾法测定水样的化学需氧量是指在酸性条件下,向水样中加入过量的 $KMnO_4$ 溶液,并加热溶液让其充分反应,然后再向溶液中加入过量的 $Na_2C_2O_4$ 标准溶液还原多余的 $KMnO_4$,根据 $KMnO_4$ 的浓度和水样所消耗的 $KMnO_4$ 溶液体积,计算水样的耗氧量。该法适用于污染不十分严重的地表水和河水等的化学需氧量的测定。若水样中 Cl^- 含量较高,可加入 Ag_2SO_4 消除干扰,也可改用碱性高锰酸钾法进行测定。有关反应如下:

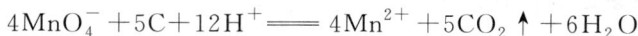

$$4MnO_4^- + 5C + 12H^+ == 4Mn^{2+} + 5CO_2 \uparrow + 6H_2O$$
$$2MnO_4^- + 5C_2O_4^{2-} + 16H^+ == 2Mn^{2+} + 10CO_2 \uparrow + 8H_2O$$

这里,C 泛指水中的还原性物质或耗氧物质,主要为有机物。

【实验用品】

(1) 仪器　台秤,电子天平,锥形瓶 (250mL),回流用磨口锥形瓶 (250mL),量筒,烧杯 (150mL),酸式滴定管 (50mL),容量瓶 (250mL),移液管 (25mL),回流装置,温度计,棕色试剂瓶,800W 电炉或其他加热器件。

(2) 试剂

$KMnO_4(0.02mol \cdot L^{-1})$　　　　　　　　　$Ag_2SO_4(s)$

H_2SO_4 (1+3,1+1,浓)　　　　　　$Fe(NH_4)_2(SO_4)_2 \cdot 6H_2O(s)$

$Na_2C_2O_4$(A.R.,s)　　　　　　　　邻二氮菲-铁 (Ⅱ) 指示剂

$K_2Cr_2O_7$(A.R.,s)

【实验内容】

(1) 水样中化学需氧量的测定 (酸性高锰酸钾法)

① $0.02mol \cdot L^{-1}$ $KMnO_4$ 溶液的标定。参见 4.9。

② $0.002mol \cdot L^{-1}$ $KMnO_4$ 溶液的配制。由 $0.02mol \cdot L^{-1}$ $KMnO_4$ 溶液稀释而成。

③ $0.005mol \cdot L^{-1}$ $Na_2C_2O_4$ 标准溶液的配制。准确称取 $0.16 \sim 0.18g$ 在 $105℃$ 烘干 2h 并冷却的 $Na_2C_2O_4$ 基准物质,置于小烧杯中,用适量水溶解后,定量转移至 250mL 容量瓶中,加水稀释至刻度,摇匀。按实际称取质量计算其准确浓度。

④ 酸性溶液中测定 COD。取 $10.00 \sim 100.00mL$ 水样于 250mL 锥形瓶中 (若不足100mL 的,用蒸馏水稀释至 100mL),加入 10mL (1+3) H_2SO_4、10.00mL $0.002mol \cdot L^{-1}$ $KMnO_4$ 标准溶液,加热煮沸 10min (此时,红色若褪去,应补加适量的 $KMnO_4$),立

即加入 15.00mL $Na_2C_2O_4$ 溶液（此时应为无色，若仍为红色，再补加 5.00mL），趁热用 $KMnO_4$ 溶液滴至微红色（30s 不变即可，若滴定温度低于 60℃，应加热至 60～80℃间进行滴定）。平行测定 3 份并做两次空白实验（以蒸馏水取代样品，按同样操作进行）。

（2）水样中化学需氧量的测定（$K_2Cr_2O_7$ 法）

① 0.040mol·L^{-1} $K_2Cr_2O_7$ 标准溶液的配制。准确称取约 2.9g 在 150～180℃烘干过的 $K_2Cr_2O_7$ 基准试剂于小烧杯中，加少量水溶解后，定量转入 250mL 容量瓶中，加水稀释至刻度，摇匀。按实际称取的质量计算其准确浓度。

② 0.1mol·L^{-1} 硫酸亚铁铵标准溶液的配制和标定。称取 39.2g 硫酸亚铁铵溶解于适量的水中，加 100mL（1+1）硫酸溶液，用水稀释至 1L。储存溶液在棕色试剂瓶中，加入两条洁净的铝片（C.P.），以保持溶液浓度长期稳定。

准确移取 10.00mL 0.040mol·L^{-1} 的 $K_2Cr_2O_7$ 溶液 3 份分别置于 250mL 锥形瓶中，加入 30mL 水、20mL 浓 H_2SO_4 溶液（注意应慢慢加入，并随时摇匀）、3 滴邻二氮菲-铁（Ⅱ）指示剂，然后用硫酸亚铁铵溶液滴定，溶液由黄色变为红褐色即为终点，记下硫酸亚铁铵溶液的体积。如此平行测定 3 份，计算硫酸亚铁铵的浓度。

③ 化学需氧量的测定。取 50.00mL 水样于 250mL 回流锥形瓶中，准确加入 15.00mL 0.040mol·L^{-1} $K_2Cr_2O_7$ 标准溶液、20mL 浓 H_2SO_4 溶液、1g Ag_2SO_4 固体和数粒玻璃珠，轻轻摇匀后，加热回流 2h。若水样中氯含量较高，则先往水样中加 1g $HgSO_4$ 和 5mL 浓硫酸，待 $HgSO_4$ 溶解后，再加入 25.00mL $K_2Cr_2O_7$ 溶液、20mL 浓 H_2SO_4、1gAg_2SO_4，加热回流。冷却后用适量蒸馏水冲洗冷凝管，取下锥形瓶，用水稀释至约 150mL。加 3 滴邻二氮菲-铁（Ⅱ）指示剂，用硫酸亚铁铵标准溶液滴定至溶液呈红褐色即为终点，记下所用硫酸亚铁铵的体积。以 50.00mL 蒸馏水代替水样进行上述实验，测定空白值。计算水样的化学需氧量。

【数据处理】

（1）酸性高锰酸钾法计算公式

$$\rho(O_2) = \frac{\frac{5}{4}c(KMnO_4) \times [V(KMnO_4\ 水样) - V(KMnO_4\ 空白)]M(O_2) \times 10^3}{V(水样)}$$

式中　　　$\rho(O_2)$——水样的化学需氧量，mg·L^{-1}；

　　　$c(KMnO_4)$——$KMnO_4$ 标准溶液的浓度，mol·L^{-1}；

　$V(KMnO_4\ 水样)$——测定水样时所用去的 $KMnO_4$ 标准溶液的总体积，mL；

　$V(KMnO_4\ 空白)$——空白实验中用去的 $KMnO_4$ 标准溶液体积，mL；

　　　　$V(水样)$——水样的体积，mL；

　　　　$M(O_2)$——O_2 的摩尔质量，g·mol^{-1}。

（2）重铬酸钾法计算公式

$$\rho(O_2) = \frac{c(Fe^{2+}) \times [V(Fe^{2+}\ 空白) - V(Fe^{2+}\ 水样)] \times \frac{1}{6} \times \frac{3}{2} \times M(O_2) \times 10^3}{V(水样)}$$

式中　　　$\rho(O_2)$——水样的化学需氧量，mg·L^{-1}；

　　　$c(Fe^{2+})$——硫酸亚铁铵标准溶液的浓度，mol·L^{-1}；

$V(\text{Fe}^{2+}$水样$)$——测定水样时所用去的硫酸亚铁铵标准溶液的总体积，mL；

$V(\text{Fe}^{2+}$空白$)$——空白实验中用去的硫酸亚铁铵标准溶液体积，mL；

$V($水样$)$——水样的体积，mL；

$M(\text{O}_2)$——O_2 的摩尔质量，$g \cdot mol^{-1}$。

4.12　胆矾中铜的测定

【实验目的】

（1）了解碘量法测定铜的原理和方法。

（2）了解 $Na_2S_2O_3$ 标准溶液的配制及标定。

【实验原理】

碘量法是在无机物和有机物分析中都广泛应用的一种氧化还原滴定法。很多含铜物质（铜矿、铜盐、铜合金等）中铜含量的测定，常用碘量法。

胆矾（$CuSO_4 \cdot 5H_2O$）在弱酸性溶液中，Cu^{2+} 与过量的 KI 作用，生成 CuI 沉淀，同时析出 I_2（在过量 I^- 存在下，以 I_3^- 形式存在）。反应式如下：

$$2Cu^{2+} + 5I^- = 2CuI\downarrow + I_3^-$$

析出的 I_2 用 $Na_2S_2O_3$ 标准溶液滴定，以淀粉为指示剂，蓝色消失时为终点。

$$I_3^- + 2S_2O_3^{2-} = 3I^- + S_4O_6^{2-}$$

Cu^{2+} 与 I^- 之间的反应是可逆的，任何引起 Cu^{2+} 浓度减小（如形成配合物等）或引起 CuI 溶解度增加的因素均使反应不完全。若加入过量 KI，Cu^{2+} 的还原趋于完全。由于 CuI 沉淀强烈吸附 I_3^-，使测定结果偏低，故加入 SCN^- 使 $CuI(K_{sp}^{\ominus} = 1.1 \times 10^{-12})$ 转化为溶解度更小的 $CuSCN(K_{sp}^{\ominus} = 4.8 \times 10^{-15})$，释放出被吸附的 I_3^-，并使反应更趋于完全。

$$CuI + SCN^- = CuSCN\downarrow + I^-$$

但 SCN^- 只能在接近终点时加入，否则有可能直接还原 Cu^{2+}，使结果偏低。

$$6Cu^{2+} + 7SCN^- + 4H_2O = 6CuSCN\downarrow + SO_4^{2-} + CN^- + 8H^+$$

溶液的 pH 一般控制在 3～4 之间，酸度过低，由于 Cu^{2+} 的水解，使反应不完全，结果偏低，而且反应速率慢，终点拖长；酸度过高，则 I^- 被空气中的 O_2 氧化为 I_2（Cu^{2+} 催化此反应），使结果偏高。

Fe^{3+} 能氧化 I^-，反应式如下：

$$2Fe^{3+} + 2I^- = 2Fe^{2+} + I_2$$

故 Fe^{3+} 对测定有干扰，可用 NaF 掩蔽。

配制 $Na_2S_2O_3$ 溶液时，为了减少溶解在水中的 CO_2 和杀死水中微生物，应用新煮沸后冷却的蒸馏水配制溶液并加入少量 Na_2CO_3，以防止 $Na_2S_2O_3$ 分解。

日光能促进 $Na_2S_2O_3$ 溶液分解，所以 $Na_2S_2O_3$ 溶液应储于棕色瓶中，放置暗处，经 8～14d 再标定。长期使用的溶液，应定期标定。若保存得好，可每两月标定一次。

通常用 $K_2Cr_2O_7$ 作基准物标定 $Na_2S_2O_3$ 溶液的浓度。$K_2Cr_2O_7$ 先与 KI 反应析出 I_2：

$$Cr_2O_7^{2-} + 6I^- + 14H^+ = 2Cr^{3+} + 3I_2 + 7H_2O$$

析出的 I_2 再用 $Na_2S_2O_3$ 标准溶液滴定：

$$I_2 + 2S_2O_3^{2-} = S_4O_6^{2-} + 2I^-$$

【实验用品】

（1）仪器　台秤，电子天平，烧杯（250mL，500mL），棕色试剂瓶，碘量瓶（250mL），表面皿，酸式滴定管（50mL），碱式滴定管（50mL），量筒（10mL，100mL），容量瓶（250mL），移液管（25mL），锥形瓶（250mL）

（2）试剂

$Na_2S_2O_3 \cdot 5H_2O(s)$　　　　　　　　　　　　$K_2Cr_2O_7$（A. R. ，s）

$Na_2S_2O_3$（0.1mol·L^{-1}）　　　　　　　　　KSCN（10%）

Na_2CO_3（s）　　　　　　　　　　　　　　　淀粉溶液（1%）

HCl（3mol·L^{-1}）　　　　　　　　　　　　HAc（1mol·L^{-1}）

KI（A. R. ，s）　　　　　　　　　　　　　　$CuSO_4 \cdot 5H_2O$ 试样（s）。

【实验内容】

（1）0.1mol·L^{-1} $Na_2S_2O_3$ 溶液的配制及标定　称取 25g $Na_2S_2O_3 \cdot 5H_2O$ 于 500mL 烧杯中，加入 300mL 新煮沸已冷却的蒸馏水，待完全溶解后，加入 0.2g Na_2CO_3，然后用新煮沸已冷却的蒸馏水稀释至 1L，储于棕色试剂瓶中，在暗处放置 7~14d 后标定。

准确称取在 120℃ 干燥至恒重的基准物质 $K_2Cr_2O_7$ 约 1.2g 于小烧杯中，加少量水使其溶解，定量转移至 250mL 的容量瓶中，加水至刻度，摇匀。

用移液管移取 25.00mL 上述 $K_2Cr_2O_7$ 溶液于 250mL 碘量瓶中，加 2g 固体 KI 和 10mL 3mol·L^{-1} HCl 溶液，塞好塞子后充分混匀，水封，在暗处放置 5min。然后加 50mL 水稀释，再用 0.1mol·L^{-1} $Na_2S_2O_3$ 标准溶液滴定至呈浅黄绿色，加入 1% 淀粉溶液 1mL，继续滴定至溶液由蓝色刚好变亮绿色即为终点，平行测定 3 次。计算 $Na_2S_2O_3$ 溶液的浓度。

（2）胆矾中 Cu 的测定

准确称取 0.5~0.7g（准确至 0.1mg）胆矾（$CuSO_4 \cdot 5H_2O$）样品 3 份，分别放入 3 个 250mL 锥形瓶中，加入 5mL 1mol·L^{-1} 的 HAc 溶液，加入 100mL 蒸馏水稀释，加入 1g KI，然后用 $Na_2S_2O_3$ 标准溶液滴定至淡黄色，再加 2mL 1% 的淀粉溶液，继续滴定至浅蓝色，然后加入 10mL 10% KSCN 溶液，继续滴定至蓝色刚好消失即为终点。记下消耗 $Na_2S_2O_3$ 的体积，计算 Cu 的含量。

【数据处理】

$Na_2S_2O_3$ 标准溶液浓度计算公式：

$$c(Na_2S_2O_3) = \frac{6m(K_2Cr_2O_7)}{M(K_2Cr_2O_7)V(Na_2S_2O_3) \times 10^{-3}}$$

胆矾样品中铜的质量分数计算公式：

$$w(Cu) = \frac{c(Na_2S_2O_3)V(Na_2S_2O_3)M(Cu) \times 10^{-3}}{m_s}$$

式中　$c(Na_2S_2O_3)$——$Na_2S_2O_3$ 标准溶液浓度，mol·L^{-1}；

$m(\mathrm{K_2Cr_2O_7})$——称取 $\mathrm{K_2Cr_2O_7}$ 的质量，g；

$M(\mathrm{K_2Cr_2O_7})$——$\mathrm{K_2Cr_2O_7}$ 的摩尔质量，$\mathrm{g \cdot mol^{-1}}$；

$V(\mathrm{Na_2S_2O_3})$——消耗 $\mathrm{Na_2S_2O_3}$ 标准溶液的体积，mL；

$M(\mathrm{Cu})$——铜的摩尔质量，$\mathrm{g \cdot mol^{-1}}$；

$w(\mathrm{Cu})$——胆矾样品中铜的质量分数；

m_s——称取胆矾样品的质量，g。

【思考题】

（1）配制 $\mathrm{Na_2S_2O_3}$ 溶液时，为什么要用刚煮沸过并冷却了的蒸馏水配制？加入 $\mathrm{Na_2CO_3}$ 的作用是什么？

（2）测定 $\mathrm{Cu^{2+}}$ 时加入 $\mathrm{NH_4SCN(KSCN)}$ 的作用是什么？

（3）淀粉加入过早有什么不好？

4.13　铁矿石中铁含量的测定

【实验目的】

（1）了解铁矿石的溶解方法。

（2）理解甲基橙既是氧化剂又是指示剂的原理与条件。

（3）掌握 $\mathrm{K_2Cr_2O_7}$ 法测全铁含量的原理和方法。

【实验原理】

炼铁的矿物主要是磁铁矿（$\mathrm{Fe_3O_4}$）、赤铁矿（$\mathrm{Fe_2O_3}$）和菱铁矿（$\mathrm{FeCO_3}$）等。铁矿石用浓盐酸溶解后，在热 HCl 溶液中，以甲基橙为指示剂，用 $\mathrm{SnCl_2}$ 将 $\mathrm{Fe^{3+}}$ 还原至 $\mathrm{Fe^{2+}}$。还原反应为：

$$2\mathrm{FeCl_4^-} + \mathrm{SnCl_4^{2-}} + 2\mathrm{Cl^-} \Longrightarrow 2\mathrm{FeCl_4^{2-}} + \mathrm{SnCl_6^{2-}}$$

过量的 $\mathrm{SnCl_2}$ 会消耗 $\mathrm{Cr_2O_7^{2-}}$，所以必须将其除去。使用甲基橙指示 $\mathrm{SnCl_2}$ 还原 $\mathrm{Fe^{3+}}$ 的原理是：$\mathrm{Sn^{2+}}$ 将 $\mathrm{Fe^{3+}}$ 还原完后，过量的 $\mathrm{Sn^{2+}}$ 可将甲基橙还原为氢化甲基橙而使之褪色，指示反应的终点。过量的 $\mathrm{Sn^{2+}}$ 还能继续使氢化甲基橙还原成 N,N-二甲基对苯二胺和对氨基苯磺酸钠，反应为：

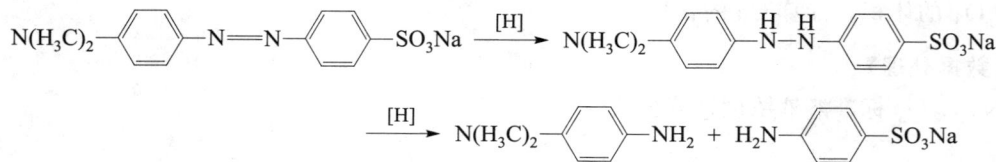

以二苯胺磺酸钠作指示剂，$\mathrm{K_2Cr_2O_7}$ 滴定 $\mathrm{Fe^{2+}}$ 的反应为

$$6\mathrm{Fe^{2+}} + \mathrm{Cr_2O_7^{2-}} + 14\mathrm{H^+} \Longrightarrow 6\mathrm{Fe^{3+}} + 2\mathrm{Cr^{3+}} + 7\mathrm{H_2O}$$

甲基橙的还原产物不消耗 $\mathrm{K_2Cr_2O_7}$。

【实验用品】

（1）仪器　烘干箱，称量瓶，电子天平（0.0001g），锥形瓶（250mL），容量瓶（250mL），量筒（10mL，50mL），干燥器，电热板等。

（2）试剂

SnCl₂（50g·L⁻¹，100g·L⁻¹）　　　　　　K₂Cr₂O₇（A.R.，s）

甲基橙（1g·L⁻¹）　　　　　　　　　　　铁矿石粉

H₂SO₄-H₃PO₄ 混酸　　　　　　　　　　　浓 HCl

二苯胺磺酸钠（2g·L⁻¹）

【实验内容】

（1）K₂Cr₂O₇ 标准溶液的配制　准确称取 1.25g K₂Cr₂O₇ 于烧杯中，加水溶解后转入 250mL 容量瓶中定容。计算 K₂Cr₂O₇ 的浓度。

（2）铁矿石中全铁含量的测定

① 称样：准确称取铁矿石粉 0.15～0.20g（三份）于 250mL 锥形瓶中。

② 溶解：将铁矿石样品用少量水润湿，加入 10mL 浓 HCl 溶液，盖上表面皿，在通风橱中用电热板低温加热分解试样（加热至 60～90℃，若有带色不溶残渣，可滴加 20～30 滴 100g·L⁻¹ SnCl₂ 助溶），直至溶完剩白色的 SiO₂。试样分解完全后，用少量水吹洗表面皿及锥形瓶内壁，再加水至总体积约为 30mL。

③ 试样的预处理：电热板上低温加热至近沸，加入 6 滴甲基橙，趁热边摇动锥形瓶边逐滴加入 50g·L⁻¹ SnCl₂（先快后慢），溶液由橙变红（慢滴，悬摇），至溶液变为粉红色，停止滴加 SnCl₂，摇几下粉色褪去。立即用流水冷却，加 50mL 蒸馏水。

④ 滴定：做好滴定前的准备工作，加 20mL 硫磷混酸、4 滴二苯胺磺酸钠，立即用 K₂Cr₂O₇ 标准溶液滴定至溶液呈稳定的紫色即为终点。平行测定 3 次，计算铁矿石中铁的含量。

⑤ 滴定中颜色变化：由无色变为浅绿色，进一步变成深绿色、绿色，最后变为紫色。

【数据记录与处理】

K₂Cr₂O₇ 标准溶液的浓度计算公式：

$$c(K_2Cr_2O_7) = \frac{m(K_2Cr_2O_7)}{M(K_2Cr_2O_7)} \times \frac{1}{250.0 \times 10^{-3}}$$

铁矿石样品中铁的质量分数计算公式

$$w(Fe) = \frac{6c(K_2Cr_2O_7) \times V(K_2Cr_2O_7) \times M(Fe) \times 10^{-3}}{m_s} \times 100\%$$

式中　$c(K_2Cr_2O_7)$ ——K₂Cr₂O₇ 标准溶液浓度，mol·L⁻¹；

$m(K_2Cr_2O_7)$ ——K₂Cr₂O₇ 的质量，g；

$M(K_2Cr_2O_7)$ ——K₂Cr₂O₇ 的摩尔质量，g·mol⁻¹；

$V(K_2Cr_2O_7)$ ——K₂Cr₂O₇ 标准溶液体积，mL；

$M(Fe)$ ——Fe 的摩尔质量，g·mol⁻¹；

$w(Fe)$ ——铁矿石样品中 Fe 的质量分数；

m_s ——铁矿石样品的质量，g。

【思考题】

（1）分解铁矿石时，为什么要在低温下进行？如果加热至沸会对结果产生什么影响？

（2）滴定前，为什么要加入硫磷混酸？

（3）为什么 SnCl₂ 溶液要趁热滴加？

4.14 维生素 C 片剂中维生素 C 含量的测定

【实验目的】

(1) 熟悉碘标准溶液的配制与标定。

(2) 熟悉直接碘量法测定维生素 C 的原理、方法和操作。

【实验原理】

维生素 C 即抗坏血酸，分子式为 $C_6H_8O_6$，因为其分子中的烯二醇基具有还原性，所以能被 I_2 定量地氧化为二酮基而生成脱氢抗坏血酸，因而可以用 I_2 标准溶液直接测定，其反应式为：

$$C_6H_8O_6 + I_2 \xrightarrow{\quad H^+ \quad} C_6H_6O_6 + 2HI$$

由于维生素 C 的还原性很强，在空气中容易被氧化，特别是在碱性介质中。因此测定时加入冰醋酸使溶液呈弱酸性，以降低氧化速率，减少维生素 C 的损失。

测定时，可以直接用标准碘溶液滴定，也可以用间接法滴定，本实验采用直接滴定法测定。

【实验用品】

(1) 仪器　台秤，电子天平，研钵，烧杯，棕色试剂瓶，量筒，碘量瓶 (250mL)，锥形瓶 (250mL)，移液管 (25mL)。

(2) 试剂

$I_2(s)$	$Na_2S_2O_3(0.1mol \cdot L^{-1})$	$HAc(2mol \cdot L^{-1})$
$KI(s)$	淀粉溶液(1%)	维生素 C 药片(s)

【实验内容】

(1) $0.1mol \cdot L^{-1}$ $Na_2S_2O_3$ 标准溶液的标定　见实验 4.12。

(2) $0.05mol \cdot L^{-1}$ I_2 溶液的配制及标定　称取 13g I_2 和 40g KI 置于小研钵或小烧杯中，加水少许，研磨或搅拌至 I_2 全部溶解后，转移入棕色试剂瓶中，加水稀释至 1L，塞紧，摇匀后放置过夜再标定。

用移液管准确移取 25mL I_2 溶液置于 250mL 碘量瓶中，加 50mL 水，用 $0.1mol \cdot L^{-1}$ $Na_2S_2O_3$ 标准溶液滴定至呈浅黄色后，加入 1% 淀粉溶液 1mL，用 $Na_2S_2O_3$ 溶液继续滴定至蓝色恰好消失，即为终点，平行测定 3 份。根据 $Na_2S_2O_3$ 及 I_2 溶液的用量和 $Na_2S_2O_3$ 溶液的浓度，计算 I_2 标准溶液的浓度。

(3) 维生素 C 含量的测定　准确称取维生素 C 药粉 0.2~0.3g，置于 250mL 锥形瓶中。加入 100mL 新煮沸过并冷却的蒸馏水及 10mL $2mol \cdot L^{-1}$ HAc 溶液溶解，加入 1mL 1% 淀粉溶液，立即用 I_2 标准溶液滴定至溶液显稳定的蓝色，30s 内不褪色即为终点，平行滴定 3 次。计算每片维生素 C 药片中维生素 C 的含量。

【数据处理】

维生素 C 含量计算公式：

$$w(\text{维生素 C}) = \frac{c(I_2)V(I_2)M(\text{维生素 C})}{m(\text{维生素 C}) \times 1000} \times 100\%$$

式中　w(维生素 C)——维生素 C 的质量分数；

$\qquad\quad$ c(I$_2$)——I$_2$ 标准溶液的浓度，mol·L^{-1}；

$\qquad\quad$ V(I$_2$)——滴定时所用 I$_2$ 标准溶液的体积，mL；

$\qquad$ M(维生素 C)——维生素 C 的摩尔质量，g·mol^{-1}；

$\qquad$ m(维生素 C)——维生素 C 的质量，g。

【注意事项】

抗坏血酸会缓慢地氧化成脱氢抗坏血酸，所以制备液必须在每次实验时新鲜配制。

【思考题】

(1) 试用标准氧化还原电极电位说明碘为什么能氧化抗坏血酸？

(2) 为什么用醋酸溶液溶解及稀释试液？

4.15 非水滴定法测定氨基酸含量

【实验目的】

(1) 掌握非水滴定法的基本原理与特点。

(2) 学习非水滴定法的基本操作。

【实验原理】

α-氨基酸的 α 位碳原子上连有氨基和羧基，故为两性物质，但在水溶液里两者解离趋势很小，溶液酸碱性均不明显（如氨基乙酸的羧基解离 H$^+$ 的 $K_a^{\ominus}=2.5\times10^{-10}$，氨基接受 H$^+$ 的 $K_b^{\ominus}=2.2\times10^{-12}$），故在水溶液中无法进行准确的滴定。但在非水介质中有可能被准确滴定。如在冰醋酸体系中，用 HClO$_4$ 的 HAc 溶液作滴定剂，结晶紫作指示剂，可准确滴定 α-氨基酸，反应式如下：

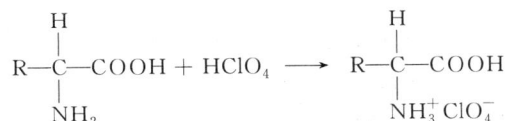

$$\begin{array}{c}\text{H}\\|\\\text{R—C—COOH}\\|\\\text{NH}_2\end{array} + \text{HClO}_4 \longrightarrow \begin{array}{c}\text{H}\\|\\\text{R—C—COOH}\\|\\\text{NH}_3^+\text{ClO}_4^-\end{array}$$

生成物为呈酸性的 α-氨基酸的高氯酸盐。

结晶紫在强酸性介质中为黄色，pH=2 左右为蓝色，pH>3 时为紫色。因而在此强酸滴定弱碱的反应中，一般选由紫色变为稳定的蓝绿色或蓝色为终点。若溶液呈现绿色或黄色则滴定过量，在确定终点时，可用电位计作参比。

若试样难溶于冰醋酸，可加入一定量甲酸作助溶剂，也可加入过量 HClO$_4$-冰醋酸，待样品溶解完全后用 NaAc-冰醋酸返滴定过量的 HClO$_4$。

HClO$_4$-冰醋酸滴定剂常用邻苯二甲酸氢钾作基准物质进行标定，反应式为：

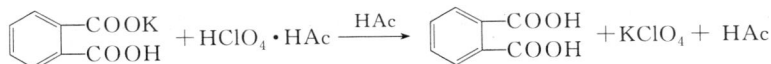

$$\overset{\text{COOK}}{\underset{\text{COOH}}{\bigcirc}} + \text{HClO}_4\cdot\text{HAc} \xrightarrow{\text{HAc}} \overset{\text{COOH}}{\underset{\text{COOH}}{\bigcirc}} + \text{KClO}_4 + \text{HAc}$$

在标定中 KClO$_4$ 有可能被析出，但不影响标定结果。

本法主要针对 α-氨基酸的氨基进行测定，也可以针对羧基来测定，如在二甲基甲酰胺等碱性溶剂中，以甲醇钾或季铵碱（R$_4$NOH$^-$）等标准溶液来滴定，指示剂可选百里酚蓝，终点颜色由黄变蓝。

【实验用品】

（1）仪器　电子天平，微型滴定管（3.000mL），容量瓶（50mL），锥形瓶（20mL），干燥小烧杯，量筒，移液管（2mL，5mL）。

（2）试剂

$HClO_4$-冰醋酸（0.1mol·L^{-1}）　　　　　　乙酸酐（A.R.）

邻苯二甲酸氢钾基准物质（A.R.，s）　　　甲酸（A.R.）

结晶紫　　　　　　　　　　　　　　　　α-氨基酸试样

冰醋酸（A.R.）

【实验内容】

（1）$HClO_4$-冰醋酸滴定剂的标定　准确称取 0.5g 左右 $KHC_8H_4O_4$ 于小烧杯中，加入 30mL 冰醋酸，溶解后定量转移至 50mL 容量瓶内，用冰醋酸稀释至刻度，摇匀。移取 2mL 于锥形瓶内，加 1 滴结晶紫指示剂，用 $HClO_4$-冰醋酸滴定至紫色转变为蓝绿色，即为终点，平行测定 3 份，各次相对偏差应≤±0.2%。

（2）α-氨基酸含量测定　准确称取 0.2g 试样于小烧杯中，加入 30mL 冰醋酸、2mL 乙酸酐与 4mL 甲酸，搅拌。若溶解度不高则可适量多加甲酸，待试样溶解后定量转移至 50mL 容量瓶中，用冰醋酸稀释至刻度，摇匀。移取 5mL 于锥形瓶中，加 1 滴结晶紫指示剂，用 $HClO_4$-冰醋酸滴至蓝绿色，即为终点，平行测定 3 次。计算 α-氨基酸的质量分数。

【数据处理】

$HClO_4$-冰醋酸滴定剂的浓度计算公式：

$$c(HClO_4) = \frac{\frac{m(KHC_8H_4O_4)}{M(KHC_8H_4O_4)} \times \frac{2}{50}}{V(HClO_4)} \times 1000$$

式中　$c(HClO_4)$——$HClO_4$-冰醋酸滴定剂的浓度，mol·L^{-1}；

$V(HClO_4)$——标定时消耗 $HClO_4$-冰醋酸滴定剂的体积，mL；

$m(KHC_8H_4O_4)$——邻苯二甲酸氢钾的质量，g；

$M(KHC_8H_4O_4)$——邻苯二甲酸氢钾的摩尔质量，g·mol^{-1}。

α-氨基酸的质量分数计算公式：

$$w(\alpha\text{-氨基酸}) = \frac{c(HClO_4)V(HClO_4)M(\alpha\text{-氨基酸})}{m_s \times \frac{5}{50} \times 1000} \times 100\%$$

式中　$w(\alpha\text{-氨基酸})$——α-氨基酸的质量分数；

$c(HClO_4)$——$HClO_4$-冰醋酸滴定剂的浓度，mol·L^{-1}；

$V(HClO_4)$——测定试样时消耗 $HClO_4$-冰醋酸滴定剂的体积，mL；

m_s——试样的质量，g；

$M(\alpha\text{-氨基酸})$——氨基酸的摩尔质量，g·mol^{-1}。

【注意事项】

（1）冰醋酸中的 pH 定义与水中相同，但具体数值有区别，指示剂变色范围在 HAc 中与在水中有区别。

（2）乙酸酐可与水反应生成乙酸，脱去试液中的水分。

（3）在非水体系中，甲基紫和结晶紫变化状态相同，可以用甲基紫代替结晶紫作指示剂。

（4）冰醋酸在低于 15℃ 时会凝固结冰，而液态冰醋酸体积受温度影响较大，故本实验适宜在天气较暖的春、秋季或有空调的房间内进行。

（5）α-氨基酸可选乙氨酸（分子量 75.07）、丙氨酸（分子量 89.09）、谷氨酸（分子量 147.13）、异白氨酸（分子量 131.13）等易溶于冰醋酸的氨基酸。

（6）在非水滴定中仪器必须干燥，否则会影响测定结果。

【思考题】

（1）氨基乙酸在蒸馏水中以何种状态存在？

（2）乙酸酐的作用是什么？

（3）水与冰醋酸分别对 $HClO_4$、H_2SO_4、HCl 和 HNO_3 是什么溶剂？

4.16　钡盐中钡的测定（重量法）

【实验目的】

（1）掌握硫酸钡重量分析法测定钡盐中钡的含量的原理和方法。

（2）掌握晶形沉淀的制备、过滤、洗涤及恒重等基本操作。

（3）学习干燥器的使用方法。

【实验原理】

重量分析法是以沉淀反应为基础的一种分析方法。它是分析化学中最经典、最基本的方法。重量分析法不需要基准物质，通过直接沉淀和称量而测得物质的含量，其测定结果准确度很高。尽管它的操作时间很长，但由于其不可替代的特点，目前在某些元素的常量分析或其化合物的定量分析中还经常使用。

沉淀大致可分为晶形沉淀和无定形沉淀两类。$BaSO_4$ 是典型的晶形沉淀。无定形沉淀又称非晶形沉淀或胶状沉淀，其典型例子是 $Fe_2O_3 \cdot nH_2O$。$AgCl$ 是一种凝乳状沉淀，按其性质介于晶形和非晶形沉淀之间。

重量分析法对沉淀的要求是：沉淀的溶解度要小。要求沉淀的溶解损失不应超过天平的称量误差；沉淀必须纯净，不应混进沉淀剂和其他杂质；沉淀应易于过滤和洗涤，因此进行沉淀时希望得到颗粒大的晶形沉淀。

重量分析法对称量形式的要求是：称量形式必须有确定的化学组成，否则无法计算分析结果；称量形式必须十分稳定，不受空气中水分、CO_2 和 O_2 等的影响；称量形式的摩尔质量要大，被测组分在称量形式中的质量分数要小，这样可以提高分析的准确度。

$BaSO_4$ 是细晶形沉淀，在沉淀时希望尽量获得较大颗粒的沉淀，同时希望减小杂质的包藏，因此在沉淀过程中控制较小的相对过饱和度。为此在实验过程中要保证以下实验条件。

（1）沉淀应在比较稀的溶液中进行　沉淀剂需要稀释，以减小溶质的浓度，降低过饱和程度。同时，在比较稀的溶液中杂质的浓度小，减少生成共沉淀的量。

（2）沉淀应在热溶液中进行　加热不仅可以增加溶解度，还可以增加离子的扩散速度，有利于形成较大颗粒沉淀，同时也减少了杂质的吸附。

（3）沉淀速度要慢　加入沉淀剂的速度要慢，可以增大沉淀的颗粒，减少杂质的包藏。

（4）沉淀应在搅拌下进行　搅拌可以避免沉淀剂的局部过浓。搅拌时只搅溶液，不可用搅拌棒撞击杯壁和杯底。操作时一手拿滴管，一手持搅拌棒，在不停地搅拌下加入沉淀剂。

为了增大沉淀过程中硫酸钡的溶解度以减小相对过饱和度，应在沉淀前向溶液中加入适量的 HCl 溶液，既可使溶液呈酸性，也防止钡的碳酸盐、草酸盐、铬酸盐等杂质沉淀。至于增加溶解度而造成的硫酸钡的溶解损失，可以在沉淀后期加入过量沉淀剂来补偿。

（5）沉淀要陈化　当沉淀完全后将沉淀和母液一起放置一段时间，这个过程叫陈化。在陈化过程中小颗粒沉淀逐渐溶解，大颗粒沉淀继续长大。陈化过程中可以使不完整的晶粒转化为较为完整的晶粒。陈化过程还可以使沉淀更为纯净，这是因为大颗粒的比表面积小，吸附杂质少；另一方面小晶粒溶解时使共沉淀的杂质重新进入溶液中，提高了沉淀的纯度。

加热可以缩短陈化时间。硫酸钡沉淀在微沸的水溶液中陈化 2h，即热陈化；在室温下陈化则需放置过夜。由于 $BaSO_4$ 沉淀的溶解度与温度有关（见表 4-10），为了减少溶解损失，采用热陈化方式则需放置溶液自然冷却至室温后进行过滤。

表 4-10　在不同温度下 1L 水中可溶解 $BaSO_4$ 沉淀的质量

温度/℃	溶解 $BaSO_4$ 沉淀的质量/g
0	0.00172
18	0.00220
25	0.00246
50	0.00335
100	0.00389

上述条件得出晶形沉淀的条件是稀、热、慢、搅、陈的"五字原则"。

用 $BaSO_4$ 重量分析法测定 Ba^{2+} 时，一般用 H_2SO_4 作沉淀剂。为了使 $BaSO_4$ 沉淀完全，H_2SO_4 必须过量。由于 H_2SO_4 在高温下可挥发除去，故沉淀吸附的 H_2SO_4 不致引起误差。因此，沉淀剂可过量 $50\% \sim 100\%$。但 NO_3^-、ClO_3^-、Cl^- 等阴离子和 K^+、Na^+、Ca^{2+}、Fe^{3+} 等阳离子均可引起共沉淀现象，故应严格掌握沉淀条件，减少共沉淀现象，以获得纯净的 $BaSO_4$ 晶形沉淀。

在重量分析法中，由于过滤好的沉淀是放在坩埚中灼烧，称量后须扣除坩埚的质量。所以坩埚的质量必须在一定条件下进行恒重。恒重是指在此条件下坩埚的质量是恒定不变的，这样得到的沉淀质量才是准确的。灼烧坩埚的条件要与灼热沉淀时的条件相同，即得到沉淀称量形式的条件。其中重要的是温度条件。

将准备好的坩埚在马弗炉中灼烧 $30 \sim 40min$，取出放在干燥器中冷至室温（约 $30min$），称量。然后再灼烧，再冷却，再称量，两次质量之差不超过 0.3mg 即为恒重。如两次称量坩埚质量差异大于 0.3mg，还需要进行灼烧，直至共质量之差不超过 0.3mg 为止。

冷却时干燥器放置的地点和放置的时间要一致。干燥器不能放在火源附近。

坩埚在灼烧前要进行编号，编号的目的是能识别出平行实验中哪个样品的沉淀放在哪个坩埚中。更重要的是在马弗炉中灼烧时能在 10～20 个坩埚中辨认出不同的坩埚。编号时常用是铁墨水（即普通的蓝墨水中加入少量 $FeCl_3$）或氧化钴溶液（将少许氧化钴粉末加入饱和硼砂溶液）。

盛放滤液的烧杯必须干净。一旦遇到 $BaSO_4$ 透滤时须重新过滤。

沉淀灰化时，温度不宜超过 600℃。如果温度太高或空气不充足，可能有部分白色 $BaSO_4$ 被滤纸的碳还原为绿色的 BaS，使测定结果偏低。其还原反应为：

$$BaSO_4 + 4C == BaS + 4CO \uparrow$$
$$BaSO_4 + 4CO == BaS + 4CO_2 \uparrow$$

在灼烧后热空气也有可能会慢慢把 BaS 氧化成 $BaSO_4$，或者冷却后加 2～3 滴 1：1 H_2SO_4，小心加热，冒尽白烟后重新灰化或灼烧。

$BaSO_4$ 沉淀在 115℃ 可除去湿存水，然而吸留水要到 800℃ 才能接近全部除去。通常控制在 800～850℃ 灼烧 $BaSO_4$，但不宜高于 900℃。因为 $BaSO_4$ 沉淀所带有的杂质，如 SiO_2、Fe_2O_3 等能促进 $BaSO_4$ 的热分解。$BaSO_4$ 沉淀在 1000℃ 以上高温时可能有部分沉淀分解：

$$BaSO_4 == BaO + SO_3 \uparrow$$

【实验用品】

(1) 仪器　电子天平，马弗炉，烧杯（250mL），表面皿，量筒，玻璃漏斗，瓷坩埚，坩埚钳，定量滤纸。

(2) 试剂

$HCl(2mol \cdot L^{-1})$　　　　$H_2SO_4(1mol \cdot L^{-1})$　　　　$AgNO_3(0.1mol \cdot L^{-1})$　　　　钡盐样品

【实验内容】

(1) 瓷坩埚的准备　洗净两个瓷坩埚，晾干、编号，然后在 800～850℃ 马弗炉中灼烧。第一次灼烧 30～45min 取出稍冷后，转入干燥器中冷却至室温后称量；然后再放入同样温度的马弗炉中，第二次灼烧 15～20min，取出稍冷后，转入干燥器中冷却至室温，再称量。如此操作直到两次质量相差不超过 0.3mg 即为恒重。注意：恒重过程中，要保持各种操作条件的一致性。如干燥器放置的地方、时间等都应考虑。

(2) 沉淀的制备　在电子天平上准确称取两份 0.4～0.6g 钡盐试样分别置于两个 250mL 烧杯中（烧杯要编号，用铅笔标在烧杯的毛玻璃处），各加水约 70mL，搅拌使其溶解。加 2～3mL $2mol \cdot L^{-1}$ HCl，盖上表面皿，在石棉网上加热至近沸，勿使试液沸腾，以防溅失。与此同时，在另一小烧杯中加入 4mL $1mol \cdot L^{-1}$ H_2SO_4，加水稀释到 50mL，加热至近沸。然后用滴管将热、稀 H_2SO_4 溶液逐滴加入到热的钡盐溶液中，并用玻璃棒不断搅动，直至沉淀剂全部加入为止。待沉淀下沉后，在上层清液中加入 1～2 滴 H_2SO_4，仔细观察沉淀是否完全。溶液清澈证明已经沉淀完全；若有浑浊出现，应再补加一些沉淀剂直至沉淀完全。盖上表面皿，将玻璃棒靠在烧杯侧口边，沉淀在室温下放置过夜，进行陈化。也可以 2 份或 3 份样品同时同样处理做平行实验。

(3) 称量形式的获得　用慢速定量滤纸过滤沉淀。先将上层清液倾注在滤纸上，再以 H_2SO_4 洗涤液（取 1mL $1mol \cdot L^{-1}$ H_2SO_4 稀释至 100mL），洗涤沉淀 3～4 次，每次约用 5～10mL，洗涤液均用倾析法过滤。然后将沉淀小心转移到滤纸上，并用一小片滤纸擦净烧杯壁

（该滤纸是从折叠滤纸时撕下的小片），将此滤纸片放入漏斗内的沉淀上，洗涤烧杯壁并将洗涤液倾入漏斗中过滤。烧杯中的沉淀务必定量转移（包括滤纸屑！）直到在烧杯壁和转动烧杯时底部看不到随少许水移动沉下的沉淀为止。再用水洗涤沉淀至无 Cl^- 为止。将沉淀和滤纸置于已恒重的瓷坩埚中，经干燥、炭化、灰化后，于 800～850℃ 马弗炉中灼烧至恒重。

【数据处理】

计算样品中钡的含量公式：

$$w(Ba) = \frac{M(Ba)m(BaSO_4)}{M(BaSO_4)m_s} \times 100\%$$

式中　$w(Ba)$——钡的质量分数；

　　　$M(Ba)$——Ba 的摩尔质量，$g \cdot mol^{-1}$；

　$m(BaSO_4)$——$BaSO_4$ 沉淀的质量，g；

　$M(BaSO_4)$——$BaSO_4$ 的摩尔质量，$g \cdot mol^{-1}$；

　　　　m_s——钡盐试样质量，g。

【思考题】

（1）沉淀剂为什么要过量？

（2）为什么制备 $BaSO_4$ 沉淀时要加 HCl？HCl 加入太多有什么影响？

（3）为什么制备 $BaSO_4$ 沉淀时要在稀溶液中进行？不断搅拌的目的是什么？

（4）测定 SO_4^{2-} 时沉淀剂 $BaCl_2$ 可以过量加入多少？为什么不能过量太多？

第 **5** 章

Chapter 05

常数测定实验

5.1 醋酸解离常数的测定

【实验目的】

（1）了解测定弱电解质解离常数的原理和方法。

（2）学会酸度计的使用方法。

（3）学习滴定管和移液管的操作方法。

【实验原理】

醋酸是弱电解质，在水溶液中存在如下解离平衡：

$$HAc \rightleftharpoons H^+ + Ac^-$$

$$K_a^\ominus = \frac{\dfrac{c(H^+)}{c^\ominus} \times \dfrac{c(Ac^-)}{c^\ominus}}{\dfrac{c(HAc)}{c^\ominus}}$$

式中，$c(H^+)$、$c(Ac^-)$ 和 $c(HAc)$ 分别是 H^+、Ac^- 和 HAc 的平衡浓度；$c^\ominus$ 为标准状态的浓度，按照规定，$c^\ominus = 1 mol \cdot L^{-1}$；$K_a^\ominus$ 为醋酸的标准解离常数。HAc 溶液的总浓度 c 可以用 NaOH 标准溶液滴定测得。其解离出来的 H^+ 浓度，可以用 pH 计测定 HAc 溶液的 pH，再根据 $pH = -lgc(H^+)$ 关系式计算求得。另外，根据各物质之间的浓度关系，以 $c(H^+) = c(Ac^-)$ 和 $c(HAc) = c - c(H^+)$，求出 $c(Ac^-)$、$c(HAc)$ 后代入上面公式，便可计算出该温度下的 $K_a^\ominus$ 值。即：

$$K_a^\ominus = \frac{\dfrac{c(H^+)}{c^\ominus} \times \dfrac{c(H^+)}{c^\ominus}}{\dfrac{c - c(H^+)}{c^\ominus}}$$

当 $a < 5\%$ 时

$$K_a^\ominus = \frac{c^2(H^+)}{c^\ominus c}$$

醋酸的解离度：

$$\alpha = \frac{c(H^+)}{c} \times 100\%$$

【实验用品】

(1) 仪器　酸度计，碱式滴定管（50mL），移液管（25mL），吸量管（5mL），容量瓶（50mL），锥形瓶（250mL），烧杯（50mL）。

(2) 试剂

$HAc(0.1mol \cdot L^{-1})$　　　　$NaOH(0.1000mol \cdot L^{-1})$　　　酚酞（1%）。

【实验内容】

(1) HAc 溶液浓度的标定　用移液管准确移取 25.00mL 浓度约为 $0.1mol \cdot L^{-1}$ 的 HAc 溶液，置于 250mL 锥形瓶中，加 2～3 滴酚酞作指示剂，用 $0.1000mol \cdot L^{-1}$ 的 NaOH 标准溶液滴定至溶液呈粉红色，且 30s 内不褪色，记下所消耗的 NaOH 标准溶液的体积。平行滴定 3 次。

(2) 配制不同浓度的 HAc 溶液　用移液管或吸量管分别取 2.50mL、5.00mL、25.00mL 上述 HAc 溶液于 3 个 50mL 容量瓶中，用蒸馏水稀释至刻度，摇匀，分别计算出各溶液的准确浓度。

(3) 测定 HAc 溶液的 pH　取上述 3 种浓度的 HAc 溶液及未经稀释的 HAc 溶液各 30mL，分别放入 4 个标有序号的干燥洁净的 50mL 烧杯中，按由稀到浓的顺序在酸度计上测定其 pH，计算 HAc 的解离常数和解离度。（酸度计的使用参见 1.3.3 酸度计。）

【数据记录与处理】

按表 5-1 和表 5-2 记录和处理数据。

表 5-1　醋酸浓度的标定

滴定序号		1	2	3
HAc 溶液的用量/mL				
NaOH 标准溶液的浓度/(mol·L^{-1})				
NaOH 标准溶液的用量/mL				
HAc 溶液的浓度/(mol·L^{-1})	测定值			
	平均值			

表 5-2　醋酸解离常数和解离度的测定（温度：K）

HAc 溶液编号	$c(HAc)/(mol \cdot L^{-1})$	pH	$c(H^+)/(mol \cdot L^{-1})$	$K_a^{\ominus}$	α
1					
2					
3					
4					

【思考题】

(1) 总结浓度、温度对弱电解质解离常数以及解离度的影响。

（2）本实验用的小烧杯为什么要烘干？还可以作怎样的处理？

（3）用酸度计测定溶液的 pH 时应注意哪些问题？

5.2　化学反应速率和活化能的测定

【实验目的】

（1）了解浓度、温度和催化剂对反应速率的影响。

（2）掌握过二硫酸铵与碘化钾反应的速率常数和活化能测定的原理和方法。

【实验原理】

在水溶液中，过二硫酸铵与碘化钾发生如下反应：

$$(NH_4)_2S_2O_8 + 3KI =\!=\!= (NH_4)_2SO_4 + K_2SO_4 + KI_3$$

反应的离子方程式为：

$$S_2O_8^{2-} + 3I^- =\!=\!= 2SO_4^{2-} + I_3^- \tag{1}$$

该反应的平均反应速率与反应物浓度的关系可用下式表示：

$$v = \frac{-\Delta c(S_2O_8^{2-})}{\Delta t} \approx k c(S_2O_8^{2-})^m c(I^-)^n$$

式中，$\Delta c(S_2O_8^{2-})$ 为 $S_2O_8^{2-}$ 在 Δt 时间内浓度的改变值；$c(S_2O_8^{2-})$、$c(I^-)$ 分别为两种离子初始浓度；k 为反应速率常数；m 和 n 为反应级数。

为了能够测定 $\Delta c(S_2O_8^{2-})$，在混合 $(NH_4)_2S_2O_8$ 和 KI 溶液时，同时加入一定体积的已知浓度的 $Na_2S_2O_3$ 溶液和作为指示剂的淀粉溶液，这样在上述反应（1）进行的同时，也进行如下的反应：

$$2S_2O_3^{2-} + I_3^- =\!=\!= S_4O_6^{2-} + 3I^- \tag{2}$$

反应（2）进行得非常快，几乎瞬间完成，而反应（1）则慢得多。所以由反应（1）生成的 I_3^- 立即与 $S_2O_3^{2-}$ 作用生成无色的 $S_4O_6^{2-}$ 和 I^-。因此，在反应开始阶段，看不到碘与淀粉作用而产生的特有的蓝色，但是一旦 $Na_2S_2O_3$ 耗尽，反应（1）继续生成的微量 I_3^- 立即使淀粉溶液显示蓝色。所以蓝色的出现就标志着反应（2）的完成。

从反应方程式（1）和反应方程式（2）的计量关系可以看出，$S_2O_8^{2-}$ 浓度减少的量等于 $S_2O_3^{2-}$ 浓度减少量的一半，即

$$\Delta c(S_2O_8^{2-}) = \frac{\Delta c(S_2O_3^{2-})}{2}$$

由于 $S_2O_3^{2-}$ 在溶液显示蓝色时已全部耗尽，所以 $\Delta c(S_2O_3^{2-})$ 实际上就是反应开始时 $Na_2S_2O_3$ 的初始浓度。因此只要记下从反应开始到溶液出现蓝色所需要的时间，就可以求算反应式（1）的平均反应速率 $\dfrac{-\Delta c(S_2O_8^{2-})}{\Delta t}$。

在固定 $c(S_2O_3^{2-})$，改变 $c(S_2O_8^{2-})$ 和 $c(I^-)$ 的条件下进行一系列实验，测得不同条件下的反应速率，就能根据 $v = k c(S_2O_8^{2-})^m c(I^-)^n$ 的关系推出反应的反应级数。

再由下式可进一步求出反应速率常数 k 为

$$k = \frac{v}{c(S_2O_8^{2-})^m c(I^-)^n}$$

根据阿仑尼乌斯公式，反应速率常数 k 与反应温度 T 有如下关系：

$$\lg k = \frac{-E_a}{2.303RT} + \lg A$$

式中，E_a 为反应的活化能；R 为气体常数；T 为热力学温度；A 为指前因子。因此，只要测得不同温度时的 k 值，以 $\lg k$ 对 $1/T$ 作图可得一直线，由直线的斜率可求得反应的活化能 E_a，即

$$斜率 = \frac{-E_a}{2.303R}$$

【实验用品】

(1) 仪器　烧杯（150mL），大试管，量筒，恒温水浴锅，秒表，温度计（273～373K）。

(2) 试剂

KI（0.20mol·L^{-1}）　　　　　　　　　　$(NH_4)_2SO_4$（0.20mol·L^{-1}）

$(NH_4)_2S_2O_8$（0.20mol·L^{-1}）　　　　　$Cu(NO_3)_2$（0.020mol·L^{-1}）

$Na_2S_2O_3$（0.010mol·L^{-1}）　　　　　　淀粉（0.2%）

KNO_3（0.20mol·L^{-1}）　　　　　　　　冰块

【实验内容】

(1) 浓度对反应速率的影响　室温下按表 5-3 中实验编号 1 的用量分别量取 0.20mol·L^{-1} KI、0.2%淀粉、0.010mol·L^{-1} $Na_2S_2O_3$ 溶液于 150mL 烧杯中，用玻璃棒搅拌均匀。再量取 0.20mol·L^{-1} $(NH_4)_2S_2O_8$ 溶液，迅速加到烧杯中，同时按动秒表，立即用玻璃棒将溶液搅拌均匀。观察溶液，刚一出现蓝色，立即停止计时。记录反应时间。

用同样方法对实验编号 2～5 进行实验。为了使溶液的离子强度和总体积保持不变，在实验编号 2～5 中所减少的 KI 和 $(NH_4)_2S_2O_8$ 的量分别用 0.20mol·L^{-1} KNO_3 和 $(NH_4)_2SO_4$ 溶液补充。

表 5-3　实验取样量

实验编号		1	2	3	4	5
试剂用量/mL	0.20mol·L^{-1} KI	20	20	20	10	5
	0.2%淀粉溶液	4.0	4.0	4.0	4.0	4.0
	0.010mol·L^{-1} $Na_2S_2O_3$	8.0	8.0	8.0	8.0	8.0
	0.20mol·L^{-1} KNO_3	—	—	—	10	15
	0.20mol·L^{-1} $(NH_4)_2SO_4$	—	10	15	—	—
	0.20mol·L^{-1} $(NH_4)_2S_2O_8$	20	10	5.0	20	20

(2) 温度对反应速率的影响　按表中实验编号 4 的用量分别加入 KI、淀粉、$Na_2S_2O_3$ 和 KNO_3 溶液于 150mL 烧杯中，搅拌均匀。在一个大试管中加入 $(NH_4)_2S_2O_8$ 溶液，将烧杯和试管中的溶液温度控制在 283K 左右，把试管中的 $(NH_4)_2S_2O_8$ 溶液迅速倒入烧杯中，搅拌，记录反应时间和温度。

分别在 293K、303K、313K 的条件下重复上述实验，记录反应时间和温度（各次实验

分别记为实验编号 6、7、8、9）。

（3）催化剂对反应速率的影响　按表 5-3 中实验编号 4 的用量分别加入 KI、淀粉、$Na_2S_2O_3$ 和 KNO_3 溶液于 150mL 烧杯中，再加入 2 滴 $Cu(NO_3)_2$ 溶液，搅拌均匀，迅速加入 $(NH_4)_2S_2O_8$ 溶液，搅拌，记录反应时间（实验编号记为 10）。

【数据记录与处理】

将数据记录于表 5-4～表 5-6，并进行处理。

表 5-4　浓度对反应速率的影响

实验编号		1	2	3	4	5
起始浓度 /(mol·L^{-1})	$(NH_4)_2S_2O_8$					
	KI					
	$Na_2S_2O_3$					
反应时间 $\Delta t/s$						
速率常数 k						

表 5-5　温度对反应速率的影响

实验编号	反应温度 T/K	$1/T$	反应时间 t/s	速率常数 k	$\lg k$
6(283K)					
7(293K)					
8(303K)					
9(313K)					

表 5-6　催化剂对反应速率的影响

实验编号	加入 0.020mol·L^{-1}Cu$(NO_3)_2$ 的滴数	反应时间 t/s
4		
10		

以 $\lg k$ 对 $1/T$ 作图可得一直线，由直线的斜率可以求出反应的活化能 E_a。

【思考题】

（1）总结浓度、温度、催化剂对化学反应速率的影响。

（2）本实验为什么可以由反应溶液出现蓝色的时间长短来计算反应速率？溶液出现蓝色后是否反应就终止了？

（3）实验中，$Na_2S_2O_3$ 溶液的用量过多或过少，对实验结果有什么影响？

5.3 二氧化碳分子量的测定

【实验目的】

(1) 了解利用气体相对密度法测定二氧化碳分子量的原理和方法。

(2) 掌握用启普发生器制备气体以及净化和收集气体的操作技术。

(3) 熟悉电子天平的称量操作。

【实验原理】

根据阿伏伽德罗定律，在同温同压下，同体积的任何气体含有相同数目的分子，即具有相同的物质的量。所以，在同温同压下，只要测定相同体积的两种气体的质量，如果其中一种气体的分子量为已知时，即可求出另一种气体的分子量。本实验是将同体积的二氧化碳与空气（其平均分子量为 29.0）的质量相比，二氧化碳的分子量可根据下式求得：

$$M(\mathrm{CO_2}) = \frac{m(\mathrm{CO_2})}{m(空气)} \times 29.0$$

式中，$m(空气)$、$m(\mathrm{CO_2})$ 分别为测得的空气和二氧化碳的质量；$M(\mathrm{CO_2})$ 为 $\mathrm{CO_2}$ 的分子量。

【实验用品】

(1) 仪器 台秤，电子天平，圆底烧瓶（500mL），滴液漏斗（100mL），洗气瓶，锥形瓶（200mL），玻璃导管，橡胶塞，橡胶管，橡皮筋。

(2) 试剂

HCl（6mol·L^{-1}）   硫酸（浓）   NaHCO$_3$（饱和）   大理石（块）

【实验内容】

(1) 二氧化碳的制备 按图 5-1 所示安装好制取二氧化碳的实验装置。在圆底烧瓶中放入大理石，滴液漏斗中加入 6mol·L^{-1}盐酸。打开滴液漏斗活塞，盐酸即与大理石作用，产生二氧化碳，产生的气体经过两个洗瓶。瓶 2 内装有饱和 NaHCO$_3$，用于除去混在二氧化碳气体中的氯化氢和其他可溶性杂质。瓶 3 装有浓 H$_2$SO$_4$，用于除去水蒸气。二氧化碳最后经导管放出。

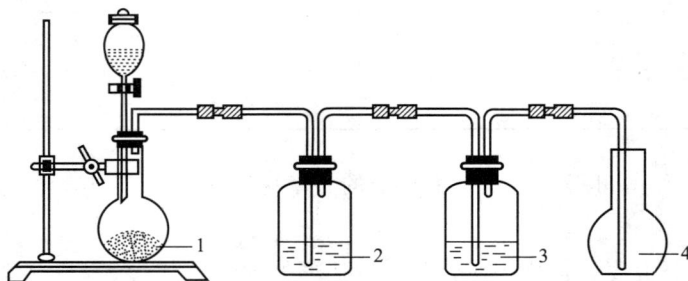

图 5-1 二氧化碳分子量的测定

1—盐酸和大理石；2—饱和 NaHCO$_3$；3—浓硫酸；4—二氧化碳

（2）二氧化碳分子量的测定 取一洁净而干燥的 200mL 锥形瓶，选一个合适的软木塞（或胶塞）塞入瓶口，在塞子上做一记号，以固定塞入瓶口的位置。在电子天平上准确称量"锥形瓶＋瓶塞＋空气"的质量 m_1（准确到 0.1mg）。

将从启普发生器中产生的二氧化碳气体，经过净化、干燥后导入锥形瓶中。由于二氧化碳气体略重于空气，所以必须把导管插入瓶底。收集二氧化碳气体 2～3min 后，轻轻取出玻璃导管，用塞子塞住瓶口（记住塞子应达到原来塞入瓶口的位置），再在电子天平上称量"锥形瓶＋瓶塞＋二氧化碳"的质量 m_2。然后重复通二氧化碳气体和称量的操作，直到前后两次称量的质量相差不大于 2mg。这时可以认为瓶内的空气已完全被二氧化碳所取代。

最后，往锥形瓶中加满水，将瓶塞塞入至原来的位置，用吸水纸擦干瓶外各处的水，在台秤上称其质量 m_3（准确到 0.1g）。

【数据记录与处理】

将数据填入表 5-7，并进行处理。

表 5-7 二氧化碳分子量的测定数据记录与处理

项　　目	数据记录与处理
室温/℃	
大气压/Pa	
（锥形瓶＋塞子＋空气）的质量 m_1/g	
（锥形瓶＋塞子＋CO_2）的质量 m_2/g	
（锥形瓶＋塞子＋水）的质量 m_3/g	
锥形瓶的容积 $V=\dfrac{m_3-m_1}{1.00}$/mL	
锥形瓶内空气的质量 m(空气)/g	
CO_2 气体的质量 $m(CO_2)$/g	
CO_2 的分子量 $M(CO_2)$	
相对误差/%	

【思考题】

（1）用启普发生器制取 CO_2 时，为什么产生的气体要通过 $NaHCO_3$ 溶液和浓 H_2SO_4，顺序能否颠倒？

（2）如何判断锥形瓶中已充满 CO_2？

（3）判断下列因素对实验结果有何影响。

① 锥形瓶中空气未完全被 CO_2 赶尽；

② 盛 CO_2 的锥形瓶的塞子位置不固定；

③ 启普发生器制备出的 CO_2 净化不彻底。

5.4 摩尔气体常数的测定

【实验目的】

(1) 了解置换法测定摩尔气体常数的原理和方法。

(2) 掌握理想气体状态方程和气体分压定律的应用。

(3) 学习测量气体体积的操作技术。

【实验原理】

活泼金属镁与稀硫酸反应，置换出氢气（H_2），即

$$Mg + H_2SO_4 =\!\!=\!\!= MgSO_4 + H_2\uparrow$$

准确称取一定质量的金属镁，使其与过量的稀硫酸作用，在一定温度和压力下测定被置换出来的氢气的体积 $v(H_2)$。根据分压定律，计算出氢气的分压 $p(H_2)$：

$$p(H_2) = p - p(H_2O)$$

式中，p 为大气压力，Pa；$p(H_2O)$ 为 $T(K)$ 时水的饱和蒸气压，Pa。

由理想气体状态方程式即可算出摩尔气体常数 R，即

$$R = \frac{p(H_2)V(H_2)}{n(H_2)T}$$

式中 R——摩尔气体常数，$J \cdot mol^{-1} \cdot K^{-1}$；

$p(H_2)$——金属镁置换出 H_2 的分压，Pa；

$V(H_2)$——H_2 的体积，m^3；

T——热力学温度，K；

$n(H_2)$——金属镁置换出 H_2 的物质的量，mol。

【实验用品】

(1) 仪器　电子天平，气压计，量气管（50mL）或碱式滴定管（50mL），铁架台，滴定管夹，漏斗，橡胶管，大试管，铁圈。

(2) 试剂

金属镁条　硫酸（$3mol \cdot L^{-1}$）

【实验内容】

(1) 安装测定装置　按图 5-2 所示装配好仪器。打开试管的胶塞，由漏斗往量气管内装水至略低于刻度"0"的位置。上下移动漏斗，以赶尽胶管和量气管内的气泡，然后将试管的塞子塞紧。

(2) 检查装置的气密性　将漏斗下移一段距离，固定在铁圈上。如果量气管内液面只在初始时稍有下降，以后维持不变（观察 3~5min），即表明装置不漏气。如液面不断下降，表明装置漏气，应检查各接口处是否严密，直至确保不漏气为止，再把漏斗移至原来的位置。

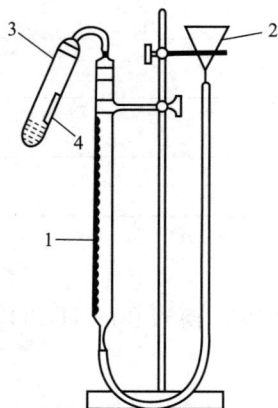

图 5-2　摩尔气体常数测定装置

1—量气管；2—漏斗；3—大试管；4—镁条

（3）样品称量　在电子天平上准确称取 3 份已擦去表面氧化膜的镁条，每份质量为 0.030～0.035g（准确至 0.0001g）。

（4）测定　取下试管，用一长颈漏斗往试管注入 6～8mL 3mol·L^{-1} 的硫酸（取出漏斗时切勿使酸液沾湿试管壁）。稍倾斜试管，把镁条用水稍微润湿后贴于管壁内，确保镁条不与酸液接触。然后将试管的塞子塞紧，检查量气管内液面是否处于"0"刻度以下，再次检查装置气密性。如果不漏气，上下移动漏斗，使其水面与量气管水面保持同一水平，记下量气管液面的读数。

将试管底部略微抬高，使镁条与稀硫酸接触，这时反应产生的氢气进入量气管中，管中的水被压入漏斗内。为避免量气管内压力过大，可适当下移漏斗，使两管液面大体保持同一水平。

反应完毕后，待试管冷至室温后，使漏斗与量气管内液面处于同一水平，记下量气管液面的读数。2～3min 后，再记录量气管液面的读数，直至 2 次读数一致，即表明管内气体温度已与室温相同。

记录室内温度和大气压，从附录Ⅴ中查出该温度下水的饱和蒸气压。

【数据记录与处理】

将数据记录于表 5-8 中，并计算摩尔气体常数 R 和相对误差。分析产生误差的主要原因。

表 5-8　摩尔气体常数实验数据记录与处理

项目	1	2	3
实验时温度 T/K			
实验时大气压力 p/Pa			
镁条质量 m/g			
反应前量气管液面读数 V_1/mL			
反应后量气管液面读数 V_2/mL			
氢气的体积 V/mL			
T(K)时水的饱和蒸气压 $p(H_2O)$/Pa			
氢气的分压 $p(H_2)$/Pa			
氢气的物质的量 $n(H_2)$/mol			
摩尔气体常数 R/(J·mol^{-1}·K^{-1})			

【思考题】

（1）检查实验装置是否漏气的操作原理是什么？

（2）读取量气管液面的读数时，为什么要使量气管和漏斗中的液面处于同一水平？

（3）量气管内的气压是否就是氢气的压力？为什么？

（4）稀硫酸的浓度和用量是否必须准确？

（5）如果没有擦净镁条表面的氧化膜，对实验结果有什么影响？

5.5　硫酸钙溶度积的测定

【实验目的】

(1) 学习离子交换法测定硫酸钙溶度积的原理和方法。

(2) 了解离子交换树脂的处理和使用方法。

(3) 熟悉酸度计的使用方法。

【实验原理】

难溶电解质溶度积的测定，实际上是要测定难溶电解质的饱和溶液中相关离子的浓度。常用的方法有目视比色法、分光光度法、电导法、离子交换法等。本实验采用离子交换法。

在硫酸钙的饱和溶液中，存在下列平衡：

$$CaSO_4(s) \rightleftharpoons Ca^{2+}(aq) + SO_4{}^{2-}(aq)$$

其溶度积为：

$$K_{sp}^{\ominus}(CaSO_4) = [c(Ca^{2+})/c^{\ominus}][c(SO_4^{2-})/c^{\ominus}]$$

利用离子交换树脂与硫酸钙的饱和溶液进行离子交换，来测定室温下硫酸钙的溶解度，从而求出其溶度积。

离子交换树脂是分子中含有活性基团而能与其他物质进行离子交换的高分子化合物，含有酸性基团而能与其他物质交换阳离子的称为阳离子交换树脂；含有碱性基团而能与其他物质交换阴离子的称为阴离子交换树脂。本实验采用强酸型阳离子交换树脂交换硫酸钙饱和溶液中的 Ca^{2+}。反应式如下：

$$2R-SO_3H + Ca^{2+} \rightleftharpoons (R-SO_3)_2Ca + 2H^+$$

在硫酸钙的饱和溶液中，除了有 Ca^{2+} 和 SO_4^{2-} 外，还有以离子对形式存在的硫酸钙，存在下列平衡：

$$CaSO_4(aq) \rightleftharpoons Ca^{2+} + SO_4^{2-}$$

当溶液流经树脂时，由于 Ca^{2+} 被交换，平衡向右移动，$CaSO_4(aq)$ 解离，结果几乎所有的 Ca^{2+} 都被交换为 H^+，从流出液中的 H^+ 浓度可计算出 $CaSO_4$ 的溶解度 y。

$$y = c(Ca^{2+}) + c[CaSO_4(aq)] = \frac{c(H^+)}{2}$$

$[H^+]$ 可用酸度计测定，从而计算出硫酸钙的溶度积。

【实验用品】

(1) 仪器　离子交换柱，酸度计，容量瓶 (100mL)，移液管 (25mL)，烧杯 (50mL)，电炉，漏斗，量筒，玻璃纤维。

(2) 试剂

$CaSO_4(s)$　　　强酸型阳离子交换树脂　　　HCl (2.0mol·L⁻¹)　　　pH 试纸

【实验内容】

(1) 硫酸钙饱和溶液的制备　称取一定量的 $CaSO_4$ 晶体于烧杯中，加入适量经煮沸已除去 CO_2 的去离子水（根据室温下 $CaSO_4$ 的溶解度），加热溶解，冷却至室温后，进行常压过滤（漏斗、滤纸和接收器均应干燥），滤液即为硫酸钙饱和溶液。

（2）装柱　在离子交换柱底部填入少量玻璃纤维，将阳离子交换树脂（钠型，事先用蒸馏水浸泡 24～48h）和水的糊状物注入交换柱内，用塑料通条赶尽树脂间的气泡，保持液面略高于树脂。

（3）转型　为保证 Ca^{2+} 完全交换成 H^+，必须将树脂由钠型完全转变为氢型，否则将使实验结果偏低。用 130mL 2.0mol·L^{-1} HCl 以每分钟 30 滴的流速流过离子交换树脂，然后用蒸馏水淋洗树脂，直到流出液呈中性为止。

（4）交换和洗涤　用移液管准确移取 25.00mL $CaSO_4$ 饱和溶液，放入离子交换柱中。流出液用 100mL 容量瓶承接。控制流出速度为每分钟 20～25 滴，不宜太快。当液面下降到略高于树脂时，加 25mL 蒸馏水洗涤，流速仍为每分钟 20～25 滴。再次用 25mL 蒸馏水继续洗涤时，流速可适当加快，控制在每分钟 40～50 滴。在每次加液体前，液面都应略高于树脂（2～3cm）。继续洗涤，直至流出液的 pH 接近 7 为止（用 pH 试纸测试）。旋紧螺旋夹，移走容量瓶。

（5）H^+ 浓度的测定　向装有流出液的 100mL 容量瓶中加入蒸馏水至刻度，充分摇匀，用酸度计测定溶液的 pH，计算 $c(H^+)_{100}$（酸度计的使用参见 1.3.3 酸度计）。

【数据记录与处理】

将实验数据及处理结果填入表 5-9。

表 5-9　$CaSO_4$ 溶度积的测定

项　　　目	结　　　果
室温/K	
通过交换柱的饱和溶液体积/mL	
流出液的 pH 测定值	
流出液的 $c(H^+)_{100}$/(mol·L^{-1})	
硫酸钙的溶解度 y/(mol·L^{-1})	
饱和溶液中的 $c(Ca^{2+})$/(mol·L^{-1})	
硫酸钙的溶度积 $K_{sp}^{\ominus}$	
相对误差/%	

计算公式推导如下：

$$c(H^+)_{25} = c(H^+)_{100} \times (100/25)$$

式中，$c(H^+)_{25}$ 为 25mL 溶液完全交换后的 H^+ 浓度，mol·L^{-1}；$c(H^+)_{100}$ 为稀释至 100mL 后测得的 H^+ 浓度，mol·L^{-1}。

设 $CaSO_4$ 饱和溶液中 $c(Ca^{2+})=c$，则 $c(SO_4^{2-})=c$，那么：

$$c[CaSO_4(aq)] = c(H^+)/2 - c$$

令

$$\frac{c(H^+)_{25}}{2} = y$$

由于

$$K_d^\ominus = \frac{\dfrac{c(Ca^{2+})}{c^\ominus} \times \dfrac{c(SO_4^{2-})}{c^\ominus}}{\dfrac{c[CaSO_4(aq)]}{c^\ominus}}$$

$K_d^\ominus$ 为离子对解离常数。25℃时 $K_d^\ominus(CaSO_4) = 5.2 \times 10^{-3}$

所以

$$\frac{c^2}{c^\ominus(y-c)} = 5.2 \times 10^{-3}$$

即

$$c^2 + 5.2 \times 10^{-3} c^\ominus c - 5.2 \times 10^{-3} c^\ominus y = 0$$

$$c = \frac{-5.2 \times 10^{-3} c^\ominus + \sqrt{2.7 \times 10^{-5}(c^\ominus)^2 + 2.08 \times 10^{-2} c^\ominus y}}{2} \qquad (负值舍去)$$

$$K_{sp}^\ominus(CaSO_4) = \frac{c(Ca^{2+})}{c^\ominus} \times \frac{c(SO_4^{2-})}{c^\ominus} = \left(\frac{c}{c^\ominus}\right)^2$$

【思考题】

（1）制备硫酸钙饱和溶液时应注意哪些问题？

（2）在进行离子交换操作时，如果流出液的流速过快，会产生什么影响？

（3）为什么交换前与交换洗涤后的流出液都要呈中性？

5.6　磺基水杨酸合铁（Ⅲ）配合物的组成及其稳定常数的测定

【实验目的】

（1）了解分光光度法测定配合物的组成及其稳定常数的原理和方法。

（2）学习分光光度计的使用方法。

【实验原理】

磺基水杨酸（结构式为 ，简写为 H_3R）与 Fe^{3+} 可以形成稳定的配合物。

所形成配合物的组成随 pH 值的不同而发生变化。在 pH＜4 时，形成 1∶1 型紫红色螯合物，配合反应为：

$$M + nL \Longrightarrow ML_n$$

该反应在 pH 值为 4～10 时生成 1∶2 型红色螯合物；在 pH 值为 10 左右时形成 1∶3 型黄色螯合物。本实验通过加入 $0.01\,mol \cdot L^{-1} HClO_4$，将 pH 值控制在 2.5 以下，测定 Fe^{3+} 与磺基水杨酸形成紫红色的磺基水杨酸合铁（Ⅲ）配离子的组成和稳定常数。

分光光度法是测定配合物组成的一种十分有效的方法。根据朗伯-比尔定律，溶液中有色物质对光的吸收程度 A 与液层厚度 b 和有色物质浓度 c 的乘积成正比，即：

$$A = \varepsilon b c$$

ε 为摩尔吸光系数，它是每种有色物质的特征常数。从上式可知，如果液层的厚度 b 不变，吸光度 A 只与有色物质的浓度 c 成正比。

设中心离子 M 和配体 L 反应，只生成一种配合物 ML_n（略去电荷），即：

$$M+nL \Longleftrightarrow ML_n$$

如果 M 和 L 都是无色的，而 ML_n 有色，则此溶液的吸光度与配合物的浓度成正比，测得此溶液的吸光度，即可求出该配合物的组成和稳定常数。

本实验采用等物质的量系列法进行测定。所谓等物质的量系列法，就是保持溶液中心离子 M 与配体 L 的总物质的量不变，改变 M 与 L 的相对量，配制系列溶液，测定其吸光度。

在这一系列溶液中，有一些溶液中的中心离子是过量的，而另一些溶液中的配体是过量的。在这两种情况下，配离子的浓度都不能达到最大值，只有当溶液中配体与中心离子的物质的量之比与配离子的组成一致时，配离子的浓度才能达到最大。由于中心离子和配体对光几乎不吸收，所以配离子浓度越大，吸光度也就越大。若以吸光度对中心离子的摩尔分数作图，则从图中最大吸收峰处可求得配离子的组成，见图 5-3。

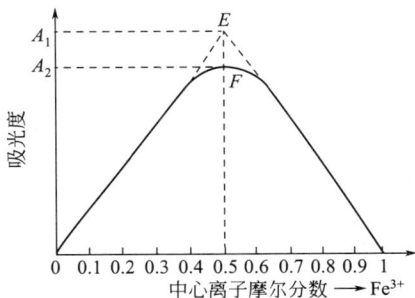

图 5-3　等物质的量系列法图示

设 M 和 L 全部形成了配合物 ML 时的最大吸光度值为 A_1，而由于 ML 发生部分解离而剩下的那部分配合物的吸光度值为 A_2，配合物 ML 的解离度 α 为：

$$\alpha = \frac{A_1 - A_2}{A_1}$$

对 1∶1 型配合物 ML，其稳定常数可由下列平衡关系求出：

$$ML \Longleftrightarrow M+L$$

平衡浓度　　　　　　　　　　　$c-c_\alpha$　c_α　c_α

$$K_稳 = \frac{[ML]}{[M][L]} = \frac{c-c_\alpha}{c_\alpha \cdot c_\alpha} = \frac{1-\alpha}{c_\alpha^2}$$

【实验用品】

（1）仪器　SP-2100 型分光光度计、移液管、容量瓶（100mL）、烧杯、洗耳球。

（2）试剂

$NH_4Fe(SO_4)_2$（$0.01mol \cdot L^{-1}$）　　磺基水杨酸（$0.01mol \cdot L^{-1}$）

$HClO_4$（$0.01mol \cdot L^{-1}$，将 4.4mL 70% $HClO_4$ 加入 50mL 水中，再稀释至 500mL）

【实验内容】

（1）溶液的配制

① 配制 $0.001mol \cdot L^{-1}$ Fe^{3+} 溶液。准确移取 10mL $0.01mol \cdot L^{-1}$ $NH_4Fe(SO_4)_2$ 溶液于 100mL 容量瓶中，用 $0.01mol \cdot L^{-1}$ $HClO_4$ 溶液稀释至刻度，振荡、摇匀，备用。

② 配制 $0.001mol \cdot L^{-1}$ 磺基水杨酸溶液。准确移取 10mL $0.01mol \cdot L^{-1}$ 磺基水杨酸溶液于 100mL 容量瓶中，用 $0.01mol \cdot L^{-1}$ $HClO_4$ 溶液稀释至刻度，振荡、摇匀，备用。

③ 配制系列溶液。按表 5-10 列出的体积，分别准确移取 $0.01mol \cdot L^{-1}$ $HClO_4$ 溶液、$0.001mol \cdot L^{-1}$ $NH_4Fe(SO_4)_2$ 溶液、$0.001mol \cdot L^{-1}$ 磺基水杨酸溶液，加入已编号的干燥小烧杯中，搅拌均匀。

（2）测定磺基水杨酸合铁（Ⅲ）溶液的吸光度　以蒸馏水为参比溶液，在 500nm 处，分别测定各溶液的吸光度 A。以配合物吸光度 A 为纵坐标、磺基水杨酸的摩尔分数为横坐标作图，从图中找出最大吸光度处，并计算出配合物的组成和稳定常数。

【数据记录与处理】

实验数据见表 5-10。

表 5-10　磺基水杨酸合铁（Ⅲ）溶液的吸光度

实验编号	$V_{0.01mol \cdot L^{-1}HClO_4}$/mL	$V_{0.001mol \cdot L^{-1}Fe^{3+}}$/mL	$V_{0.001mol \cdot L^{-1}磺基水杨酸}$/mL	磺基水杨酸摩尔分数	吸光度 A
1	10.00	10.00	0.00		
2	10.00	9.00	1.00		
3	10.00	8.00	2.00		
4	10.00	7.00	3.00		
5	10.00	6.00	4.00		
6	10.00	5.00	5.00		
7	10.00	4.00	6.00		
8	10.00	3.00	7.00		
9	10.00	2.00	8.00		
10	10.00	1.00	9.00		
11	10.00	0.00	10.00		

【思考题】

（1）用等物质的量系列法测定配合物组成时，为什么说溶液中的离子与配体的物质的量之比正好与配离子组成相同时，配离子的浓度最大？

（2）在测定吸光度时，如果温度变化较大，对测得的稳定常数有何影响？

（3）实验中，每个溶液的 pH 值是否一样？如不一样，对结果有何影响？

（4）为什么要用 $0.01mol \cdot L^{-1}$ HClO$_4$ 溶液作为溶剂来配制 $0.001mol \cdot L^{-1}$ NH$_4$Fe（SO$_4$）$_2$ 溶液和 $0.001mol \cdot L^{-1}$ 磺基水杨酸溶液？能否用蒸馏水来配制 NH$_4$Fe（SO$_4$）$_2$ 溶液和磺基水杨酸溶液？为什么？

第 **6** 章

综合及设计性实验

6.1 碳酸钠的制备及分析

【实验目的】

（1）学会利用各种盐类溶解度的差异并通过复分解反应来制取一种盐的方法。

（2）了解联合制碱法的反应原理。

（3）掌握碳酸钠含量的测定方法。

【实验原理】

碳酸钠又名苏打，工业上叫纯碱，用途广泛。工业上的联合制碱法是将二氧化碳和氨气通入氯化钠溶液中，生成碳酸氢钠，再在高温下灼烧，使它失去一部分二氧化碳，转化为碳酸钠。反应式如下：

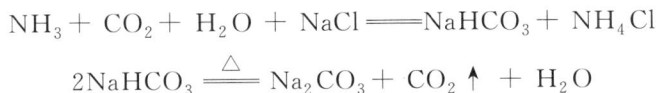

$$NH_3 + CO_2 + H_2O + NaCl \rightleftharpoons NaHCO_3 + NH_4Cl$$

$$2NaHCO_3 \stackrel{\triangle}{=\!=\!=} Na_2CO_3 + CO_2 \uparrow + H_2O$$

第一个反应实质上是 NH_4HCO_3 和 $NaCl$ 在水溶液中的复分解反应。在本实验中将直接用 NH_4HCO_3 和 $NaCl$ 作用来制取碳酸氢钠：

$$NH_4HCO_3 + NaCl \rightleftharpoons NaHCO_3 + NH_4Cl$$

NH_4HCO_3、$NaCl$、$NaHCO_3$、NH_4Cl 同时存在于水溶液中，是一个复杂的四元交互体系，它们在水溶液中溶解度互相影响。根据各纯净盐在不同温度下在水中溶解度的互相对比，可以粗略地判断出反应体系中分离几种盐的最佳条件和适宜操作步骤。各种纯净盐在水中的溶解度见表6-1。

表 6-1　$NaCl$ 等四种盐在不同温度下的溶解度 $[g \cdot (100g)^{-1} \; H_2O]$

温度/℃ 盐	0	10	20	30	40	50	60	70	80	90	100
$NaCl$	35.7	35.8	36.0	36.3	36.6	37.0	37.3	37.8	38.4	39.0	39.8
NH_4HCO_3	11.9	15.8	21.0	27.0	—	—	—	—	—	—	—
$NaHCO_3$	6.9	8.2	9.6	11.1	12.7	14.5	16.4	—	—	—	—
NH_4Cl	29.4	33.3	37.2	41.4	45.8	50.4	55.2	60.2	65.6	71.3	71.3

当温度超过 35℃，NH_4HCO_3 就开始分解，所以反应温度不能超过 35℃。但温度太低又影响了 NH_4HCO_3 的溶解度，故反应温度不宜低于 30℃。另外从表 6-1 可以看出，$NaHCO_3$ 在 30～40℃ 范围内溶解度在 4 种盐中是最低的，所以将研细的 NH_4HCO_3 固体溶于 NaCl 浓溶液中，充分搅拌，就可以析出 $NaHCO_3$ 晶体。经过滤、洗涤和干燥即可得到 $NaHCO_3$ 晶体。加热 $NaHCO_3$，其分解产物就是 Na_2CO_3。

【实验用品】

（1）仪器　台秤，电子天平，烧杯（250mL），量筒，研钵，锥形瓶，布氏漏斗，吸滤瓶，水循环真空泵，酸式滴定管，酒精喷灯，瓷坩埚，坩埚钳，泥三角。

（2）试剂

粗食盐水溶液（24%～25%）　　　　　$NH_4HCO_3(s)$

$NaOH(3mol·L^{-1})$　　　　　　　　　酚酞乙醇溶液（0.2%）

$Na_2CO_3(3mol·L^{-1})$　　　　　　　　甲基橙（0.1%）

HCl 标准溶液（$6mol·L^{-1}$）　　　　　pH 试纸

【实验内容】

（1）碳酸钠的制备

① 化盐与精制。向 250mL 烧杯中加入 25mL 24%～25% 的粗食盐水溶液，用 $3mol·L^{-1}$ NaOH 和 $3mol·L^{-1}$ Na_2CO_3 组成 1∶1（体积比）的混合溶液调到 pH=11 左右，得到大量胶状沉淀。加热至沸，减压过滤，分离沉淀。将滤液用 $6mol·L^{-1}$ HCl 溶液调至 pH=7。

② 转化。加热滤液，控制溶液温度在 30～35℃ 之间，在不断搅拌的情况下，分多次将 11g 研细的 NH_4HCO_3 加入滤液中，保温搅拌 30min，静置，减压过滤，得到 $NaHCO_3$ 晶体，用少量水洗涤两次，再抽干。

③ 制纯碱。将抽干的 $NaHCO_3$ 放入瓷坩埚中，在酒精喷灯上灼烧 1h，即得纯碱，冷却到室温，称重。

（2）碳酸钠含量的测定　　准确称取 3 份 0.25g 左右纯碱产品，分别放入锥形瓶中，用 100mL 蒸馏水溶解，加酚酞指示剂 2 滴，用已知准确浓度的盐酸标准溶液滴定至溶液由红色到近无色，记下所用盐酸的体积 V_1。再加两滴甲基橙指示剂，这时溶液为黄色。继续用上述盐酸标准溶液滴定，使溶液由黄至橙，加热煮沸 1～2min，冷却后，溶液又为黄色，再用盐酸滴定至橙色，0.5min 内不褪色为止。记下所用盐酸的总体积 V_2（V_2 包括 V_1）。根据滴定数据，计算出 Na_2CO_3 和 $NaHCO_3$ 的质量分数。最后计算纯碱的产率（理论产量按粗盐量的 90% 计算）。

【数据处理】

有关计算公式参见实验 4.4。

【思考题】

（1）为什么计算 Na_2CO_3 产率时要根据 NaCl 的用量？影响 Na_2CO_3 产率的因素有哪些？

（2）氯化钠不预先提纯将对产品有何影响？在该步骤中得到的沉淀主要是什么？为什么氯化钠中的硫酸根离子不要求预先除去？

6.2　硫酸亚铁铵的制备与含量测定

【实验目的】

(1) 练习水浴加热、常压过滤、减压过滤和蒸发浓缩等基本操作。

(2) 了解复盐制备的一般方法。

(3) 掌握重铬酸钾法测铁的原理和方法。

【实验原理】

铁与稀硫酸反应生成硫酸亚铁，将溶液加热浓缩后再冷至室温，过滤即可得到 $FeSO_4 \cdot 7H_2O$ 晶体（即绿矾）。$FeSO_4 \cdot 7H_2O$ 晶体在空气中会逐渐风化失去部分结晶水，也较易被氧化成黄褐色的碱式铁（Ⅲ）盐。

将等物质的量的硫酸亚铁与硫酸铵溶液混合，即生成溶解度较小的浅绿色复盐硫酸亚铁铵 $FeSO_4 \cdot (NH_4)_2SO_4 \cdot 6H_2O$，它比一般的亚铁盐稳定，常作亚铁试剂使用。

在酸性溶液中，硫酸亚铁铵中的亚铁可与 $K_2Cr_2O_7$ 定量反应，其反应式为：

$$Cr_2O_7^{2-} + 6Fe^{2+} + 14H^+ = 2Cr^{3+} + 6Fe^{3+} + 7H_2O$$

依据此反应，可以二苯胺磺酸钠为指示剂，用 $K_2Cr_2O_7$ 标准溶液滴定溶液中的亚铁，其终点时由绿色变为紫色或蓝紫色。根据 $K_2Cr_2O_7$ 溶液的体积和浓度计算试样中硫酸亚铁铵或 Fe^{2+} 的含量。

硫酸亚铁铵中 Fe^{2+} 的含量也可用 $KMnO_4$ 溶液滴定，其反应式为：

$$MnO_4^- + 5Fe^{2+} + 8H^+ = Mn^{2+} + 5Fe^{3+} + 4H_2O$$

【实验用品】

(1) 仪器　台秤，电子天平，烧杯，水浴锅，量筒，吸量管，比色管，锥形瓶（250mL），蒸发皿，表面皿，容量瓶（250mL），布氏漏斗，吸滤瓶，水循环真空泵。

(2) 试剂

铁屑	H_3PO_4（85%）
Na_2CO_3（10%）	二苯胺磺酸钠（0.2%）
H_2SO_4（$3mol \cdot L^{-1}$，$6mol \cdot L^{-1}$）	KSCN（25%）
$(NH_4)_2SO_4$（s）	HCl（$3mol \cdot L^{-1}$）
$K_2Cr_2O_7$ 标准溶液（$0.020mol \cdot L^{-1}$）	$FeSO_4 \cdot (NH_4)_2SO_4 \cdot 6H_2O$（A.R.）

【实验内容】

(1) 铁屑的预处理　称取 4g 铁屑于小烧杯中，加入 15mL 10% Na_2CO_3 溶液，水浴加热 10min。倾去溶液，并用水冲洗铁屑至中性。若为废白铁屑，则加 10mL $3mol \cdot L^{-1}$ 硫酸溶液（代替 Na_2CO_3 溶液）浸泡，直至铁屑由银白色变成灰色，以除去铁表面的锌层，然后倾去溶液，用水洗净铁屑。

(2) 硫酸亚铁的制备　将铁屑转入锥形瓶内，并向其中加入 30mL $3mol \cdot L^{-1}$ H_2SO_4 溶液，置于水浴上加热，使铁屑与 H_2SO_4 反应至气泡冒出速度很慢为止。反应过程中注意补充水分，保持溶液原有体积，以避免 $FeSO_4$ 析出。停止反应后，趁热减压过滤，用少量热水洗涤锥形瓶及铁屑残渣，及时将滤液转入蒸发皿中。收集铁屑残渣，用水洗净，用滤纸吸干后称重。根据已反应的铁屑量计算理论产量。

（3）硫酸亚铁铵的制备　根据上面反应消耗的铁的量，按 Fe 与 $(NH_4)_2SO_4$ 物质的量之比为 1:1 的比例，称取适量 $(NH_4)_2SO_4$ 固体，将其配成饱和溶液后加入到上述 $FeSO_4$ 溶液中。在水浴上蒸发浓缩至表面出现晶体薄膜为止。放置，让其自然冷却，然后减压过滤除去母液，将晶体转移至表面皿上，晾干，称重，计算产率。

（4）铁（Ⅲ）的限量分析

① 铁（Ⅲ）标准溶液的配制。称取 0.2158g $FeSO_4 \cdot (NH_4)_2SO_4 \cdot 6H_2O$ 于烧杯中，溶于少量水中，加 2mL 6mol·L^{-1} H_2SO_4，移入 250mL 容量瓶中，用水稀释至刻度。此溶液 $\rho(Fe^{3+}) = 0.1000g \cdot L^{-1}$。

② 标准色阶的配制。依次取 0.50mL、1.00mL、2.00mL 铁（Ⅲ）标准溶液分别置于 25mL 比色管中，各加入 2mL 3mol·L^{-1} HCl 和 1mL 25% KSCN 溶液，用去离子水稀释至刻度，摇匀，分别配制成相当于一级、二级、三级试剂的标准液。

三个不同等级 $FeSO_4 \cdot (NH_4)_2SO_4 \cdot 6H_2O$ 中 Fe^{3+} 含量，见表 6-2。

表 6-2　三个不同等级 $FeSO_4 \cdot (NH_4)_2SO_4 \cdot 6H_2O$ 中 Fe^{3+} 含量

产品级别	一级	二级	三级
含 Fe^{3+} 量/mg	0.05	0.1	0.2

③ 产品级别的确定。称取 1.0g 产品于 25mL 比色管中，用 15mL 去离子水溶解，再加入 2mL 3mol·L^{-1} HCl 和 1mL 25% 的 KSCN 溶液，加水稀释至 25mL，摇匀。与标准色阶进行目视比色，确定产品级别。

此产品分析方法是将成品配制成溶液与各标准溶液进行比色，以确定杂质含量范围。如果成品溶液的颜色不深于标准溶液，则认为杂质含量低于某一规定限度，所以这种分析方法称为限量分析。

（5）硫酸亚铁铵含量的测定　用差减法分别准确称取 0.7~0.9g（准确至 0.1mg） $FeSO_4 \cdot (NH_4)_2SO_4 \cdot 6H_2O$ 样品 3 份，分别放入 3 个 250mL 锥形瓶中，各加 20mL 3mol·L^{-1} H_2SO_4，100mL 水，滴加 6~8 滴二苯胺磺酸钠指示剂，摇匀后立即用 0.02mol·L^{-1} 的 $K_2Cr_2O_7$ 标准溶液滴定至溶液出现深绿色时，加 5.0mL 85% H_3PO_4，继续滴定至溶液变为紫色或蓝紫色即为终点。计算硫酸亚铁铵的含量。

【数据处理】

（1）理论产量和产率计算公式

$$m_{理论} = \frac{m(Fe)}{M(Fe)} \times M[FeSO_4 \cdot (NH_4)_2SO_4 \cdot 6H_2O]$$

式中　　　　　　　　$m_{理论}$——理论产量，g；

　　　　　　　　　　$m(Fe)$——称取铁屑的质量，g；

$M[FeSO_4 \cdot (NH_4)_2SO_4 \cdot 6H_2O]$——硫酸亚铁铵的摩尔质量，g·mol^{-1}；

　　　　　　　　　　$M(Fe)$——Fe 的摩尔质量，g·mol^{-1}。

$$产率 = \frac{m_{实际}}{m_{理论}} \times 100\%$$

(2) 硫酸亚铁铵含量计算公式

$$w[FeSO_4 \cdot (NH_4)_2SO_4 \cdot 6H_2O] =$$

$$\dfrac{6c(K_2Cr_2O_7)V(K_2Cr_2O_7)M[FeSO_4 \cdot (NH_4)_2SO_4 \cdot 6H_2O] \times 10^{-3}}{m[FeSO_4 \cdot (NH_4)_2SO_4 \cdot 6H_2O]} \times 100\%$$

式中　$w[FeSO_4 \cdot (NH_4)_2SO_4 \cdot 6H_2O]$ ——硫酸亚铁铵的质量分数；

$c(K_2Cr_2O_7)$ ——$K_2Cr_2O_7$ 标准溶液浓度，$mol \cdot L^{-1}$；

$V(K_2Cr_2O_7)$ ——消耗 $K_2Cr_2O_7$ 标准溶液体积，mL；

$M[FeSO_4 \cdot (NH_4)_2SO_4 \cdot 6H_2O]$ ——硫酸亚铁铵的摩尔质量，$g \cdot mol^{-1}$；

$m[FeSO_4 \cdot (NH_4)_2SO_4 \cdot 6H_2O]$ ——称取硫酸亚铁铵的质量，g。

【思考题】

(1) 在制备 $FeSO_4$ 时，是 Fe 过量还是 H_2SO_4 过量？为什么？

(2) 在铁与硫酸反应及蒸发浓缩溶液时，为什么采用水浴加热？浓缩 $FeSO_4 \cdot (NH_4)_2SO_4 \cdot 6H_2O$ 时能否浓缩至干，为什么？

(3) 用重铬酸钾溶液滴定硫酸亚铁铵时，为什么向溶液中加入 H_3PO_4 溶液？

6.3　五水合硫酸铜的制备及分析

【实验目的】

(1) 学习以废铜和工业硫酸为主要原料制备 $CuSO_4 \cdot 5H_2O$ 的原理和方法。

(2) 掌握并巩固无机制备过程中灼烧、水浴加热、减压过滤、结晶等基本操作。

(3) 进一步掌握间接碘量法测定铜的原理和方法。

(4) 了解化合物中结晶水含量测定的原理和方法。

(5) 初步了解热重、差热分析的原理和方法。

【实验原理】

$CuSO_4 \cdot 5H_2O$ 俗称蓝矾、胆矾或孔雀石，是蓝色透明三斜晶体，在空气中缓慢风化，易溶于水，难溶于无水乙醇。加热时失水，当加热至 258℃失去全部结晶水而成为白色无水 $CuSO_4$。无水 $CuSO_4$ 易吸水变蓝，利用此特性来检验某些液态有机物中微量的水。

$CuSO_4 \cdot 5H_2O$ 用途广泛，如用于棉及丝织品印染的媒染剂、农业的杀虫剂、水的杀菌剂、木材防腐剂、铜的电镀等。同时，还大量用于有色金属选矿（浮选）工业、船舶油漆工业及其他化工原料的制造。$CuSO_4 \cdot 5H_2O$ 的生产方法有多种，如电解液法、废铜法、氧化铜法、白冰铜法、二氧化硫法。工业上常用电解液法，方法是将电解液与铜粉作用后，经冷却结晶分离、干燥而制得。本实验选择以废铜和工业硫酸为主要原料制备 $CuSO_4 \cdot 5H_2O$ 的方法，先将铜粉灼烧成氧化铜，然后再将氧化铜溶于一定浓度的硫酸中。反应式如下：

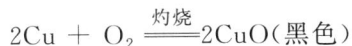

$$2Cu + O_2 \xrightarrow{\text{灼烧}} 2CuO(\text{黑色})$$

$$CuO + H_2SO_4 \longrightarrow CuSO_4 \cdot H_2O$$

由于废铜及工业硫酸不纯，制得的溶液中除生成硫酸铜外，还含有其他一些可溶性或不溶性的杂质。不溶性杂质在过滤时可除去，可溶性杂质有 Fe^{2+} 和 Fe^{3+}，一般需用氧化剂

（如 H_2O_2）将 Fe^{2+} 氧化为 Fe^{3+}，然后调节 pH，并控制至 pH 为 3～4（注意不要使溶液 pH$\geqslant$4，若 pH 值过大，会析出碱式硫酸铜的沉淀，影响产品的质量和产量），再加热煮沸，使 Fe^{3+} 水解成为 $Fe(OH)_3$ 沉淀而除去。反应式如下：

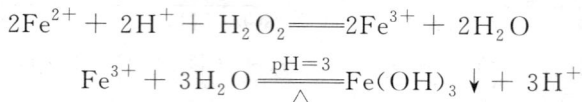

$$2Fe^{2+} + 2H^+ + H_2O_2 \Longrightarrow 2Fe^{3+} + 2H_2O$$

$$Fe^{3+} + 3H_2O \xrightarrow[\triangle]{pH=3} Fe(OH)_3 \downarrow + 3H^+$$

将除去杂质的 $CuSO_4$ 溶液进行蒸发，冷却结晶，减压过滤后得到蓝色 $CuSO_4 \cdot 5H_2O$。

【实验用品】

（1）仪器　台秤，电子天平，煤气灯，瓷坩埚，坩埚钳，泥三角，铁架台，布氏漏斗，吸滤瓶，循环水真空泵，烧杯，锥形瓶（250mL），量筒，蒸发皿，微机差热天平，研钵，干燥器，砂浴，温度计。

（2）试剂

铜粉（s）　　　　　　　　　　　　　　　$Na_2S_2O_3$ 标准溶液（$0.1mol \cdot L^{-1}$）

H_2O_2（3%）　　　　　　　　　　　　　　KI（s）

$K_3[Fe(CN)_6]$（$0.1mol \cdot L^{-1}$）　　　　　KSCN（10%）

$CuCO_3$ 粉末（s）　　　　　　　　　　　H_2SO_4（$1mol \cdot L^{-1}$，$3mol \cdot L^{-1}$）

pH 试纸　　　　　　　　　　　　　　　　淀粉溶液（0.5%）

【实验内容】

（1）氧化铜的制备　将洗净的瓷坩埚经充分灼烧干燥并冷却后，在台秤上称取 3.0g 废铜粉放入其内。将坩埚置于泥三角上，用煤气灯氧化焰小火微热，使坩埚均匀受热，待铜粉干燥后，加大火焰用高温灼烧，并不断搅拌，搅拌时必须用坩埚钳夹住坩埚，以免打翻坩埚或使坩埚从泥三角上掉落。灼烧至铜粉完全转化为黑色 CuO（约 20min），停止加热并冷却至室温。

（2）粗 $CuSO_4$ 溶液的制备　将冷却后的 CuO 倒入 100mL 小烧杯中，加入 18mL 3mol·L^{-1} H_2SO_4，微热使之溶解。

（3）$CuSO_4$ 溶液的精制　在粗 $CuSO_4$ 溶液中，滴加 2mL 3% H_2O_2，将溶液加热，检验溶液中是否还存在 Fe^{2+}（如何检验）。当 Fe^{2+} 完全氧化后，慢慢加入 $CuCO_3$ 粉末，同时不断搅拌直到溶液 pH=3，在此过程中，要不断地用 pH 试纸测试溶液的 pH，控制溶液 pH=3，再加热至沸（为什么？）趁热减压过滤，将滤液转移至洁净的烧杯中。

（4）$CuSO_4 \cdot 5H_2O$ 晶体的制备　在精制后的 $CuSO_4$ 溶液中，滴加 3mol·L^{-1} H_2SO_4 酸化，调节溶液至 pH=1 后，转移至洁净的蒸发皿中，水浴加热蒸发至液面出现晶膜时停止。在室温下冷却至晶体析出。然后减压过滤，晶体用滤纸吸干后，称重。计算产率。

（5）硫酸铜中铜含量的测定　准确称取 $CuSO_4$ 试样 0.5～0.6g 置于 250mL 锥形瓶中，加入 5mL 1mol·L^{-1} H_2SO_4 和 100mL 水使之完全溶解（或吸取相当量的 $CuSO_4$ 试液于锥形瓶，加水 25mL），加入 1.2g 固体 KI，立即用 $Na_2S_2O_3$ 标准溶液滴定至呈浅黄色。然后再加入 5mL 0.5% 淀粉溶液，继续滴至呈浅蓝色，再加入 10% KSCN 溶液 10mL，振摇数秒后，溶液又转为深蓝色，再用 $Na_2S_2O_3$ 标准溶液滴至蓝色恰好消失即为终点，此时溶液为米色或白色悬浮液。平行测定 3 次，计算试样的含铜量。

（6）重量分析法测定硫酸铜中结晶水

① 恒重坩埚。将一洗净的坩埚及盖置于泥三角上，用小火烘干，然后用氧化焰灼烧至红热（或在马弗炉中于 280℃灼烧 20min），将坩埚冷却至红热消失后，再用坩埚钳将其移入干燥器中，冷却至室温（注意：热坩埚放入干燥器以后，一定要在短时间内将干燥器的盖子打开 1~2 次，以免造成负压难以打开）。用电子天平称重。重复灼烧、冷却、称重，直至恒重。

② 水合硫酸铜的脱水。

a. 用台秤称取 1.5g 自制水合硫酸铜晶体，放入研钵中研细后用牛角勺将其转移至已恒重的坩埚中，均匀铺一层，用电子天平准确称量坩埚及水合硫酸铜的总质量，减去已恒重坩埚的质量，即为水合硫酸铜的质量。

b. 将已称量的内装水合硫酸铜晶体的坩埚置于砂浴中，使其 3/4 体积埋入砂内，再在靠近坩埚的砂中插入一支温度计（量程：0~500℃），其末端应与坩埚底部大致处于同一水平。

c. 加热砂浴至 210℃，然后慢慢升温至 280℃左右。当坩埚内粉末由蓝色全部变为白色时，停止加热（约需 15~20min）。以上脱水过程也可在马弗炉中进行。用干净的坩埚钳将坩埚移入干燥器内，冷却至室温。

d. 用干净滤纸碎片将坩埚外壁揩干净后，在电子天平上称量坩埚及脱水硫酸铜的总质量（注意称量时间不宜过长，否则无水硫酸铜会吸收空气中的水分使称量不准）。重复砂浴加热、冷却、称重，直至"恒重"（本实验要求两次称重之差≤1mg）。实验后将无水硫酸铜倒入回收瓶中。

将实验数据填入表 6-3 中。

表 6-3　水合硫酸铜的脱水

空坩埚质量/g			空坩埚＋硫酸铜样品的质量/g	加热后坩埚＋失水样品质量/g			$CuSO_4 \cdot 5H_2O$ 样品质量/g	样品中结晶水的质量/g
第一次称量	第二次称量	平均值		第一次称量	第二次称量	平均值		

③ 水合硫酸铜中结晶水的确定。由实验所得数据，计算每摩尔硫酸铜结晶水的物质的量，确定水合硫酸铜的化学式。

每摩尔硫酸铜中结晶水的物质的量：＿＿＿＿＿＿＿＿＿。

水合硫酸铜的化学式：＿＿＿＿＿＿＿＿＿＿＿＿＿。

【思考题】

（1）在粗 $CuSO_4$ 溶液中 Fe^{2+} 杂质为什么要氧化为 Fe^{3+} 后再除去？为什么要调节溶液的 pH＝3？pH 太大或太小有何影响？

（2）为什么要在精制后的 $CuSO_4$ 溶液中调节 pH＝1 使溶液呈强酸性？

（3）蒸发、结晶制备 $CuSO_4 \cdot 5H_2O$ 时，为什么刚出现晶膜即停止加热而不能将溶液蒸干？

（4）如何清洗坩埚中的残余物 Cu 和 CuO 等？

（5）固液分离有哪些方法？根据什么原则选择固液分离的方法？

6.4 高锰酸钾的制备及纯度分析

【实验目的】

(1) 学习碱溶法由二氧化锰制备高锰酸钾的基本原理和操作方法。

(2) 熟悉熔融、浸取，巩固过滤、结晶和重结晶等基本操作。

(3) 掌握锰的各种氧化态之间的相互转化关系。

(4) 掌握高锰酸钾纯度的测定方法。

【实验原理】

软锰矿的主要成分是二氧化锰。二氧化锰在较强氧化剂（如氯酸钾）存在下与碱共熔时，可被氧化成为锰酸钾：

$$3MnO_2 + KClO_3 + 6KOH \xrightarrow{\text{熔融}} 3K_2MnO_4（墨绿色）+ KCl + 3H_2O$$

熔块由水浸取后，随着溶液碱性降低，水溶液中的 MnO_4^{2-} 不稳定，发生歧化反应。一般在弱碱性或近中性介质中，歧化反应趋势较小，反应速率也较慢。但在弱酸性介质中，MnO_4^{2-} 易发生歧化反应，生成 MnO_4^- 和 MnO_2。如向含有锰酸钾的溶液中通 CO_2 气体，可发生如下反应：

$$3K_2MnO_4 + 2CO_2 \longrightarrow 2KMnO_4 + MnO_2 \downarrow + 2K_2CO_3$$

经减压过滤除去二氧化锰后，将溶液浓缩即可析出暗紫色的针状高锰酸钾晶体。

【实验用品】

(1) 仪器　台秤，酒精喷灯（或煤气灯），铁坩埚，铁棒（长 25cm），滴液漏斗（100mL），圆底烧瓶（500mL），坩埚钳，泥三角，玻璃砂芯漏斗，布氏漏斗，吸滤瓶，循环水真空泵，烘箱，蒸发皿，烧杯（250mL），表面皿。

(2) 试剂

MnO_2(s)	KOH(s)	$KClO_3$(s)	大理石（块）
草酸钠（s）	草酸（s）	工业盐酸	H_2SO_4（3 mol·L^{-1}）
8 号铁丝	pH 试纸		

【实验内容】

(1) 二氧化锰的熔融氧化　称取 2.5g $KClO_3$ 固体和 5.2g KOH 固体，放入铁坩埚中，用铁棒将物料混合均匀。将铁坩埚放在泥三角上，用坩埚钳夹紧，小火加热，边加热边用铁棒搅拌，待混合物熔融后，将 3.0g MnO_2 固体分多次，小心加入铁坩埚中，防止火星外溅。随着熔融物的黏度增大，用力加快搅拌以防其结块或粘在坩埚壁上。待反应物干涸后，提高温度，强热 5min，此时仍要适当翻动，得到墨绿色锰酸钾熔融物。用铁棒尽量捣碎。

(2) 浸取　待盛有熔融物的铁坩埚冷却后，用铁棒尽量将熔块捣碎，并将其侧放于盛有 100mL 蒸馏水的 250mL 烧杯中以小火共煮，直到熔融物全部熔解为止，小心用坩埚钳取出坩埚。

(3) 锰酸钾的歧化　趁热向浸取液中通二氧化碳气体（制备方法见实验 5.3 二氧化碳分子量的测定）至锰酸钾全部歧化为止[1]（可用玻璃棒蘸取溶液于滤纸上，如果滤纸上只有紫红色而无绿色痕迹，即表示锰酸钾已歧化完全，pH 在 10～11 之间），然后静置片刻，用玻璃砂芯漏斗抽滤。

（4）滤液的蒸发结晶　将滤液倒入蒸发皿中，蒸发浓缩至表面开始析出 $KMnO_4$ 晶膜为止，自然冷却晶体，然后抽滤，将高锰酸钾晶体抽干。

（5）高锰酸钾晶体的干燥　将晶体转移到已知质量的表面皿中，用玻璃棒将其分开。放入烘箱中（80℃为宜，不能超过 240℃）干燥 0.5h，冷却后称量，计算产率。

（6）纯度分析　实验室备有基准物质草酸、草酸钠及其他常用试剂，根据有关知识设计分析方案，确定所制备的产品中高锰酸钾的含量。

（7）锰各种氧化态间的相互转化（选做）　利用自制高锰酸钾晶体，如图所示设计实验，实现锰的各种氧化态之间的相互转化。写出实验步骤及有关反应的离子方程式。

$$KMnO_4 \rightleftharpoons K_2MnO_4$$
$$Mn^{2+} \rightleftharpoons MnO_2$$

【注释】

[1] 通 CO_2 过多，溶液的 pH 较低，溶液中会生成大量的 $KHCO_3$，而 $KHCO_3$ 的溶解度比 K_2CO_3 小得多，在溶液浓缩时，$KHCO_3$ 和 $KMnO_4$ 一起析出。

【思考题】

（1）为什么制备 K_2MnO_4 时要用铁坩埚而不用瓷坩埚？

（2）在 MnO_2 的熔融氧化过程中，为什么使用铁棒而不使用玻璃棒搅拌？而在 K_2MnO_4 的歧化过程中，要使用玻璃棒搅拌溶液，而不用铁棒？

（3）为了使 K_2MnO_4 发生歧化反应，能否用 HCl 代替 CO_2，为什么？

（4）由 K_2MnO_4 在酸性介质中歧化的方法来得到 $KMnO_4$ 的最大转化率是多少？还可采取何种实验方法提高锰酸钾的转化率？

附　一些化合物溶解度随温度的变化见表 6-4。

表 6-4　一些化合物溶解度随温度的变化

化合物 $s/g\cdot(100gH_2O)^{-1}$	$t/℃$										
	0	10	20	30	40	50	60	70	80	90	100
KCl	27.6	31.0	34.0	37.0	40.0	42.6	45.5	48.3	51.1	54.0	56.7
$K_2CO_3\cdot 2H_2O$	51.3	52.0	52.5	53.2	53.9	54.8	55.9	57.3	58.3	59.6	60.9
$KMnO_4$	2.8	4.4	6.4	9.0	12.56	16.89	22.2	—	—	—	—

6.5　三草酸根合铁（Ⅲ）酸钾的制备及表征

【实验目的】

（1）进一步掌握无机制备的基本操作。

（2）学习用滴定分析法确定配合物的组成。

（3）了解离子交换法测定配离子电荷的方法。

（4）了解配合物的红外光谱分析表征方法。

【实验原理】

Fe 与稀 H_2SO_4 溶液反应可制得 $FeSO_4 \cdot 7H_2O$ 晶体。$FeSO_4 \cdot 7H_2O$ 与 $H_2C_2O_4$ 溶液反应又可得 $FeC_2O_4 \cdot 2H_2O$ 沉淀。在过量 $C_2O_4^{2-}$ 存在情况下，用 H_2O_2 氧化 $FeC_2O_4 \cdot 2H_2O$ 即可制得三草酸根合铁（Ⅲ）酸钾配合物。加入 C_2H_5OH 即析出 $K_3[Fe(C_2O_4)_3] \cdot 3H_2O$ 晶体。有关反应式：

$$Fe + H_2SO_4 \Longrightarrow FeSO_4 + H_2 \uparrow$$

$$FeSO_4 + H_2C_2O_4 + 2H_2O \Longrightarrow FeC_2O_4 \cdot 2H_2O \downarrow + H_2SO_4$$

$$2FeC_2O_4 \cdot 2H_2O + H_2O_2 + 3K_2C_2O_4 + H_2C_2O_4 \Longrightarrow 2K_3[Fe(C_2O_4)_3] \cdot 3H_2O + H_2O$$

$K_3[Fe(C_2O_4)_3] \cdot 3H_2O$ 为绿色单斜晶体，水中溶解度 0℃时为 $4.7g \cdot 100g^{-1}$，100℃时为 $118g \cdot 100g^{-1}$，难溶于 C_2H_5OH。100℃时脱去结晶水，230℃时分解。

结晶水的含量可通过重量分析法测定，K^+ 含量可通过电位分析法测定。

配离子的组成可通过化学分析确定。其中 $C_2O_4^{2-}$ 含量可直接由 $KMnO_4$ 标准溶液在酸性介质中滴定测定。Fe^{3+} 含量则可先用过量 Zn 粉将其还原为 Fe^{2+} 离子，然后再用 $KMnO_4$ 标准溶液滴定而测得。有关反应式为：

$$5C_2O_4^{2-} + 2MnO_4^- + 16H^+ \Longrightarrow 10CO_2 \uparrow + 2Mn^{2+} + 8H_2O$$

$$5Fe^{2+} + MnO_4^- + 8H^+ \Longrightarrow 5Fe^{3+} + Mn^{2+} + 4H_2O$$

【实验用品】

（1）仪器　锥形瓶（250mL），烧杯（50mL，100mL），热滤漏斗，吸滤瓶，布氏漏斗，量筒（10mL，50mL），容量瓶（100mL）托盘天平，电子分析天平，酸式滴定管（50mL），离子计，钾离子选择电极，氯离子选择电极，饱和甘汞电极，红外光谱仪。

（2）试剂

$NaCO_3$（20%）	Zn 粉
H_2SO_4（$3mol \cdot L^{-1}$,$6mol \cdot L^{-1}$）	强碱性阴离子交换树脂
$K_2C_2O_4$（饱和）	$AgNO_3$（$0.1mol \cdot L^{-1}$）
H_2O_2（3%）	KNO_3（$1mol \cdot L^{-1}$）
C_2H_5OH（95%）	HCl（$1mol \cdot L^{-1}$）
$H_2C_2O_4$（$1mol \cdot L^{-1}$）	$(NH_4)_2Fe(SO_4)_2 \cdot 6H_2O$
$KMnO_4$ 标准溶液（$0.02mol \cdot L^{-1}$）	$FeC_2O_4 \cdot 2H_2O$
Fe 屑	

【实验内容】

（1）三草酸根合铁（Ⅲ）酸钾的制备　称取 6g Fe 屑放入锥形瓶中，加 20mL 20% Na_2CO_3 溶液，小心加热 10min，倒出碱液，用 H_2O 洗涤 2～3 次，再加 25mL $6mol \cdot L^{-1}$ H_2SO_4 溶液，水浴加热至几乎不再产生气体（约 40 min）[1]。水温应控制在 80～90℃，反应过程中要适当补加 H_2O，以保持原体积[2]。趁热过滤，冷却结晶，抽滤至干，称量。

称取 4g 自制的 $FeSO_4 \cdot 7H_2O$ 晶体放入烧杯中，加 15mL H_2O 和 1mL 3 mol·L^{-1} H_2SO_4 溶液，加热溶解，再加 25mL 1mol·L^{-1} $H_2C_2O_4$ 溶液，搅拌并加热至沸，静置得 $FeC_2O_4 \cdot 2H_2O$ 沉淀，倒出上层清液，加 20mL 蒸馏水，搅拌并温热，静置后倾出上层清液。

在上述沉淀中加入 10mL 饱和 $K_2C_2O_4$ 溶液，水浴加热至 40℃，缓慢滴加 20mL 3% H_2O_2 溶液，搅拌并保温在 40℃左右［此时有 $Fe(OH)_3$ 沉淀产生］。滴加完 H_2O_2 后，加热溶液至沸，再加 8mL 1 mol·L^{-1} $H_2C_2O_4$（先加 5mL，然后慢慢滴加其余 3mL），并一直保持溶液至沸。趁热过滤[3]，在滤液中加 10mL 95% C_2H_5OH，温热使可能生成的晶体溶解。冷却结晶，抽滤至干[4]，称量。晶体置干燥器内避光保存。

（2）产品化学式的确定

① 结晶水的测定。精确称取 0.5～0.6g 已干燥的产物，分别放入 2 个已干燥至恒重的洁净的瓷坩埚中，并置于烘箱中。在 110℃干燥 1h，再在干燥器中冷却至室温，称重。重复干燥、冷却、称量等操作直至恒重。根据称量结果，计算结晶水的质量。

② $C_2O_4^{2-}$ 的测定。称取 0.15～0.20g（准至 0.1mg）自制的三草酸根合铁（Ⅲ）酸钾晶体于锥形瓶中，加入 30mL 蒸馏水和 10mL 3mol·L^{-1} H_2SO_4 溶液溶解。

在锥形瓶中先滴加 10mL 0.02 mol·L^{-1} $KMnO_4$ 标准溶液[5]，加热至溶液褪色再继续用 $KMnO_4$ 标准溶液滴定温热溶液至粉红色（0.5min 内不褪色）。记录 $KMnO_4$ 标准溶液的用量。保留滴定后的溶液，用作 Fe^{3+} 离子的测定。平行测定 2～3 次。

③ Fe^{3+} 的测定。将上述滴定后溶液加热近沸，加入半药匙 Zn 粉，直至溶液的黄色消失。用短颈漏斗趁热将溶液过滤于另一锥形瓶中，再用 5mL 蒸馏水通过漏斗洗涤残渣一次，洗涤液与滤液合并收集于同一锥形瓶中。最后用 $KMnO_4$ 标准溶液滴定至溶液呈粉红色。记录 $KMnO_4$ 标准溶液的用量。平行测定 2～3 次。

④ 配合物中钾含量的测定。将钾电极作指示电极，饱和甘汞电极作参比电极接到离子计上，用蒸馏水将钾电极洗至基本不变的负电位，用干净滤纸将电极表面的水吸干后分别测定 1×10^{-5} mol·L^{-1}、1×10^{-4} mol·L^{-1}、1×10^{-3} mol·L^{-1}、1×10^{-2} mol·L^{-1}、1×10^{-1} mol·L^{-1} KCl 标准溶液的电位，测定的顺序必须从稀到浓，每次测定前不必再用蒸馏水洗，只要用滤纸将电极表面吸干，注意电极表面不能有气泡，否则会影响电位值。全部测完后将电极浸在蒸馏水中，放入搅拌子在电磁搅拌器上搅拌几分钟，再换上干净的蒸馏水后继续清洗，直到静止后，测得电位与未测钾标准液前有相同或相近的值。

在 150mL 的干烧杯中，注入 100.0mL 样品溶液，测定电位 E_1，再用吸量管注入 1.0mL（计为 V_s）的 0.1mol·L^{-1}（计为 c_s）KCl 标准溶液，搅拌 1 min，静止 2min 后测定电位 E_2，由测定的电位再计算样品中的钾含量（计为 c_x）。

a. 根据下面公式计算不同浓度的 KCl 溶液中 K^+ 的活度系数

$$\lg\gamma(K^+) = \frac{-0.51\sqrt{I}}{1+1.30\sqrt{I}} + 0.06\sqrt{I}$$

$$I = \frac{1}{2}\sum c_i Z_i^2$$

式中，I 为离子强度；c_i 为有关离子的浓度；Z_i 为有关离子的电荷。

b. 按 $\alpha = c\gamma$ 计算活度，以 $-\lg\alpha$（K^+）为横坐标，相应的测定电位 E 为纵坐标作图，将各点连成一条平滑的曲线，计算直线部分的斜率 S。或根据以下公式近似计算。

$$S = \frac{2.303RT}{zF}$$

c. 将实验测得的 ΔE，S 以及已知的浓度增量 c_Δ 代入下式，即可求出溶液的浓度 c_x，从而确定在配合物中钾的百分含量。

$$c_x = \frac{c_\Delta}{10^{\pm\Delta E/S}-1}, c_\Delta = \frac{c_s V_s}{V_x}$$

根据实验结果，计算三草酸根合铁（Ⅲ）酸钾产物中结晶水、$C_2O_4^{2-}$、Fe^{3+} 和 K^+ 的含量，再进一步推出产物的化学式。

（3）配离子电荷测定

① 树脂的预处理及装柱。将市售的强碱性阴离子交换树脂用水多次洗涤，除去可溶性杂质，并在去离子水中浸泡数小时至一天，使其充分膨胀（使用新树脂可按产品使用说明书的要求进行预处理）。为使其转变为氯型，用 5 倍于树脂体积的 $1\,mol \cdot L^{-1}$ HCl 进行交换处理，最后用去离子水洗涤数次。

将处理过的树脂和水一起装入离子交换柱中，树脂层高度约 15～20cm，并使水面略高于树脂层，注意排除树脂及系统中的气泡。

用去离子水淋洗交换柱，用 $AgNO_3$ 溶液检查流出液（在试管中取少量试液），当仅出现轻微浑浊（留做以后比较使用），即可认为基本淋洗干净，用螺旋夹夹紧交换柱下端的出水口。

② 离子交换。在分析天平上准确称取 0.15～0.20g 自制的 $K_3[Fe(C_2O_4)_3] \cdot 3H_2O$，加入 5mL 去离子水溶解。将其转移（可分次转移）至交换柱内，同时松开交换柱下部的螺旋夹并调节交换柱流出液的速度为 $2mL \cdot min^{-1}$。交换后的溶液收集在 100mL 的容量瓶中，待交换柱内的液面与树脂床高齐平时，用 5mL 洗过小烧杯的去离子水洗涤树脂床，如此重复洗涤 2～3 次后，可直接用洗瓶的去离子水将管壁上残留的溶液冲洗下去（洗涤时每次用水量要少，且前一次洗涤的液面与树脂层齐平时再洗两次）。待收集的流出液约 60mL 时，用 $AgNO_3$ 溶液检查流出液，当仅出现轻微浑浊时（与 1 中留做比较使用的溶液进行对照），即可停止淋洗。在容量瓶中加入 $1mol \cdot L^{-1}$ 的 KNO_3 10.0mL，再用水将容量瓶内的溶液稀释至刻度，摇匀，待下一步测定氯离子的浓度。

树脂回收，集中再生处理（可用数倍树脂体积的 $1mol \cdot L^{-1}$ HCl，分多次浸泡处理，或在交换柱中再生数小时；也可用高氯酸及盐酸溶液再生）。

③ 氯离子浓度的测定。

a. KCl 标准系列的配制。洗净四个 100mL 容量瓶并编号，按照表 6-5 的用量配制氯离子标准系列溶液（离子强度基本相同）各 100.00mL。

表 6-5 　Cl^- 浓度的测定

编　　号	1	2	3	4
$0.1000mol \cdot L^{-1}$ KCl 取用量/mL	1.00	5.00	10.00	50.00
$1mol \cdot L^{-1}$ KNO_3 取用量/mL	10.0	10.0	9.0	5.0

b. 测定 KCl 标准系列平衡电动势值，绘制 E-$\lg c$（Cl^-）工作曲线：将配制的 KCl 标准系列溶液，分别倒入四个 50mL 烧杯中（先用少量被测液冲洗干净的烧杯三次），按氯离子浓度由稀到浓的次序，用离子计（并安装氯离子选择电极和饱和甘汞电极）测定其平衡电动势值。

记录测定数据于表 6-6。

表 6-6　测定 KCl 标准系列平衡电动势值

编　号	1	2	3	4	待测
溶液 Cl^- 浓度/mol·L^{-1}					
溶液的电势 E /mV					

c. 将由 b. 得到的待测未知 Cl^- 浓度的溶液，按照上述步骤测定其平衡电势值，并记录测定的数据。

④ 数据处理。

a. 绘制工作曲线：在坐标纸上以电动势值 E 为纵坐标，以 $\lg c$（Cl^-）为横坐标绘制 E-$\lg c$（Cl^-）工作曲线。

b. 根据所测样品的电动势值，由工作曲线求得 Cl^- 浓度，并计算由树脂交换出的 Cl^- 物质的量。进一步推算出配离子的电荷数。

（4）配合物的红外光谱测定

测定重结晶的配合物的红外光谱，由样品所测得的红外光谱图根据基团的特征频率说明样品中所含的基团。

【注释】

[1] 由于 Fe 屑中常含有 P、S、As 等元素，与酸反应时将会产生有毒气体，故反应最好在通风橱内进行。

[2] 如温度过高，水分损失太多，则形成白色片状的 $FeSO_4 \cdot 7H_2O$ 沉淀。同时，因浓度太高，在过滤时会在过滤器内析出 $FeSO_4 \cdot 7H_2O$ 晶体。但补加水分不可过多，否则将无 $FeSO_4 \cdot 7H_2O$ 结晶析出。

[3] 若无沉淀，可不过滤，直接在溶液中加 C_2H_5OH 溶液。

[4] 若需马上使用晶体做下步实验，抽滤时可用 C_2H_5OH 洗涤晶体 2～3 次，再用电吹风吹干即可。

[5] $KMnO_4$ 标准溶液应提前标出准确浓度。

【思考题】

（1）测定 $C_2O_4^{2-}$ 的计算公式是什么？怎样确定 $C_2O_4^{2-}$ 的配位数？

（2）测定 Fe^{3+} 时，当 $KMnO_4$ 标准溶液逐滴加入时，待滴定液的颜色为什么逐渐变黄？

（3）根据实验情况，请你谈谈实验成败的关键是什么？

6.6 三氯化六氨合钴（Ⅲ）的制备及组成分析

【实验目的】

（1）掌握三氯化六氨合钴（Ⅲ）制备方法及其组成的测定。

（2）了解钴（Ⅱ）、钴（Ⅲ）化合物的性质。

【实验原理】

在水溶液中，电极反应 $[Co(H_2O)_6]^{3+} + e^- \longrightarrow [Co(H_2O)_6]^{2+}$ 的 $\phi^\ominus(Co^{3+}/Co^{2+}) = 1.84V$，所以在一般情况下，$Co(Ⅱ)$ 在水溶液中是稳定的，不易被氧化为 $Co(Ⅲ)$。但在有配合剂氨水存在时，由于形成相应的配合物 $[Co(NH_3)_6]^{3+}$，可使电极电位降低，因此 $Co(Ⅱ)$ 容易被氧化为 $Co(Ⅲ)$ 配合物。本实验采用 H_2O_2 作氧化剂，在大量氨和氯化铵存在下，选择活性炭作为催化剂，将 $Co(Ⅱ)$ 氧化为 $Co(Ⅲ)$，制备三氯化六氨合钴（Ⅲ）配合物，其反应式为：

$$2[Co(H_2O)_6]Cl_2 + 10NH_3 + 2NH_4Cl + H_2O_2 \xrightarrow{活性炭} 2[Co(NH_3)_6]Cl_3 + 14H_2O$$

将产物溶解在酸性溶液中以除去其中混有的催化剂，抽滤除去活性炭，然后在较浓的盐酸存在下使产物结晶析出。

三氯化六氨合钴（Ⅲ）为橙黄色单斜晶体。钴（Ⅱ）与氯化铵和氨水作用，经氧化后一般可生成三种产物：紫红色的二氯化一氯五氨合钴（$[Co(NH_3)_5Cl]Cl_2$）晶体、砖红色的三氯化五氨一水合钴（$[Co(NH_3)_5H_2O]Cl_3$）晶体、橙黄色的三氯化六氨合钴（$[Co(NH_3)_6]Cl_3$）晶体。控制不同的条件可得不同的产物。本实验如果温度控制不好，很可能有紫红色或砖红色产物出现。293K 时，$[Co(NH_3)_6]Cl_3$ 在水中的溶解度为 $0.26mol\cdot L^{-1}$，$K^\ominus_{不稳} = 2.2 \times 10^{-34}$，在过量强碱存在且煮沸的条件下会按如下形式分解：

$$2[Co(NH_3)_6]Cl_3 + 6NaOH \xrightarrow{煮沸} 2Co(OH)_3 + 12NH_3\uparrow + 6NaCl$$

由该反应可以测定三氯化六氨合钴中氨、氯、钴的含量，从而确定配合物的组成。

【实验用品】

（1）仪器　台秤，电子天平，抽滤装置，酸式滴定管（50mL），安全漏斗，水浴锅，烧杯，磁天平，锥形瓶（100mL，250mL），碘量瓶（250mL），量筒（10mL，100mL），温度计等。

（2）试剂

$CoCl_2\cdot 6H_2O(s)$	$K_2CrO_4(5\%)$
$NH_4Cl(s)$	$NH_3\cdot H_2O$（浓）
$KI(s)$	$NaOH(30\%)$
活性炭	$HNO_3(6mol\cdot L^{-1})$
$HCl(6mol\cdot L^{-1}$，浓）	冰
HCl 标准溶液（$0.1000mol\cdot L^{-1}$）	淀粉溶液（1%）
$H_2O_2(15\%)$	硼酸（2%）
$Na_2S_2O_3$ 标准溶液（$0.1000mol\cdot L^{-1}$）	亚甲基蓝-甲基红混合指示剂
$AgNO_3$ 标准溶液（$0.1000mol\cdot L^{-1}$）	乙醇
	$Ni(en)_3S_2O_3$

【实验内容】

（1）三氯化六氨合钴（Ⅲ）的合成 称取 6.0g $CoCl_2 \cdot 6H_2O$ 和 4.0g NH_4Cl 置于 100mL 锥形瓶中，加入 10mL 水温热溶解，然后加入 0.1～0.2g 活性炭。冷却后加 14mL 浓 $NH_3 \cdot H_2O$，进一步冷至 283K 以下，缓慢加入 15mL 15％的 H_2O_2，在水浴上加热至 333K，恒温 20min 并搅拌使之受热均匀，反应充分。用冰水冷至 275K 左右抽滤，将沉淀转移到盛有 50mL 沸水的烧杯中，加 2mL 浓盐酸使之溶解，溶解完全后趁热过滤，弃去固体（活性炭），用冰水冷却滤液并向其中慢慢加入 7mL 浓盐酸，使滤液温度保持在 275K 左右，然后迅速抽滤。为提高产率可反复冷却、抽滤，用少量乙醇洗涤晶体，晶体于 378K 下烘干，冷却称量，计算产率。

（2）三氯化六氨合钴（Ⅲ）组成的测定

① 氨的测定。准确称取 0.1～0.2g 自制的三氯化六氨合钴（Ⅲ），放入 250mL 锥形瓶中，加入 90mL 水使之溶解，再加入 10mL 30％ NaOH 溶液，即得样品溶液。用移液管移取 2％硼酸 10mL 再加 30mL 蒸馏水于另一锥形瓶中，再加 2 滴亚甲基蓝-甲基红混合指示剂，并将锥形瓶置于冰水浴中，作为接收器。系统装置如图 6-1 所示，固定安全漏斗下端的小试管内盛有约 3mL 30％NaOH 溶液，保证在整个实验过程使漏斗柄下端浸入试管中液面约 2～3cm，试管口塞子上的另一连通孔使试管内与锥形瓶相通，塞紧锥形瓶口，将氨导气管插入

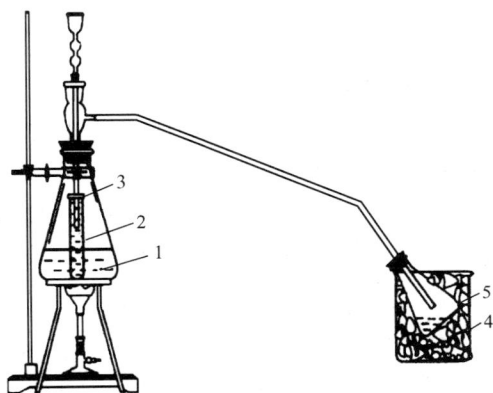

图 6-1 蒸氨装置

1—样品液；2—30％的 NaOH 溶液；3—切口橡胶塞；4—冰浴；5—2％硼酸溶液＋混合指示剂

接收器底部。检查装置的气密性，符合要求后，加热样品溶液，开始可用大火，反应液沸腾后，接收瓶内溶液颜色由紫色变为绿色。改为小火加热，并保持微沸状态半小时左右即可将溶液中的氨全部蒸出，停止加热，用少量蒸馏水洗冰浴瓶中的导管内外，洗液流入冰浴瓶内。用 $0.1000mol \cdot L^{-1}$ 的 HCl 标准溶液滴定接收瓶中收集的氨量，直至溶液由绿色变回浅紫色为终点。

② 氯的测定。准确称取 0.2g 的自制配合物两份，置于 250mL 锥形瓶中，分别加入 25mL 蒸馏水，配成试样液。然后在每一份中加入 $6mol \cdot L^{-1}$ 的 HNO_3 和 1mL 5％的 K_2CrO_4，以 $0.1000mol \cdot L^{-1}$ 的 $AgNO_3$ 标准溶液滴定至出现淡红棕色不消失即为终点。

③ 钴的测定（碘量法）。用电子天平准确称取约 0.2g 自制配合物样品于 250mL 碘量瓶中，加 20mL 水，3mL30％NaOH 溶液，置于电炉微沸加热至无氨气放出（用 pH 试纸检验）。冷却至室温后加入 20mL 水，再加入 1g KI 固体，15mL $6mol \cdot L^{-1}$HCl 溶液。立即盖上碘量瓶瓶盖。充分摇荡后，在暗处反应 10min。用 $0.1000mol \cdot L^{-1}$ $Na_2S_2O_3$ 标准溶液滴至浅黄色时，再加入 2mL1％淀粉溶液，继续滴至溶液为粉红色即为终点，平行测定两次，计算钴的百分含量。

④ 根据上述三种分析结果写出产品的化学式。

【思考题】

（1）制备过程中，在水浴上加热 20min 的目的是什么？能否加热至沸腾？

(2) 制备过程中为什么要加入 7mL 浓盐酸？

(3) 在用 HCl 滴定氨含量时，为何用混合指示剂？

(4) 要使 $[Co(NH_3)_6]Cl_3$ 合成产率高，你认为哪些步骤是比较关键的？为什么？

6.7　顺-K[Cr(C₂O₄)₂(H₂O)₂]·2H₂O 的合成与组成分析

【实验目的】

(1) 了解顺-$K[Cr(C_2O_4)_2(H_2O)_2]$·$2H_2O$ 的制备方法及有关分析方法。

(2) 加深对配位化合物顺反异构体性质的了解。

【实验原理】

$K_2Cr_2O_7$ 和 $H_2C_2O_4$·$2H_2O$ 发生氧化还原反应，随反应条件及 $C_2O_4^{2-}$ 浓度的不同，可以生成如下不同的配合物。

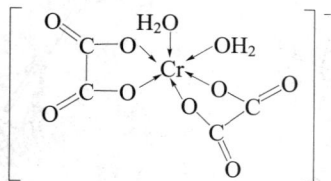

顺-$K[Cr(C_2O_4)_2(H_2O)_2]$·$2H_2O$

（紫蓝色晶体）的配离子结构

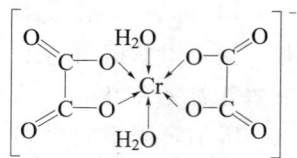

反-$K[Cr(C_2O_4)_2(H_2O)_2]$·$2H_2O$

（玫瑰紫色）的配离子结构

在水溶液中，顺、反式配合物共存并达平衡，温度升高有利于生成顺式配合物。顺式配合物易溶于水，而反式配合物的溶解度比顺式配合物小得多。在稀氨水中都形成相应的碱式盐 $K[Cr(C_2O_4)_2(OH)H_2O]$。

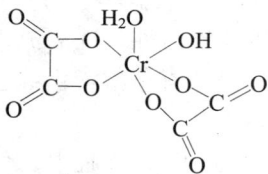

顺-$K[Cr(C_2O_4)_2(OH)H_2O]$

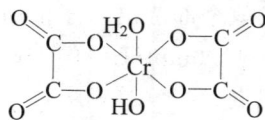

反-$K[Cr(C_2O_4)_2(OH)H_2O]$

其中顺式配合物溶于水成墨绿色溶液，反式配合物为浅棕色不溶物。

本实验利用顺、反异构体溶解度的不同，由 $K_2Cr_2O_7$ 和 $H_2C_2O_4$·$2H_2O$ 在水的催化下直接进行固相反应，再从非水溶剂中析出顺式配合物晶体。

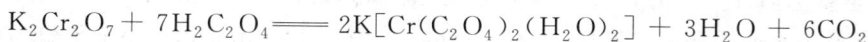

$$K_2Cr_2O_7 + 7H_2C_2O_4 \Longrightarrow 2K[Cr(C_2O_4)_2(H_2O)_2] + 3H_2O + 6CO_2$$

两种异构体中配体对中心离子 d 电子的影响不同，使 d 轨道的分裂能不相等。顺式配合物的分裂能（$\Delta_0 = 17700cm^{-1}$）小于反式配合物（$\Delta_0 = 18800cm^{-1}$）。

电解质溶液的摩尔电导率 Λ_m 与电解质溶液的稀度（浓度的倒数 $1/c$）及离子的电荷数有关。25℃时，各种类型的离子化合物在稀度为 1024 时的摩尔电导率（以 Λ_{1024} 表示，单位为 $S·m^2·mol^{-1}$）大致范围如表 6-7 所示。

表 6-7　化合物类型与摩尔电导率

化合物类型	MA	MA_2、M_2A	MA_3、M_3A	MA_4、M_4A
$\Lambda_{1024}(\times 10^{-4})/(\text{S}\cdot\text{m}^2\cdot\text{mol}^{-1})$	118~131	235~273	408~442	523~553

由电导率仪测得稀度（$1/c$）为 1024 时的电导率（κ），再按 $\Lambda_m = 1000\kappa/c$ 求出摩尔电导率（Λ_m），对照表 6-7，就可确定离子化合物的类型。

【实验用品】

（1）仪器　台秤，电子天平，分光光度计，电导率仪（铂黑电极），烘箱，显微镜，布氏漏斗，吸滤瓶，循环水真空泵，容量瓶（50mL，100mL），吸量管，量筒，研钵表面皿，蒸发皿，烧杯，水浴锅。

（2）试剂

$K_2Cr_2O_7$（s，A.R.）　　　　$H_2C_2O_4\cdot2H_2O$（s，A.R.）　　　　无水乙醇（A.R.）

$NH_3\cdot H_2O$（$2\text{mol}\cdot\text{L}^{-1}$）

【实验内容】

（1）配合物的合成　称取已研细的 $H_2C_2O_4\cdot2H_2O$ 3g 和 $K_2Cr_2O_7$ 1g，混合均匀后在干燥的蒸发皿中堆成锥形。在锥体顶部用玻璃棒压出一个小坑，向坑内加一滴水，盖上表面皿微微加热，立即发生激烈的反应，并有 CO_2 气体放出，反应物变成深紫色的黏稠液体。反应结束后立即向蒸发皿中加入 20mL 无水乙醇，在水浴上微微加热，并用玻璃棒不断搅拌，使其成为微晶体。若一次不行，可倾出液体，再加入等量的无水乙醇，重复上面的操作，直到全部变成微晶体。抽滤，晶体在 60℃ 下烘干，称量。

（2）离子类型的测定（电导率法）

① 配制稀度 $1/c = 1024\ \text{L}\cdot\text{mol}^{-1}$ 的样品溶液 50mL。在电子天平上准确称取 0.3g 左右的产品（设为 m），用水溶解后，移入 100mL 容量瓶，稀释至刻度，摇匀备用（设为溶液 1，浓度为 c_1）。其中：

$$c_1 = \frac{m}{M} \times \frac{1000}{100}(\text{mol}\cdot\text{L}^{-1})$$

式中，M 为 $K[Cr(C_2O_4)_2(H_2O)_2]\cdot2H_2O$ 的摩尔质量，$M = 339\text{g}\cdot\text{mol}^{-1}$。

按下式计算配制稀度 $1/c = 1024\text{L}\cdot\text{mol}^{-1}$ 的溶液 50mL（设为溶液 2，浓度为 c_2）时，所需溶液 1 的体积 V_1 为：

$$V_1 = \frac{c_2}{c_1} \times 50.00 = \frac{M \times 50.00 \times 100}{m \times 1024 \times 1000}(\text{mL})$$

用吸量管从 100mL 容量瓶中量取 V_1（mL）溶液于 50mL 容量瓶中，稀释至刻度，摇匀。即得稀度 $1/c = 1024\text{L}\cdot\text{mol}^{-1}$ 的溶液。

② 将 50mL 容量瓶中溶液倒入洁净、干燥的小烧杯中，用电导率仪测定样品溶液的电导率 κ。

（3）配合物的性质试验

① 观察晶体颜色，并在显微镜下观察晶体形状。

② 用 $2\text{mol}\cdot\text{L}^{-1}$ 氨水溶解少量晶体，观察溶解程度和溶液颜色。

③ $[Cr(C_2O_4)_2(H_2O)_2]^-$ 配离子分裂能的测定。配离子的分裂能可从电子光谱数据获得。以水为参比溶液，测定实验内容（2）中所配样品溶液在波长 $\lambda = 530 \sim 600nm$ 区间的吸光度（A）。

【数据记录与处理】

① 产品质量 $m = $ _____ g；产品颜色 _____；产品形状 _____；

② 产品在 $2mol \cdot L^{-1}$ 氨水中溶解程度 _____；溶液颜色 _____；

③ 溶液在波长 $\lambda = 530 \sim 600nm$ 区间的吸光度（A）填入表 6-8。

表 6-8　测定溶液吸光度数据

波长 λ/nm	530	540	550	560	565	570	580	590	600
吸光度 A									

以波长 λ 为横坐标，吸光度 A 为纵坐标作 A-λ 曲线，找出配合物在该波长范围内的最大吸收峰所对应的波长 $\lambda_{max} = $ _____ nm；

配合物分裂能 $\Delta_0 = \dfrac{1}{\lambda_{max}} \times 10^7 \, cm^{-1} = $ _____ cm^{-1}；

配合物摩尔吸光系数 $K = \dfrac{A}{bc} = $ _____。

式中，c 为浓度，$mol \cdot L^{-1}$；b 为比色皿厚度，cm。

④ 样品溶液的电导率 $\kappa = $ _____ $S \cdot m^{-1}$

⑤ $\Lambda_{1024} = 1000\kappa/c = $ _____ $S \cdot m^2 \cdot mol^{-1}$

产品的离子类型为 _____ 型。

【思考题】

（1）电解质溶液导电的特点是什么？什么叫电导、电导率和摩尔电导率？

（2）在制备顺式-$K[Cr(C_2O_4)_2(H_2O)_2] \cdot 2H_2O$ 的配合物时，$C_2O_4^{2-}$ 起什么作用？

（3）在制取顺式-$K[Cr(C_2O_4)_2(H_2O)_2] \cdot 2H_2O$ 的配合物时为什么要尽量避免水溶液生成？

（4）向 $CrCl_3$ 中加入稀氨水会出现什么现象？与本实验中配合物的稀氨水溶液是否相同，为什么？

6.8　水热法制备纳米 SnO_2 微粉

【实验目的】

（1）了解水热法制备纳米 SnO_2 微粉的原理和方法。

（2）了解水热反应的条件对反应产物的物相、形态、粒子尺寸及其分布和产率的影响。

（3）了解纳米材料的物相分析、比表面积测定和等电点测定等表征方法。

【实验原理】

SnO_2 是一种半导体氧化物，它在传感器、催化剂和透明导电薄膜等方面具有广泛用途。纳米 SnO_2 具有很大的比表面积，是一种很好的气敏与湿敏材料。制备超细 SnO_2 微粉的方法很多，有 Sol-Gel 法、化学沉淀法、激光分解法、水热法等。水热法制备纳米氧化物微粉有许多优点，如产物直接为晶态，无需经过焙烧晶化过程，因而可以减少用其他方法难以避免的颗粒团聚，同时粒度比较均匀，形态比较规则。因此，水热法是制备纳米氧化物微粉的主要湿化学方法之一。

水热法是指在温度超过 100℃ 和相应压力（高于常压）条件下利用水溶液（广义地说，溶剂介质不一定是水）中物质间的化学反应合成化合物的方法。

在水热条件（相对高的温度和压力）下，水的反应活性提高，其蒸气压上升、离子积增大，而密度、表面张力及黏度下降，体系的氧化-还原电位发生变化。总之，物质在水热条件下的热力学性质均不同于常态，为合成某些特定化合物提供了可能。水热合成方法的主要特点有：①水热条件下，由于反应物和溶剂活性的提高，有利于某些特殊中间态及特殊物相的形成，因此可能合成具有某些特殊结构的新化合物；②水热条件下有利于某些晶体的生长，获得纯度高、取向规则、形态完美、非平衡态缺陷尽可能少的晶体材料；③产物粒度较易于控制，分布集中，采用适当措施可尽量减少团聚；④通过改变水热反应条件，可能形成具有不同晶体结构和结晶形态的产物，也有利于低价、中间价态与特殊价态化合物的生成。基于以上特点，水热合成在材料领域已有广泛应用。水热合成化学也日益受到化学与材料科学界的重视。本实验以水热法制备纳米 SnO_2 微粉为例，介绍水热反应的基本原理，研究不同水热反应条件对产物微晶形成、晶粒大小及形态的影响。

【实验用品】

（1）仪器　台秤，量筒，烧杯（100mL），不锈钢压力釜（100mL，具有聚四氟乙烯衬里），管式电炉套及温控装置，X 射线衍射仪，磁力搅拌器，烘箱，抽滤装置，pH 计。

（2）试剂

$SnCl_4 \cdot 5H_2O$（s，A.R.，$1.0mol \cdot L^{-1}$）　　KOH（s，A.R.，$10mol \cdot L^{-1}$）

乙酸（10%）　　　　　　　　　　　　乙酸铵（A.R.）

乙醇（95%）

【实验内容】

（1）原料液的配制　用蒸馏水配制 $1.0mol \cdot L^{-1}$ 的 $SnCl_4$ 溶液，$10mol \cdot L^{-1}$ 的 KOH 溶液。

每次取 50mL 的 $1.0mol \cdot L^{-1}$ 的 $SnCl_4$ 溶液于 100mL 烧杯中，在磁力搅拌下逐滴加入 $10mol \cdot L^{-1}$ 的 KOH 溶液，调节反应液的 pH 使之达到要求（例如 pH＝1.45），制得的原料液待用。观察记录反应液状态随 pH 的变化。

（2）反应条件的选择　水热反应的条件，如反应物浓度、温度、反应介质的 pH、反应时间等对反应产物的物相、形态、粒子尺寸及其分布和产率均有重要影响。

水热反应制备纳米晶 SnO_2 的反应机理如下：

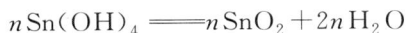

$$SnCl_4 + 4H_2O \xlongequal{\hspace{1cm}} Sn(OH)_4 \downarrow + 4HCl$$
$$n\,Sn(OH)_4 \xlongequal{\hspace{1cm}} n\,SnO_2 + 2n\,H_2O$$

第一步是 $SnCl_4$ 的水解形成无定形的 $Sn(OH)_4$ 沉淀，紧接着发生 $Sn(OH)_4$ 的脱水缩合和晶化作用，形成 SnO_2 纳米微晶。

① 反应温度。反应温度低时，$SnCl_4$ 水解、脱水缩合和晶化作用慢。温度升高将促进

$SnCl_4$ 的水解和 $Sn(OH)_4$ 的脱水缩合，同时重结晶作用增强，使产物晶体结构更完整，但也导致 SnO_2 微晶长大。本实验反应温度以 120～160℃ 为宜。

② 反应介质的酸度。当反应介质的酸度较高时，$SnCl_4$ 的水解受到抑制，中间物 $Sn(OH)_4$ 的生成相对较少，脱水缩合后，形成的 SnO_2 晶核数量较少，大量 Sn^{4+} 残留在反应液中。这一方面有利于 SnO_2 微晶的生长，同时也容易造成粒子间的聚结，导致产生硬团聚，这是制备纳米粒子时应尽量避免的。

当反应介质的酸度较低时，$SnCl_4$ 水解完全，大量很小的 $Sn(OH)_4$ 质点同时形成。在水热条件下，经脱水缩合和晶化，形成大量 SnO_2 纳米微晶。此时，由于溶液中残留的 Sn^{4+} 数量已很少，生成的 SnO_2 微晶较难继续生长。因此产物具有较小的平均颗粒尺寸，粒子间的硬团聚现象也相应减少。本实验反应介质的酸度控制为 pH＝1.45。

③ 反应物的浓度。单独考查反应物浓度的影响时，反应物浓度愈高，产物 SnO_2 的产率愈低。这主要是由于当 $SnCl_4$ 浓度增大时，溶液的酸度也增大，Sn^{4+} 的水解受到抑制的缘故。

当介质的 pH＝1.45 时，反应物的黏度较大，因此反应物浓度不宜过大，否则搅拌难以进行。一般用 $c(SnCl_4)=1.0 mol\cdot L^{-1}$ 为宜。

（3）水热反应　将配制好的原料液倾入具有聚四氟乙烯衬里的不锈钢压力釜内，用管式电炉套加热压力釜。用控温装置控制压力釜的温度，使水热反应在所要求的温度下进行一定时间（2h 左右）。为保证反应的均匀性，水热反应应在搅拌下进行。反应结束，停止加热，待压力釜冷却至室温时，开启压力釜，取出反应产物。

（4）反应产物的后处理　将反应产物静置沉降，移去上层清液后减压过滤。过滤时应用致密的细孔滤纸，尽量减少穿滤。用大约 100mL 10% 的乙酸加入 1g 乙酸铵的混合液洗涤沉淀物 4～5 次（防止沉淀物胶溶穿滤），洗去沉淀物中的 Cl^- 和 K^+，最后用 95% 的乙醇洗涤两次，于 80℃ 干燥，然后研细。

（5）反应产物的表征

① 物相分析。用多晶 X 射线衍射法（XRD）确定产物的物相。在 JCPDS 卡片集中查出 SnO_2 的多晶标准衍射卡片，将样品的 d 值和相对强度与标准卡片上的数据相对照，确定产物是否为 SnO_2。

② 粒子大小分析。由多晶 X 射线衍射峰的半高宽，用 Schererr 公式：

$$D_{hkl} = \frac{k\lambda}{\beta\cos\theta_{hkl}}$$

计算样品在 hkl 方向上的平均晶粒尺寸。其中 β 为扣除仪器因子后 hkl 衍射的半高宽（弧度）；k 为常数，通常取 0.9；θ_{hkl} 为 hkl 衍射峰的衍射角；λ 为 X 射线的波长。

用透射电子显微镜（TEM）直接观察样品粒子的尺寸与形貌。

③ 比表面积测定。用 BET 法测定样品的比表面积，并计算样品的平均等效粒径。

④ 等电点测定。用显微电泳仪测定 SnO_2 颗粒的等电点。

【思考题】

（1）比较同一样品由 XRD、TEM 和 BET 法测定的粒子大小，并对各自测量结果的物理含义作分析比较。

（2）水热法作为一种非常规无机合成方法具有哪些特点？

（3）水热法制备纳米氧化物的过程中，哪些因素影响产物的粒子大小及其分布？

（4）从表面化学角度考虑，如何减少纳米粒子在干燥过程中的团聚？

6.9　纳米 TiO_2 的制备、表征及其应用

【实验目的】

（1）采用溶胶-凝胶法制备纳米半导体材料 TiO_2。

（2）了解纳米材料结构和物性的表征。

（3）了解 UV/Vis 吸收光谱和荧光光谱在示踪光催化降解反应过程中的应用。

【实验原理】

（1）纳米材料的特性　纳米粒子的结构特性导致了下列 4 种效应：①小尺寸效应；②表面与界面效应；③量子尺寸效应；④宏观量子隧道效应。

上述 4 种效应使纳米粒子具有独特的光学特性、光电催化特性、光电转换特性、电学特性和谱学特性。纳米材料在电学、光学、磁学、力学以及生物学等方面表现出许多优良性能。

（2）溶胶-凝胶法制备纳米 TiO_2 超微粒子的基本原理　溶胶-凝胶法是一种将无机物经还原析出或水解，以纳米尺度的金属离子分散在有机聚合物中制备纳米材料的方法，是目前合成纳米材料的常用方法。

利用 $TiCl_4$ 或钛酸丁酯的可控水解和在阻聚剂存下的低温热处理，一般制备超微粒子尺寸大小的方法有以下几种。

① 扩散控制法。通过选择合适的反应物浓度、$TiCl_4$ 水解反应的 pH、水解温度等控制颗粒的成核速度和晶粒的生长速度。

② 表面修饰法。通过调节 Ti^{4+} 与表面修饰剂浓度之比，控制表面修饰剂分子与 OH^- 同 Ti^{4+} 之间的竞争反应速率，使 Ti^{4+} 水解速率下降。

③ 加入热稳定剂。改善溶胶的分散性，以降低成核速率。

（3）检测光降解反应的方法　检测光降解反应的方法很多，仪器分析方法被广泛应用于这一领域。对于大多数有机污染物降解体系来说，一般都经过一系列的中间转换步骤，最终生成二氧化碳、水和无机盐。这些中间产物大都在 UV/Vis 区域具有电子吸收光谱，或者具有荧光发射功能基，故分子光谱在研究这一过程时显示出独特的优点和较宽的适应范围。通过检测中间体来揭示光降解机理和反应程度是过程监测的主要目的，利用分子光谱技术，如快速差谱扫描技术能够从反应物和产物吸收光谱掩盖下的谱图中将中间体生成的 λ_{max} 和峰形动力学曲线表征出来，可给出多步反应的动力学参数。

【实验用品】

（1）仪器　冰浴，磁力搅拌器，三口烧瓶（250mL），滴液漏斗（50mL），量筒（50mL），旋转蒸发仪，抽滤装置，马弗炉，研钵，烧杯（250mL），瓷坩埚（30mL），紫外-可见分光光度计，荧光光谱仪，X 射线衍射仪，激光拉曼光谱仪，透射电镜，六通道进样阀，酸度计，玻璃电极，250W 紫外灯，离心机。

（2）试剂

$TiCl_4$（99.99%，A.R.）或钛酸丁酯 （A.R.）

无水乙醇

聚乙烯醇（PVA）

十六烷基三甲基溴化铵（CTMAB）溶液（1.0×10^{-2} mol·L^{-1}）

六偏磷酸钠（HMP）

$NH_3 \cdot H_2O$(12.5%)

$K_2Cr_2O_7$(s，A.R.)

苯酚

2,6-二甲基苯酚

偶氮脒酸

二次蒸馏水

pH试纸

【实验内容】

（1）溶胶-凝胶法制备纳米 TiO_2 微粉。将 50mL $TiCl_4$（或钛酸丁酯）与同体积无水乙醇小心地混合均匀于 250mL 三口烧瓶中。在冰浴和剧烈搅拌下，将加有一定量阻聚剂和稳定剂（PVA、HMP、CTMAB）的 50mL 水用滴液漏斗滴入上述 $TiCl_4$ 溶液。水解 2h，然后用 12.5% $NH_3 \cdot H_2O$ 溶液调节 pH 至 9.0。减压低温旋转蒸发至大部分凝胶析出，过滤，洗涤。湿凝胶在 105℃烘干 3h，冷却，加水反复研细，再过滤，洗涤至检不出 Cl^- 为止。然后于 250℃、300℃、400℃、500℃、600℃和 900℃分别煅烧 1h，研细成微粉。

（2）纳米材料结构的表征

① 纳米 TiO_2 微粉 X 射线衍射分析。将适量 TiO_2 微粉置于样品池，设定 X 射线衍射仪的工作参数，进行扫描，以相同条件作锐钛型和金红石型（TiO_2）的粉末衍射图，进行对照。将处理后的结果与文献或标准图谱作比较。

② 纳米 TiO_2 微粉透射电镜分析。对适量 TiO_2 微粉样品进行预处理，置于铜网（直径 2mm）上，用碳补强火棉胶作支持膜，超声振荡分散样品 20min。然后放入样品池，在 100kV 电压下扫描拍摄。

③ 纳米 TiO_2 粒子对苯酚、2,6-二甲基苯酚、偶氮脒酸和 Cr(Ⅵ) 表面光催化降解。分别将被降解物引入恒温石英池中，搅拌下进行 UV 光降解。用玻璃电极检测溶液的酸度变化，每隔一定时间（一般为 5min）取样 2mL，高速离心（或氯仿萃取）后进行紫外快速波长扫描和荧光光谱的测定。记录 A-λ 曲线，并进行差谱扫描，记录 ΔA-λ 曲线，同时进行 Cr(Ⅵ) 存在下酚类、偶氮类化合物的协同降解反应实验。

【数据记录与处理】

① 纳米材料结构的表征。

② 异相光催化降解反应的实验结果。

【思考题】

（1）溶胶-凝胶法制备纳米微粉具有哪些特点？

（2）如何检测光降解反应？

6.10　纯水的制备与检验

【实验目的】

（1）了解蒸馏法和离子交换法制备纯水的基本原理和操作方法。

（2）学习离子交换树脂的使用方法。

（3）学习蒸馏装置的组装方法。

【实验原理】

（1）蒸馏水制备技术　自来水中常含有 K^+、Na^+、Mg^{2+}、CO_3^{2-}、SO_4^{2-}、Cl^-、HCO_3^- 及某些气体等杂质。用它配制溶液时这些杂质可能会与溶液中的溶质起化学反应而使溶液变质失效，也可能会对实验现象或结果产生不良的干扰和影响。因而一般情况下溶液的配制都要用纯水。实验室中常用的纯水是蒸馏水或去离子水。

将自来水经过蒸馏器蒸馏，所产生的蒸汽经冷凝即得到蒸馏水。由于绝大部分无机盐都不挥发，因此蒸馏水较纯净，适用于一般溶液的配制；若需纯度更高的蒸馏水，可将第一次蒸馏得到的蒸馏水再次进行蒸馏。

实验室常用电热蒸馏水器制备蒸馏水，电热蒸馏水器可分为一次蒸馏水器和二次蒸馏水器。

（2）去离子水制备技术　离子交换法制备纯水是利用离子交换树脂活性基团上具有离子交换能力的 H^+ 和 OH^- 与水中阳、阴离子杂质进行交换，将水中的阳、阴离子杂质截留在树脂上，进入水中的 H^+ 和 OH^- 重新结合成水而达到纯化水的目的。

凡能与阳离子起交换作用的树脂称为阳离子交换树脂，与阴离子起交换作用的树脂则称为阴离子交换树脂，它们都为固态有机高分子聚合物（其骨架用 R 表示）。如实验室用含有磺酸基团的强酸型离子交换树脂 $R—SO_3H$ 和含有季铵盐基团的强碱型离子交换树脂 $R≡NOH$ 就分别为阳离子交换树脂和阴离子交换树脂，其与水中的阳、阴离子杂质的交换反应为：

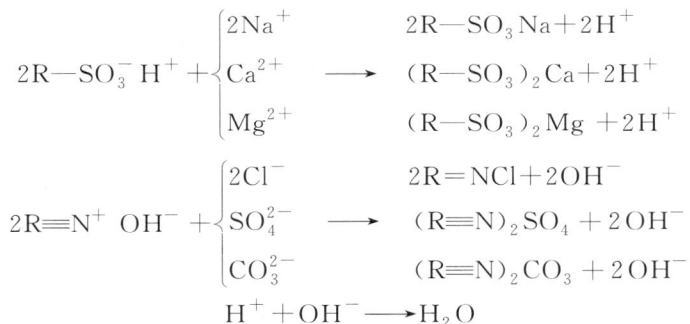

$$2R—SO_3^-H^+ + \begin{cases} 2Na^+ \\ Ca^{2+} \\ Mg^{2+} \end{cases} \longrightarrow \begin{cases} 2R—SO_3Na+2H^+ \\ (R—SO_3)_2Ca+2H^+ \\ (R—SO_3)_2Mg+2H^+ \end{cases}$$

$$2R≡N^+OH^- + \begin{cases} 2Cl^- \\ SO_4^{2-} \\ CO_3^{2-} \end{cases} \longrightarrow \begin{cases} 2R≡NCl+2OH^- \\ (R≡N)_2SO_4+2OH^- \\ (R≡N)_2CO_3+2OH^- \end{cases}$$

$$H^+ + OH^- \longrightarrow H_2O$$

制备纯水时，树脂是装在离子交换柱内的，图 6-2 为联合床式离子交换制纯水装置的示意图。其柱 1 装阳离子交换树脂，用以去除自来水的阳离子杂质；柱 2 装阴离子交换树脂，用以去除自来水中的阴离子；柱 3 是一定量的阴、阳离子交换树脂混装，用以进一步脱除水中的杂质离子，以提高出水的纯度，同时保持出水中性。

树脂使用一个阶段后因活性基团上的 H^+、OH^- 都被交换用完，便会换效，此时可分别用强酸或强碱浸泡再生，脱除树脂上所截留的阳、阴离子，使之重新转型为 H^+、OH^-，才可再用来制备纯水。

① 新树脂的处理。新购的树脂常含有一些未参与反应的低分子物质和高分子组分的分解产物，也含有一些金属离子杂质、色素和灰砂等异物。此外，出厂的树脂一般为钠型（阳离子树脂）和氯型（阴离子树脂）。因而在使用前应对它们进行处理——除去杂质和转化为所需要的类型。

a. 水洗。将新购的树脂置于塑料容器内，用清水漂洗，不断搅动，然后静置，直到排水清晰为止。然后用水浸泡 $12～24h$，使其充分膨胀。若买进的为干树脂，应先用饱和

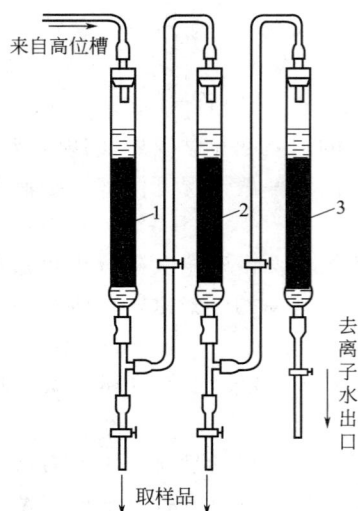

图 6-2　离子交换制纯水装置示意图

NaCl 溶液浸泡，再逐步稀释 NaCl 溶液，以免树脂突然急剧膨胀而破碎。

b. 酸碱处理。为了使强酸型阳离子交换树脂完全转化为氢型，可将阳离子交换树脂浸没在 $2mol \cdot L^{-1}$ HCl 溶液中，不断搅拌 15min 后，浸泡一天；强碱型阴离子交换树脂则可浸没在 8% NaOH 溶液中转型，搅拌半小时后，浸泡一天。然后，将 HCl 及 NaOH 溶液倾去，用去离子水冲洗树脂，洗至水溶液接近中性为止，用 pH 试纸检验。为了节省去离子水，最初几次可用自来水代替。

检查强酸型阳离子交换树脂处理结果的方法：取上层清液 1mL，加入数滴 NH_3-NH_4Cl 缓冲溶液及 1 滴铬黑 T 指示剂，如呈红色，说明水中有 Ca^{2+}、Mg^{2+} 等金属离子存在；如显蓝色，则 Ca^{2+}、Mg^{2+} 差不多没有了，树脂已为氢型。

强碱型阴离子交换树脂处理结果的检查方法与上相似：取上层清液 1mL，加稀 HNO_3 2 滴，酸化后，滴入 $AgNO_3$ 溶液，若没有或基本没有乳白色浑浊出现，说明 Cl^- 差不多没有了，即阴离子交换树脂已基本上转化为氢氧型。这样的阴、阳树脂即可用于水处理了。

② 装柱。装柱的方法是先在柱中装入半柱水，然后将树脂与水混合后带水缓流状倒入柱中，使树脂沉于水底。装柱要求树脂堆积紧密，不带气泡，以免造成短路和气体阻隔，影响交换效率和出水量。装柱时，若柱中水过满，可打开柱底水夹放水，但注意水面不能低于树脂层，否则，树脂层会出现气泡，应予重装。或用蒸馏水从下端通入交换柱进行逆流冲洗，赶走气泡。装柱时阳离子树脂装阳柱、阴离子树脂装阴柱，混合柱可将适量的阴、阳离子树脂混合均匀后装入。

③ 再生。离子交换树脂使用一段时间后会失效（即阳柱出水能检出金属阳离子，阴柱出水能检出阴离子，混合柱出水电导率检查不合格），这时可用酸碱再生处理。再生的方法有静态法和动态法两种。静态法即将树脂倒入容器，加一定浓度的 HCl（或 NaOH）溶液浸泡，并予以搅拌，使之发生交换反应的逆反应，重新转化为氢型（或氢氧型），然后用去离子水冲洗树脂至中性。

动态法过程为通水逆流反洗，加再生液再生，再通水正洗。以阳柱再生为例，先将自来水从柱底部通入，废水从顶部排出，借助自来水作用使树脂松动，排除树脂层内的气泡（如 CO_2 等）和破碎树脂及其他杂质。然后将 $2mol \cdot L^{-1}$ HCl 溶液从柱的顶部加入，废酸液从柱底部流出，控制废酸液流出速度。待完全再生转型后，再将自来水从柱顶通入正洗，废水从柱底排出，流速可比加酸时稍快，洗至出水 pH 为 3～4 时即可，此时用铬黑 T 检验应无阳离子存在。

阴柱动态再生方法同上，再生液可用 5% NaOH 溶液，正洗结束时 pH 为 11～12，用 $AgNO_3$ 溶液检验应无阴离子存在。

混合柱的离子交换树脂再生要先将阴、阳离子交换树脂分开。可将混合树脂倒入 4～6$mol \cdot L^{-1}$ NaOH 溶液中，此时阴离子树脂因密度较小而浮在上层，阳离子树脂因密度较大而在下部，借此分开成单一树脂再按上法再生。

【实验用品】

（1）仪器　电导率仪，蒸馏烧瓶（250mL），直型冷凝管，接液管，锥形瓶，烧杯（50mL），试管，冷凝管夹，铁架台，离子交换柱（3 支，50mL），螺旋夹，蝴蝶夹，酒精灯（或电热套），玻璃管，橡胶管，井穴板。

（2）试剂

铬黑 T 指示剂	玻璃纤维或脱脂棉
$AgNO_3$（0.1mol·L^{-1}）	717♯强碱型阴离子交换树脂
HNO_3（2mol·L^{-1}）	732♯强酸型阳离子交换树脂
NH_3-NH_4Cl 缓冲溶液	NaOH（1mol·L^{-1}）
$BaCl_2$（0.1mol·L^{-1}）	HCl（1mol·L^{-1}）
pH 试纸	

【实验内容】

（1）蒸馏水制备实验　实验室的蒸馏装置主要包括：蒸馏烧瓶、冷凝管和接收器（锥形瓶）等三个部分。

根据相关知识，装配好一套蒸馏装置。在烧瓶内加入沸水可缩短蒸馏水制备的时间。加入数粒沸石，制备蒸馏水 150mL。先通冷凝水，再加热煮沸。开头所收集的蒸馏水弃去不要，并用之荡洗锥形瓶。

（2）去离子水制备的实验

① 常量法制取去离子水。取 3 支离子交换柱（或碱式滴定管，下端以橡胶管与嘴管连接，橡胶管用螺旋夹夹住，作为离子交换柱），并于柱的底部塞入少量玻璃纤维，以支撑离子交换树脂。按图 6-3 所示将交换柱固定在铁架台上。关闭各柱的出水口，往各柱加入 1/2 容积的蒸馏水，然后在第一支柱加入 30cm 已转为强酸型的阳离子树脂，第二支柱加入 30cm 已转为强碱型的阴离子树脂，第三支柱加入约 30cm 已转型的阴、阳离子混合树脂。各柱树脂顶层上同样也塞入少量玻璃纤维，即得离子交换净水装置。准备 3 个洁净锥形瓶，做好标记，各用阳柱、阴柱和混合柱出水洗涤后收集各柱出水 100mL（出水流速控制在 0.3mL·s^{-1}）。

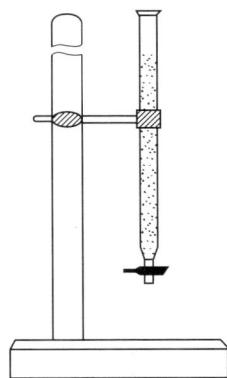

图 6-3　微型离子
交换树脂柱

② 微型法制去离子水。

a. 微型离子交换柱的制作。如图 6-3 取 15cm 长的玻璃管一支，粗端略加扩张成喇叭口，在底部垫上一些玻璃棉（或脱脂棉），装上约 5cm 长的细乳胶管用螺旋夹夹紧。

b. 阴离子交换树脂柱的准备。取强碱型阴离子交换树脂 1.5g 置于 5mL 井穴板中，以 4mL 1mol·L^{-1} NaOH 溶液浸泡过夜使其转型变为 R-OH 树脂。吸出上层清液后，以少量去离子水多次洗涤树脂至中性。以玻璃滴管吸取树脂悬浊液，滴加至交换柱中，同时，放松螺旋夹使交换柱的水溶液缓缓流出。树脂即沉降到柱底，尽可能使树脂填装紧密，不留气泡。在装柱和实验过程中交换柱中液面应始终高于树脂柱面，树脂柱高 8cm，剩余的树脂留作步骤 d 用。

c. 阳离子交换树脂柱的准备。取强酸型阳离子交换树脂 1.5g 置于 5mL 井穴板中，以 4mL 1mol·L^{-1} HCl 溶液浸泡过夜使其转型变为 R-H 树脂，然后按 b 的办法装柱，洗至中性。

d. 阴、阳离子混合交换柱的准备。取已转型的阴、阳离子交换树脂等量相混合装柱，洗至中性。

e. 去离子水的制备。将上述三个微型离子交换柱按图 6-2 串联，就组成了离子交换法制去离子水的装置。柱间连接要紧密，不得有气泡。用多用滴管滴加自来水，控制离子交换柱流速 6～8 滴·s^{-1}，以干净 5mL 井穴板承接流出液。当流出液近 10mL 时，换锥形瓶承接净化后的水样约 10mL 为 1♯样品。拆除混合交换柱后，承接阴离子交换柱流出液 10mL，作为 2♯样品。拆除阴离子交换柱后，承接阳离子交换柱流出液 10mL，作为 3♯样品。

（3）水质的测定

① 电导率仪测定法。水的纯度越高，所含的杂质离子就越少，电阻也就越大。同理，电阻率也就越大。对液体导体通常用电阻率的倒数——电导率来表示，即水的纯度越高，其电导率越小。因而可通过测定水的电导率来确定水的纯度。用 DDS-11A 电导率仪测定，常见水样的电导率值范围如下：

自来水　　　　$5.0 \times 10^{-3} \sim 5.3 \times 10^{-4}$ S·cm^{-1}
一般蒸馏水　　$5.0 \times 10^{-5} \sim 1.0 \times 10^{-6}$ S·cm^{-1}
去离子水　　　$4.0 \times 10^{-6} \sim 8.0 \times 10^{-7}$ S·cm^{-1}
高纯水　　　　5.5×10^{-8} S·cm^{-1}

电导率仪即为测定液体电导率的仪器。在小烧杯内盛待测水样，插入电导电极，即可从表头读出电导率的值。

② 离子检测法。将自来水及本实验所制备的水样，根据有关离子的检测方法，按表 6-9 要求进行检测并将结果记录于该表中。

表 6-9　离子检测法测定水样

水样名称	检测结果				
	pH	Ca^{2+}、Mg^{2+}	Cl^-	SO_4^{2-}	电导率
自来水					
蒸馏水					
阳柱流出水					
阴柱流出水					
混合柱流出水					

【思考题】

（1）用离子交换法制备纯水的基本原理是什么？本实验操作中要注意哪些？

（2）用蒸馏法制备纯水的基本原理是什么？请列出安装一套蒸馏装置所需的仪器和材料。

（3）什么叫离子交换树脂的再生？失效或用过的 717♯阴离子树脂和 732♯阳离子树脂各应如何再生？

6.11　从米糠中提取植酸钙和干酪素

【实验目的】

（1）了解农副产品的综合利用。

（2）掌握从米糠中提取植酸钙和干酪素的工艺和方法。

（3）了解植酸钙和干酪素的质量检测方法。

（4）了解实验研究的方法和过程。

【实验原理】

植酸钙也称菲丁，学名为环己醇六磷酸酯钙盐。植酸钙在酸性（pH 为 2～2.5）溶液中能解离为易溶于水的植酸（肌醇六磷酸）和金属离子。利用这一性质，先用稀酸溶解米糠中的植酸，过滤，取滤液用石灰水中和使之沉淀，减压过滤（或离心分离），留取沉淀并干燥，便可得植酸钙。

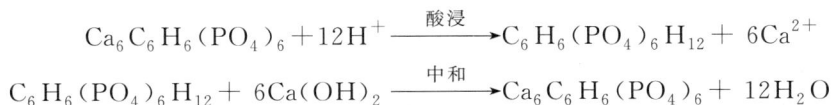

$$Ca_6C_6H_6(PO_4)_6 + 12H^+ \xrightarrow{\text{酸浸}} C_6H_6(PO_4)_6H_{12} + 6Ca^{2+}$$

$$C_6H_6(PO_4)_6H_{12} + 6Ca(OH)_2 \xrightarrow{\text{中和}} Ca_6C_6H_6(PO_4)_6 + 12H_2O$$

干酪素又称酪朊或酪素，是一种含磷蛋白质。干酪素溶于稀碱液和浓酸，在弱酸中沉淀（pH＝4.6）。基于这种性质，可将米糠浸入 NaOH 溶液（pH 为 12～13）中，使干酪素溶解，然后将提取液用酸调至 pH 为 4～5，析出沉淀，减压过滤（或离心分离），留取沉淀并干燥，即得产品干酪素。

【实验用品】

（1）仪器 电子天平，研钵，离心机，电烘箱，容量瓶（250mL），量筒，烧杯，移液管（25mL），碘量瓶，锥形瓶，磁力搅拌器，分子筛（20 目），酸度计，吸滤瓶，布氏漏斗，循环水真空泵，坩埚，马弗炉，长柄坩埚钳，铝盒，干燥器，泥三角，温度计。

（2）试剂

HCl(1mol·L^{-1}，3mol·L^{-1}，5mol·L^{-1}，6mol·L^{-1})　　　　　　　　H$_2$SO$_4$（1mol·L^{-1}）

NaOH（25%）　　　　　　　　　　　　　　　KMnO$_4$（s）

CaO(s)　　　　　　　　　　　　　　　　　　NaAc(20%)

CuSO$_4$(0.25mol·L^{-1})　　　　　　　　　　　NH$_3$·H$_2$O（6mol·L^{-1}）

KI(s)　　　　　　　　　　　　　　　　　　　淀粉指示剂（1%）

Na$_2$S$_2$O$_3$ 标准溶液（0.1mol·L^{-1}）　　　　甲基橙指示剂

(NH$_4$)$_2$C$_2$O$_4$（0.25mol·L^{-1}）　　　　　　脱脂米糠或糠饼

pH 精密试纸

【实验内容】

（1）从脱脂糠饼中提取植酸钙

① 粉碎。将脱脂米糠粉碎，以通过 20 目筛为宜。

② 浸泡。浸泡液通常选用稀 HCl 或稀 H$_2$SO$_4$，pH 以控制在 2.6～2.8 为宜；浸泡时间为，常温下，夏天不少于 6h，冬天不少于 8h；料-液比不低于 1∶8。采用磁力搅拌器搅拌，浸泡 1～2h 即可。

③ 中和。离心分离或减压过滤，糠渣留作提取干酪素用，在分离液中加入已配制好的新鲜石灰乳[Ca(OH)$_2$]中和，pH 控制在 6.5～6.8 为宜。中和后静置，使植酸钙充分沉淀，倾出上层清液，再用清水洗涤 2～3 次，过滤，弃去滤液，制得湿植酸钙。

④ 干燥。含水植酸钙会受到植酸酶的作用而分解，因此需烘干后存放在贴有标签的小瓶中。称量，计算产率。

⑤ 植酸钙的质量检验。

a. 水分测定。将样品研磨成粉末状，准确称取 2～3g 于铝盒中，在 105～110℃下烘 3h，取出，放置在干燥器内冷却，称量；再烘干 30min，冷却，重复烘干至恒重。

b. 磷的测定。准确称取 0.5000g 植酸钙于 50mL 烧杯中，加入 3mL 1mol·L^{-1} HCl 溶解，分次加入 180mL H$_2$O，再加入 20.00mL 0.25mol·L^{-1} CuSO$_4$ 溶液，加 5.0mL 20% NaAc，定容至 250mL，然后过滤于干燥的锥形瓶中，移取 25.00mL 放入碘量瓶中，加 KI 4.0g，摇匀暗处放置 10min，加入 2mL 淀粉指示剂，用 0.1mol·L^{-1} Na$_2$S$_2$O$_3$ 标准溶液滴至蓝色消失，同时作空白试验。

c. 钙的测定。

ⅰ. 试样灰化。将洁净的坩埚经两次以上灼烧至恒重。准确称取 0.5g 植酸钙试样于洁净恒重的坩埚中。将坩埚斜放在泥三角上（其底边放在泥三角的一边），把坩埚盖半掩地倚于坩埚口。先调节酒精喷灯火焰，用小火均匀地烘烤坩埚。待试样受热均匀后，将酒精喷灯移至坩埚底部，增大火焰，使有机物脱水、炭化、分解、氧化。灼烧也可在电炉上进行。然后将坩埚移入马弗炉中，调节温度为 600℃，灰化 0.5h。残渣为白色或浅灰色。

ⅱ. KMnO$_4$ 标准溶液浓度的配制和标定。参见 4.9。

ⅲ. 植酸钙中钙的测定。样品灰化后，用少量水将试样转入 400mL 烧杯中，加 10mL 6mol·L^{-1} 盐酸，加热使样品全部溶解，并加水稀释到约 200mL，加入 35mL 0.25mol·L^{-1} (NH$_4$)$_2$C$_2$O$_4$ 溶液，若有沉淀生成，则滴加 3mol·L^{-1} 盐酸至沉淀溶解。然后加甲基橙 2 滴，加热至 70～80℃，滴加 6mol·L^{-1} NH$_3$·H$_2$O 使溶液恰好由红色变为黄色，并过量 5 滴。在低温电热板上（或水浴上）陈化 30min。冷却后过滤，将烧杯中的沉淀洗涤数次后转入漏斗中，继续洗净沉淀至无 Cl$^-$（承接液在 HNO$_3$ 介质中以 AgNO$_3$ 检查），将带有沉淀的滤纸铺在原烧杯内壁上，用 50mL 1mol·L^{-1} H$_2$SO$_4$ 将沉淀由滤纸洗入烧杯中，再用洗瓶洗 2 次，加蒸馏水使总体积约为 100mL，加热至 70～80℃，用 KMnO$_4$ 标液滴定至溶液呈淡红色，再将滤纸搅入溶液中，若溶液褪色，则继续滴定，直至出现的淡红色 30s 内不消失即为终点，记录用去的 KMnO$_4$ 标准溶液的体积 V，按同样的步骤进行空白试验，消耗的 KMnO$_4$ 标准溶液的体积为 V_0。

d. 淀粉的定性试验。取样品少许，加入 I$_2$ 的 KI 溶液，若无蓝色出现，即无淀粉杂质。

e. pH 的测定。将 1.0g 样品放入 10.0mL 水中浸泡 30min，用 pH 精密试纸测定浸泡液的 pH。

（2）用提取植酸钙后的糠渣制取干酪素

① 将提取植酸钙后的糠渣倒入烧杯中，按原料量加入 5 倍的 60℃温水，控制 pH 在 13 左右（用 25%NaOH 调节酸度），并在 50～55℃之间保温搅拌 1h，稍冷后过滤得澄清溶液。再在澄清溶液中用 5mol·L^{-1} H$_2$SO$_4$ 或 HCl 调节 pH 为 4～5，有沉淀析出，静置 10min 后过滤。滤饼经反复水洗，然后控温在 50～55℃减压干燥，即得产品干酪素。装入已知质量的贴有标签的小瓶中，称量，计算产率，并初步评价产品的质量。

② 质量检验。

a. 感官指标。颜色、颗粒。

b. 理化指标。水分、脂肪、灰分、酸度、纯度。

【数据记录与处理】

（1）从脱脂糠饼中提取植酸钙

① 脱脂糠饼的质量_____g；植酸钙的质量_____g；产率_____%。

② 植酸钙的质量分析。

a. 水分测定计算公式：

$$w(水分) = \frac{m - m_1}{m} \times 100\%$$

b. 磷的测定计算公式：

$$w(P_2O_5) = \frac{c(Na_2S_2O_3)(V_0 - V_s) \times 0.0782}{m_s \dfrac{25}{250}} \times 100\%$$

式中　$w(P_2O_5)$——以 P_2O_5 表示的植酸钙的质量分数；

$c(Na_2S_2O_3)$——$Na_2S_2O_3$ 标准溶液浓度，$mol \cdot L^{-1}$；

$\quad\quad V_0$——空白试验消耗 $Na_2S_2O_3$ 标准溶液体积，mL；

$\quad\quad V_s$——样品消耗 $Na_2S_2O_3$ 标准溶液体积，mL；

$\quad\quad m_s$——称取样品质量，g；

$\quad$ 0.0782——1mmol 的 $Na_2S_2O_3$ 相当于 P_2O_5 的质量，g。

c. 钙的测定计算公式：

$$w(Ca) = \frac{\dfrac{5}{2}c(KMnO_4)(V - V_0)M(Ca) \times 10^{-3}}{m_s} \times 100\%$$

式中　$w(Ca)$——植酸钙中钙的质量分数；

$c(KMnO_4)$——$KMnO_4$ 标准溶液浓度，$mol \cdot L^{-1}$；

$\quad\quad V$——滴定消耗 $KMnO_4$ 标准溶液体积，mL；

$\quad\quad V_0$——空白试验消耗 $KMnO_4$ 标准溶液体积，mL；

$\quad M(Ca)$——钙的摩尔质量，$g \cdot mol^{-1}$；

$\quad\quad m_s$——样品质量，g。

d. 淀粉的定性试验。

e. pH 的测定。

（2）从提取植酸钙的糠渣中提取干酪素

① 从提取植酸钙的糠渣中提取干酪素。

② 干酪素的质量检验。

a. 感官指标的检测结果。

b. 干酪素理化指标的检测结果。

【结果分析及改进措施】

对产率、产品质量进行分析、讨论，提出解决问题的办法和途径。

6.12　钴、镍混合液的离子交换分离及含量分析

【实验目的】

(1) 学习离子交换分离的操作方法（包括树脂预处理、装柱、交换和淋洗）。

(2) 了解离子交换分离在定量分析中的应用。

(3) 学习钴和镍的配位滴定方法。

【实验原理】

某些金属离子如 Mn^{2+}、Co^{2+}、Cu^{2+}、Fe^{3+}、Zn^{2+} 在浓盐酸溶液中能形成氯配阴离子，而 Ni^{2+} 则不产生氯配阴离子。由于各种金属配阴离子稳定性不同，生成配阴离子所需的 Cl^- 浓度也就不同，因而把它们放入阴离子交换柱后，可通过控制不同盐酸浓度的洗脱液淋洗而将其进行分离。本实验只进行钴、镍分离。当试液为 $9mol \cdot L^{-1}$ 盐酸时，Ni^{2+} 仍带正电荷，不被交换吸附，而 Co^{2+} 形成 $CoCl_4^{2-}$，被交换吸附：

$$2R_4N^+Cl^- + CoCl_4^{2-} \Longleftrightarrow (R_4N^+)_2CoCl_4^{2-} + 2Cl^-$$

柱上显蓝色带。用 $9mol \cdot L^{-1}$ HCl 溶液洗脱，Ni^{2+} 首先流出柱，流出液呈淡黄色。接着用 $3mol \cdot L^{-1}$ HCl 溶液洗脱，$CoCl_4^{2-}$ 成为 Co^{2+} 被洗出（因试液中只有钴和镍，故可用 $0.01mol \cdot L^{-1}$ HCl 溶液更易洗脱钴），然后分别用配位滴定回滴法测定。

【实验用品】

(1) 仪器　离子交换柱（可用 25mL 碱式滴定管代替），玻璃棉，量筒，锥形瓶 (250mL)，烧杯 (50mL)，移液管 (10mL)。

(2) 试剂

强碱型阴离子交换树脂（国产 717，新　　　　二甲酚橙 ($2g \cdot L^{-1}$)
　商品牌号为 201×7，氯型，晾干后　　　六亚甲基四胺水溶液 ($0.2g \cdot mL^{-1}$)
　用 30 号筛过筛，取过筛部分）　　　　　HCl ($0.01mol \cdot L^{-1}$，$2mol \cdot L^{-1}$，
Ni^{2+} 标准溶液 ($10mg \cdot mL^{-1}$)　　　　　　$6mol \cdot L^{-1}$，$9mol \cdot L^{-1}$，浓）
Co^{2+} 标准溶液 ($10mg \cdot mL^{-1}$)，　　　　　NaOH ($6mol \cdot L^{-1}$，$2mol \cdot L^{-1}$)
Co^{2+}、Ni^{2+} 混合试液（取 Co^{2+}、　　　酚酞乙醇溶液 ($2g \cdot L^{-1}$)
　Ni^{2+} 标准溶液等体积混合）　　　　　丁二酮肟乙醇溶液 (1%)
标准锌溶液 ($0.02mol \cdot L^{-1}$)　　　　　　NH_4SCN（饱和）
EDTA 标准溶液 ($0.02mol \cdot L^{-1}$)　　　　　氨水（浓）

【实验内容】

(1) 交换柱的准备　强碱型阴离子交换树脂先用 $2mol \cdot L^{-1}$ HCl 溶液浸泡 24h，取出树脂，用水洗净。继续用 $2mol \cdot L^{-1}$ NaOH 溶液浸泡 2h，然后用去离子水洗至中性，再用 $2mol \cdot L^{-1}$ HCl 溶液浸泡 24h，备用。

取一支离子交换柱或 25mL 碱式滴定管，底部塞以少许玻璃棉，将树脂和水缓慢倒入柱中，树脂柱高约 15cm，上面再铺一层玻璃棉。调节流量约为 $1mL \cdot min^{-1}$，待水面下降近树脂层的上端时（切勿使树脂干涸），分次加入 20mL $9mol \cdot L^{-1}$ HCl 溶液，并以相同流量通过交换柱，使树脂与 $9mol \cdot L^{-1}$ HCl 溶液达到平衡。

（2）试液　取钴镍混合试液 2.00mL 于 50mL 小烧杯中，加入 6mL 浓盐酸，使试液中 HCl 溶液浓度为 9mol·L^{-1}。

（3）分离　将试液小心移入交换柱中进行交换，用 250mL 锥形瓶收集流出液，流量 0.5mL·min^{-1}。当液面达到树脂相时（注意色带的颜色），用 20mL 9mol·L^{-1}HCl 溶液洗脱 Ni^{2+}，开始时用少量 9mol·L^{-1}HCl 溶液洗涤烧杯，每次 2～3mL，洗 3～4 次，洗涤液均倒入柱中，以保证试液全部倒入交换柱。然后将其余 9mol·L^{-1}HCl 溶液分次倒入交换柱。收集流出液以测定 Ni^{2+}。待洗脱近结束时，取 2 滴流出液，用浓氨水碱化，再加 2 滴 1%丁二酮肟，以检验 Ni^{2+} 是否洗脱完全（在中性、HAc 性或氨性溶液中，Ni 与丁二酮肟生成鲜红色螯合物沉淀）。

继续用 25mL 0.01mol·L^{-1}HCl 溶液分 5 次洗脱 Co^{2+}，流量为 1mL·min^{-1}，收集流出液于另一锥形瓶中以备测定 Co^{2+}，用 NH$_4$SCN 法检验 Co^{2+} 是否已洗脱完全（在中性或酸性溶液中，Co^{2+} 与 NH$_4$SCN 生成蓝色配离子[Co(SCN)$_4$]$^{2-}$）。

（4）Ni^{2+}、Co^{2+} 的测定　将洗脱 Ni^{2+} 的洗脱液用 6mol·L^{-1}NaOH 中和至酚酞变红，继续用 6mol·L^{-1}HCl 溶液调至红色褪去，再过量 2 滴，此时由于中和发热使液温升高，可将锥形瓶置于流水中冷却。用移液管加入 10.00mL EDTA 标准溶液，加入 5mL 六亚甲基四胺溶液，控制溶液的 pH 在 5.5 左右。加 2 滴二甲酚橙，溶液应为黄色（若呈紫红或橙红，说明 pH 过高，用 2mol·L^{-1}HCl 溶液调至刚变黄色），用锌标准溶液回滴过量的 EDTA，终点由黄绿变为紫红色。

Co^{2+} 的测定同 Ni^{2+}。

根据滴定结果计算镍钴混合试液中各组分的浓度，以 mg·mL^{-1} 表示。

用 20～30mL 2mol·L^{-1}HCl 溶液处理交换柱使之再生，或将使用过的树脂回收在一烧杯中，统一进行再生处理（取出玻璃棉，洗净交换柱）。

【数据处理】

（1）Ni^{2+} 含量（以质量浓度表示）计算公式

$$\rho(\text{Ni}^{2+}) = \frac{[c(\text{EDTA})V(\text{EDTA}) - c(\text{Zn}^{2+})V(\text{Zn}^{2+})]M(\text{Ni}^{2+})}{V_s}$$

式中　$\rho(\text{Ni}^{2+})$——试样中 Ni^{2+} 的含量，mg·mL^{-1}；

　　$c(\text{EDTA})$——EDTA 标准溶液的浓度，mol·L^{-1}；

　　$V(\text{EDTA})$——消耗 EDTA 标准溶液的体积，mL；

　　$c(\text{Zn}^{2+})$——Zn^{2+} 标准溶液的浓度，mol·L^{-1}；

　　$V(\text{Zn}^{2+})$——滴定时消耗的 Zn^{2+} 标准溶液的体积，mL；

　　V_s——试样的体积，mL；

　　$M(\text{Ni}^{2+})$——Ni^{2+} 的摩尔质量，g·mol^{-1}。

（2）Co^{2+} 含量（以质量浓度表示）计算公式

$$\rho(\text{Co}^{2+}) = \frac{[c(\text{EDTA})V(\text{EDTA}) - c(\text{Zn}^{2+})V(\text{Zn}^{2+})]M(\text{Co}^{2+})}{V_s}$$

式中　$\rho(\text{Co}^{2+})$——试样中 Co^{2+} 的含量，mg·mL^{-1}；

　　$c(\text{EDTA})$——EDTA 标准溶液的浓度，mol·L^{-1}；

$V(\text{EDTA})$ —— 消耗 EDTA 标准溶液的体积，mL；

$c(\text{Zn}^{2+})$ —— Zn^{2+} 标准溶液的浓度，$\text{mol}\cdot\text{L}^{-1}$；

$V(\text{Zn}^{2+})$ —— 滴定时消耗的 Zn^{2+} 标准溶液的体积，mL；

V_s —— 试样的体积，mL；

$M(\text{Co}^{2+})$ —— Co^{2+} 的摩尔质量，$\text{g}\cdot\text{mol}^{-1}$。

【思考题】

（1）在离子交换分离中，为什么要控制流出液的流量？淋洗液为什么要分几次加入？

（2）本实验若是微量 Co^{2+} 与大量 Ni^{2+} 的分离，其测定方式应有何不同？

（3）对于含常量 Co^{2+} 和 Ni^{2+} 的试液，若不采用预分离，应如何进行测定？

6.13 铁黄颜料的制备及铁黄中氢氧根含量的测定

【实验目的】

（1）学习亚铁盐制取氧化铁系列颜料的原理和基本方法。

（2）掌握重量分析中反滴定法对实际样品待测组分的测定方法。

【实验原理】

铁黄是一种无毒颜料，其遮盖力强于其他任何黄色颜料。这一特点使铁黄能够广泛地应用于建筑、涂料、橡胶和文教等行业的工业品中。此外，铁黄也可用作医药上的糖衣着色剂和化妆品的色料。本实验采用亚铁盐溶液氧化法制备铁黄颜料。

以 FeSO_4 为原料，加入沉淀剂 Na_2CO_3，在一定 pH 条件下得到 Fe(OH)_2 沉淀，将生成的 Fe(OH)_2 沉淀通入空气氧化，即可制得羟基氧化铁（FeOOH）。经抽滤和洗涤后，将沉淀加热制得铁黄。反应方程式为：

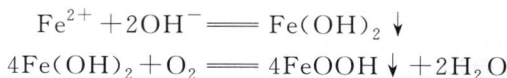

$$\text{Fe}^{2+} + 2\text{OH}^- =\!=\!= \text{Fe(OH)}_2 \downarrow$$
$$4\text{Fe(OH)}_2 + \text{O}_2 =\!=\!= 4\text{FeOOH} \downarrow + 2\text{H}_2\text{O}$$

铁黄可看作组成为 $\text{Fe}_2\text{O}_3 \cdot x\text{H}_2\text{O}$ 的铁的氧化物水合物。将铁黄在 270℃ 下加热，铁黄发生明显相变，转变为铁红（Fe_2O_3）。本实验中要求学生测定铁黄样品中羟基（—OH）的含量，以证明铁黄的最简化学式。铁黄作为 Fe^{3+} 氧化物水合物的一种，难溶于水。因此，测定铁黄样品的碱量，必须用返滴定法。

本实验先用 HCl 标准溶液溶解铁黄样品，然后以 NaOH 标准溶液滴定剩余的盐酸。由于 Fe^{3+} 的水解，需要对 Fe^{3+} 实施掩蔽。以 F^- 作掩蔽剂，利用 F^- 与 Fe^{3+} 生成稳定配合物 $[\text{FeF}_6]^{3-}$ 这一反应，可使 Fe^{3+} 直到 pH 9～10 时都不发生水解。

【实验用品】

（1）仪器 抽滤装置，烘箱，电子天平，碱式滴定管，蒸发皿，锥形瓶（250mL 3 只），烧杯（250mL，500mL 各 1 只）。

（2）试剂

$\text{FeSO}_4(\text{s})$　　　　　　　　　　　　　HCl 标准溶液（$0.5000\text{mol}\cdot\text{L}^{-1}$）

$\text{Na}_2\text{CO}_3(\text{s})$　　　　　　　　　　　　NaOH 标准溶液（$0.5000\text{mol}\cdot\text{L}^{-1}$）

NaF(s)　　　　　　　　　　　　　　　精密 pH 试纸
酚酞指示剂

【实验内容】

（1）铁黄的制备　称取 23g 固体 $FeSO_4$ 于 250mL 烧杯中，加水溶解，配制成 150mL $FeSO_4$ 溶液。称取 4g 固体 Na_2CO_3 于 500mL 烧杯中，加水溶解，配制成 150mL Na_2CO_3 溶液。将 Na_2CO_3 溶液水浴加热，恒温至 45～50℃。搅拌下缓慢加入 150mL $FeSO_4$ 溶液，pH 控制在 3～4，反应中产生灰白色沉淀。开动真空泵，通空气 45min，观察沉淀颜色变化为灰白色→灰绿色→深绿色→棕黄色。停止反应，抽滤洗涤。抽干后，将沉淀置于蒸发皿中。

将装有沉淀的蒸发皿置于烘箱中，温度控制在 120℃，恒温 1h。取出称重，计算产率。

（2）铁黄中氢氧根含量的测定　准确称取铁黄样品（样品质量根据计算确定）于 250mL 锥形瓶中，加入过量的 $0.5000mol \cdot L^{-1}$ HCl 标准溶液，加热溶解。溶液冷却后加入 NaF 作掩蔽剂（计算所需量），然后用 $0.5000mol \cdot L^{-1}$ NaOH 标准溶液滴定剩余的 HCl 溶液。平行测定 3 次，计算铁黄中氢氧根含量。

【数据记录与处理】

根据滴定数据，计算样品中 OH^- 的含量。

【思考题】

（1）在铁黄制备过程中，虽不断补充碱液，但溶液 pH 仍不断降低，为什么？
（2）在洗涤颜料浆液的过程中，如何检验 SO_4^{2-} 是否存在？

6.14　植物中某些元素的分离与鉴定

【实验目的】

（1）了解从周围植物中分离和鉴定化学元素的方法。
（2）自行设计分离和鉴定方案。

【实验原理】

植物是有机体，主要由 C、H、O、N 等元素组成。此外，还含有 P、I 和某些金属元素如 Ca、Mg、Al、Fe 等。把植物烧成灰烬，然后用酸浸溶，即可从中分离和鉴定某些元素。本实验只要求分离和检出植物中 Ca、Mg、Al、Fe 四种金属元素和 P、I 两种非金属元素。

【实验用品】

（1）仪器　台秤，蒸发皿（150mL），研钵，量筒，试管，烧杯。
（2）试剂

HCl（$2mol \cdot L^{-1}$）　　　　　　　　广泛 pH 试纸
HAc（$1mol \cdot L^{-1}$）　　　　　　　　鉴定 Ca^{2+}、Mg^{2+}、Fe^{3+}、Al^{3+}、I^-、
HNO$_3$（浓）　　　　　　　　　　　　PO_4^{3-} 所用的试剂
NaOH（$2mol \cdot L^{-1}$）

（3）材料　松枝，柏枝，茶叶，海带。

【实验内容】

（1）从松枝、柏枝和茶叶等植物中任选一种鉴定 Ca、Mg、Al 和 Fe　取约 5g 已洗净且干燥的植物枝叶（青叶用量适当增加），放在蒸发皿中，在通风橱内加热灰化，然后用研钵将植物灰研细。取一勺灰粉（约 0.5g）溶于 10mL 2mol·L^{-1} HCl 溶液中，加热并搅拌促使灰粉溶解，过滤。

自拟方案鉴定滤液中的 Ca^{2+}、Mg^{2+}、Al^{3+} 和 Fe^{3+} 各离子。

（2）从松枝、柏枝和茶叶等植物中任选一种鉴定 P　用同上的方法制得植物灰粉，取一勺灰粉溶于 2mL 浓 HNO$_3$ 溶液中，温热并搅拌促使灰粉溶解，然后加水 30mL 稀释，过滤。

自拟方案鉴定滤液中的 PO$_4^{3-}$。

（3）海带中 I 的鉴定　将海带用上述的方法灰化，取一勺灰粉溶于 10mL 1mol·L^{-1} HAc 溶液中，温热并搅拌促使灰粉溶解，过滤。

自拟方案鉴定滤液中的 I$^-$。

【提示】

① 以上植物中各鉴定离子的含量一般都不高，所得滤液中这些离子的浓度往往较低，鉴定时取量不宜太少，一般为 1mL 左右。

② Fe^{3+} 对 Mg^{2+} 和 Al^{3+} 鉴定均有干扰，鉴定前应加以分离。可采用控制 pH 方法先将 Ca^{2+}、Mg^{2+} 与 Al^{3+}、Fe^{3+} 分离，然后将 Al^{3+}、Fe^{3+} 分离。

【思考题】

为了鉴定 Mg^{2+}，某学生进行如下实验：植物灰用较浓的盐酸浸溶后，过滤。滤液用氨水中和至 pH=7，过滤。在所得的滤液中，加几滴 NaOH 溶液和镁试剂，发现得不到蓝色沉淀。试解释实验失败的原因。

6.15　葡萄糖酸锌的合成及组成测定

【实验目的】

（1）了解离子交换法纯化葡萄糖酸的操作。

（2）掌握葡萄糖酸锌的制备方法和组成测定方法。

【实验原理】

锌是人体必需的微量元素之一，它与人体遗传和生命活动有密切关系。锌对人的正常生活和健康成长都有着非常重要的作用。缺锌可引起多种疾病的发生和功能的减退。本实验合成的含锌产物，可作为人体对锌需求的补充剂。首先利用离子交换法制备纯度较高的葡萄糖酸溶液，然后再将葡萄糖酸溶液与氧化锌反应制得葡萄糖酸锌。

【实验用品】

（1）仪器　离子交换柱，烧杯，量筒，台秤，抽滤装置，水浴装置。

（2）试剂

葡萄糖酸钙   精密 pH 试纸

氧化锌   二甲酚橙

浓硫酸   EDTA 标准溶液（$0.02 mol \cdot L^{-1}$）

732 型阳离子交换树脂   乙酸-乙酸钠缓冲溶液 （pH＝5.5）

乙醇（95%）

【实验内容】

（1）葡萄糖酸的制备   在 100mL 烧杯中加入 50mL 蒸馏水，缓缓加入 1.1mL 浓硫酸，充分搅拌下分批加入 9g 葡萄糖酸钙，在 90℃水浴中继续搅拌 40min，让其反应完全。趁热滤去生成的 $CaSO_4$ 沉淀，待滤液冷却后过柱。

在交换柱中装入 5cm 高的 732 型阳离子交换树脂（H^+），用少量蒸馏水洗至流出液为弱酸性 （pH 为 5～6）。将上述滤液过柱，以 $2 mL \cdot min^{-1}$ 的速度通过交换树脂。将流出液收集于另一烧杯中。待全部滤液过柱后，再用 10mL 蒸馏水洗涤树脂，洗涤液并入上述流出液中。

（2）葡萄糖酸锌的制备   在上述制得的溶液中，分批加入 1.6g 氧化锌，在 60℃水浴中搅拌反应 1h。过滤，滤液减压浓缩至原体积的 1/5 （溶液变得黏稠）。将黏稠液转入 50mL 烧杯中，加入 95%乙醇的 10mL。将溶液充分搅拌并置于冷水浴中冷却，此时黏稠液将晶化而得到白色粉末状的葡萄糖酸锌。过滤，将产物置于水浴上干燥。称重。

（3）葡萄糖酸锌中锌含量的测定   准确称取制得的产物 0.25g 左右，加入 25mL 乙酸-乙酸钠缓冲溶液 （pH＝5.5） 使其溶解，加水稀释至 100mL。滴加 2 滴二甲酚橙指示剂，用 $0.02 mol \cdot L^{-1}$ EDTA 标准溶液滴定至溶液由紫红色变为纯黄色即为终点。计算该化合物中所含锌的质量分数，由此计算出产物中葡萄糖酸锌的含量。

【思考题】

（1）除去硫酸钙后的滤液，通过 732 型阳离子交换树脂的作用是什么？如何才能达到目的？

（2）如果最后的分析结果表明，该产物中葡萄糖酸锌的含量大于 100%，这一结果应如何解释？

6.16   洗衣粉中活性组分与碱度的测定

【实验目的】

（1）了解分析样品处理的一般方法。

（2）掌握复杂样品多指标分析的原理和方法。

【实验原理】

烷基苯磺酸钠是一种阴离子表面活性剂，具有良好的去污力、发泡力和乳化力。同时，烷基苯磺酸钠在酸性、碱性和硬水中都很稳定。分析洗衣粉中烷基苯磺酸钠的含量，是控制洗衣粉产品质量的重要步骤。

烷基苯磺酸钠的分析一般采用对甲苯胺法。该法将样品与盐酸对甲苯胺溶液混合，烷基苯磺酸钠与盐酸对甲苯胺生成的复盐可溶于 CCl_4 中。采用 NaOH 标准溶液滴定复盐，根据消耗标准碱液的体积和浓度，即可求得烷基苯磺酸钠的含量。烷基苯磺酸钠的侧链取代基是含 $C_{10} \sim C_{14}$ 的混合物，在本实验中，以十二烷基苯磺酸钠表示其含量。

洗衣粉的组成十分复杂，除烷基苯磺酸钠活性物外，其中还添加有许多助剂。例如，添加一定量碳酸钠等碱性物质，洗涤液可以保持一定 pH 值范围。这样，当洗衣粉遇到酸性污物时，仍具有较高的去污能力。

在对洗衣粉中碱性物质的分析中，常用活性碱度和总碱度两个指标来表示碱性物质的含量。活性碱度是指仅由于氢氧化钠（或氢氧化钾）产生的碱度；总碱度包括碳酸盐、碳酸氢盐、氢氧化钠及有机碱（如三乙醇胺）等产生的碱度。利用酸碱滴定方法，可以测定洗衣粉中的碱度指标。

【实验用品】

(1) 仪器　电子天平，台秤，酸式及碱式滴定管（50mL），容量瓶（250mL），锥形瓶（250mL），移液管（25mL），烧杯，玻璃棒，分液漏斗（250mL），电炉，滴管和量筒（100mL）。

(2) 试剂

对甲苯胺（s）	乙醇（95%）	甲基橙指示剂
CCl_4	间甲酚紫指示剂(0.04%钠盐)	邻苯二甲酸氢钾（基准物）
浓盐酸	pH 试纸	精密 pH 试纸
盐酸（1∶1）	酚酞指示剂	洗衣粉
NaOH（s）		

【实验内容】

(1) 配制 $0.01mol \cdot L^{-1}$ 的 HCl 和 $0.01mol \cdot L^{-1}$ NaOH 标准溶液并标定其准确浓度

① 取计算量的浓 HCl 和固体 NaOH，用两个试剂瓶分别配制 500mL 浓度为 $0.01mol \cdot L^{-1}$ 的 HCl 溶液和 $0.01mol \cdot L^{-1}$ NaOH 溶液，备用。

② $0.01mol \cdot L^{-1}$ NaOH 标准溶液浓度的标定：在电子天平上称取 $0.6 \sim 0.8g$ 邻苯二甲酸氢钾，在烧杯中用 30mL 蒸馏水溶解，转入 250mL 容量瓶中，定容。用移液管取邻苯二甲酸氢钾溶液 25.00mL 置于 250mL 锥形瓶中，以酚酞为指示剂，以 $0.01mol \cdot L^{-1}$ NaOH 标准溶液滴定至微红色半分钟内不褪，即为终点。记下 NaOH 标准溶液的耗用量。平行测定 3 次，计算 NaOH 标准溶液的浓度。

③ $0.01mol \cdot L^{-1}$ HCl 标准溶液浓度的比较滴定：准确移取 25.00mL HCl 标准溶液置于 250mL 锥形瓶中，以酚酞为指示剂，以 $0.01mol \cdot L^{-1}$ NaOH 标准溶液滴定至微红色半分钟内不褪，即为终点。记下 NaOH 标准溶液的耗用量。平行测定 3 次，计算 HCl 标准溶液的浓度。

(2) 配制盐酸对甲苯胺溶液　粗称 10g 对甲苯胺，溶于 20mL（1∶1）盐酸中，加水至 100mL，使 pH<2。溶解过程可适当温热，以促进其溶解。

(3) 配制洗衣粉样品溶液　称取洗衣粉样品 $1.5 \sim 2g$（准确至 0.0001g），分批加入 80mL 水中，搅拌促使其溶解（可温热）。转移至 250mL 容量瓶中，稀释至刻度，摇匀。因液体表面有泡沫，读数应以液面为准。

（4）活性物质的滴定　用移液管移取 25.00mL 洗衣粉样品溶液于 250mL 分液漏斗中，用（1∶1）盐酸调 pH≤3。加 25mL CCl$_4$ 和 15mL 盐酸对甲苯胺溶液，剧烈振荡 2min，再以 15mL CCl$_4$ 和 5mL 盐酸对甲苯胺溶液重复萃取两次。合并 3 次提取液于 250mL 锥形瓶中，加入 10mL 95％乙醇溶液增溶，再加入 0.04％间甲酚紫指示剂 2 滴，以 0.01mol·L^{-1} NaOH 标准溶液滴定至溶液由黄色突变为紫蓝色，且 30s 不变即为终点。计算活性物质质量分数。

（5）活性碱度的测定　用移液管吸取洗衣粉样液 25.00mL，加入 2 滴酚酞指示剂，用 0.01mol·L^{-1} 的 HCl 标准溶液滴定至浅粉色（15s 不褪色），计算以 Na$_2$O 形式表示的活性碱度。平行测定两次。

（6）总碱度的测定　于测定过活性碱度的溶液中再加入 6 滴甲基橙指示剂，继续滴定至橙色。平行测定两次，计算以 Na$_2$O 形式表示的总碱度。

【数据处理】

（1）0.01mol·L^{-1} NaOH 标准溶液的标定

$$C(\text{NaOH}) = \frac{m}{M} \times \frac{25}{250} \times \frac{1}{V} \times 10^{-3}$$

式中，m 为邻苯二甲酸氢钾的质量，g；M 为邻苯二甲酸氢钾的摩尔质量，204.2g·mol^{-1}；V 为 NaOH 的体积，mL。

（2）0.01mol·L^{-1} 的 HCl 标准溶液的比较滴定

$$C(\text{HCl}) = c(\text{NaOH})V(\text{NaOH})/25.00$$

（3）活性物质的滴定

$$w = cV \times 10^{-3} \times M \times \frac{250}{25} \times \frac{1}{m}$$

式中　w——洗衣粉中活性物质的质量分数；
　　　c——HCl 标准溶液的浓度，mol·L^{-1}；
　　　V——消耗 HCl 标准溶液的体积，mL；
　　　M——洗衣粉活性物质的摩尔质量，348.9g·mol^{-1}；
　　　m——洗衣粉样品的质量，g。

（4）活性碱度滴定

$$w(\text{Na}_2\text{O}) = cV \times 10^{-3} \times M \times \frac{250}{25} \times \frac{1}{m}$$

式中　$w(\text{Na}_2\text{O})$——洗衣粉中活性碱（以 Na$_2$O 表示）的质量分数；
　　　c——HCl 标准溶液的浓度，mol·L^{-1}；
　　　V——消耗 HCl 标准溶液的体积，mL；
　　　M——Na$_2$O 的摩尔质量，61.98g·mol^{-1}；
　　　m——洗衣粉样品的质量，g。

（5）总活性碱度滴定

$$w(\text{Na}_2\text{O}) = cV \times 10^{-3} \times M \times \frac{250}{25} \times \frac{1}{m}$$

式中　$w(\text{Na}_2\text{O})$——洗衣粉中总活性碱（以 Na$_2$O 表示）的质量分数；

c——HCl 标准溶液的浓度，$mol \cdot L^{-1}$；

V——消耗 HCl 标准溶液的总体积，mL；

M——Na_2O 的摩尔质量，$61.98g \cdot mol^{-1}$；

m——洗衣粉样品的质量，g。

【思考题】

(1) 配制 HCl、NaOH 的水需要准确量取吗？为什么？

(2) 实验中须准确称量与移取仪器都有哪些？

6.17 含 Cr（Ⅵ）废水的处理

【实验目的】

(1) 了解含 Cr(Ⅵ) 废水的常用处理办法。

(2) 掌握比色法测定 Cr(Ⅵ) 的原理和方法。

【实验原理】

含铬工业废水中的铬多以 Cr(Ⅵ) 及 Cr(Ⅲ) 形式存在。Cr(Ⅵ) 的毒性比 Cr(Ⅲ) 大 100 倍，它能诱发皮肤溃疡、贫血、肾炎及神经炎症等。工业废水排放时，要求 Cr(Ⅵ) 含量不超过 $0.3mg \cdot L^{-1}$。生活饮用水和地表水中 Cr(Ⅵ) 含量要求不超过 $0.05mg \cdot L^{-1}$。Cr(Ⅵ) 的处理方法，通常是在酸性条件下用还原剂将 Cr(Ⅵ) 还原为 Cr(Ⅲ)，然后在碱性条件下，将 Cr(Ⅲ) 沉淀为 $Cr(OH)_3$，经过滤除去沉淀而使水净化。例如：

$$Cr_2O_7^{2-} + 6Fe^{2+} + 14H^+ =\!=\!= 2Cr^{3+} + 6Fe^{3+} + 7H_2O$$

$$CrO_4^{2-} + 3Fe^{2+} + 8H^+ =\!=\!= Cr^{3+} + 3Fe^{3+} + 4H_2O$$

一般采用分光光度法测定水样中微量 Cr(Ⅵ)。在微酸性条件下，Cr(Ⅵ) 与显色剂二苯碳酰二肼$[CO(NH-NH-C_6H_5)_2]$生成紫红色配合物，其最大吸收波长在 540nm 处。

【实验用品】

(1) 仪器　721（或 722）型分光光度计，电子天平，台秤，烧杯，容量瓶（25mL，500mL，1000mL），移液管，吸量管。

(2) 试剂

H_2SO_4（$6\ mol \cdot L^{-1}$）　　　　　$FeSO_4 \cdot 7H_2O$（s）　　　　　NaOH（$6\ mol \cdot L^{-1}$）

二苯胺磺酸钠　　　　　$K_2Cr_2O_7$（s，基准物质）　　pH 试纸

二苯碳酰二肼乙醇溶液：称取邻苯二甲酸酐 2g，溶于 50mL 乙醇中，再加入二苯碳酰二肼 0.25g，溶解后储于棕色瓶中，此溶液可保存两星期左右。

硫磷混酸：150mL 浓硫酸与 300mL 水混合，冷却，再加 150mL 浓磷酸，然后稀释至 1000mL。

含铬废水：可取 1g $K_2Cr_2O_7$ 配制成 250mL 溶液。

【实验内容】

(1) 除去含 Cr(Ⅵ) 废水中的 Cr(Ⅵ)　首先检测废水的酸碱性，若为中性或碱性，用工业硫酸调节废水至弱酸性。

取一定量已调至弱酸性的含铬废水，滴入几滴二苯胺磺酸钠指示剂，此时溶液呈紫红色。慢慢加入 $FeSO_4 \cdot 7H_2O(s)$ 或 $FeSO_4$ 饱和溶液并充分搅拌，至溶液变为绿色，再加入过量约 2% 的 $FeSO_4$，加热，继续充分搅拌 10min。

将 $6mol \cdot L^{-1}$ NaOH 溶液（或 CaO 粉末）加至上述热溶液中，直至有大量棕黄色 [Cr(Ⅵ) 含量高时，可达棕黑色] 沉淀产生，并使 pH 在 10 左右。

待溶液冷却后过滤，滤液应基本无色。该水样留作下面分析 Cr(Ⅵ) 含量用。

（2）水样的测定

① Cr(Ⅵ) 标准溶液的配制。称取 0.1414g $K_2Cr_2O_7$ 溶于适量蒸馏水中，然后用容量瓶定容至 500mL，此溶液中 Cr(Ⅵ) 含量为 $100mg \cdot L^{-1}$。准确移取上述标准溶液 10.00mL，置于 1000mL 容量瓶中，用蒸馏水定容至标线，此溶液 Cr(Ⅵ) 含量为 $1.00mg \cdot L^{-1}$。

② 工作曲线的绘制。在 6 个 25mL 容量瓶中，用吸管分别加入 0.05mL、1.00mL、2.00mL、4.00mL、6.00mL、8.00mL 的 Cr(Ⅵ)（$1.00mg \cdot L^{-1}$）标准液，加入硫磷混酸 0.5mL，加蒸馏水至 20mL 左右，然后加入 1.5mL 二苯碳酰二肼溶液，用蒸馏水稀释至刻度，摇匀。放置 10min 后，立即以水为参比溶液，在 540nm 波长下，测定各溶液的吸光度 A。绘制吸光度 A 与 Cr(Ⅵ) 含量的工作曲线。

③ 水样中 Cr(Ⅵ) 的测定。将含铬废水处理后的滤液用 $6mol \cdot L^{-1}$ H_2SO_4 调至 pH 7 左右。准确移取 20mL 该滤液于 25mL 容量瓶中，按上法显色，定容，在同样条件下测出吸光度值。利用工作曲线计算滤液中 Cr(Ⅵ) 的含量。

【注意事项】

① Cr(Ⅵ) 的还原须在酸性条件下进行，故必须首先检查废水的酸碱性。

② 若废水中 Cr(Ⅵ) 含量在 $1mg \cdot L^{-1}$ 以下，可将 $FeSO_4 \cdot 7H_2O$ 配成饱和溶液加入，这样易控制 Fe^{2+} 的加入量。

③ 二苯碳酰二肼溶液应接近无色，如已变棕色，则不宜使用。

④ 比色测定时最适宜的显色酸度为 $0.2mol \cdot L^{-1}$ 左右。

【思考题】

（1）本实验以吸光度求得的是处理后的废水中的 Cr(Ⅵ) 含量，Cr(Ⅲ) 的存在对测定有无影响？如何测定处理后的废水中的总铬含量？

（2）本实验比色测定中所用的各种玻璃仪器能否用铬酸洗液洗涤？如何洗涤可保证实验结果的准确性？

6.18　离子的鉴定及未知物的鉴别（设计性实验）

【实验目的】

（1）应用所学的元素及化合物的基本性质、知识和方法，设计鉴定实验方案，掌握未知物质中离子的鉴别方法、步骤和综合运用知识的能力，培养学生综合实验能力。

（2）进一步巩固常见阳离子和阴离子重要反应的基本知识和练习物质的分离、焰色反应、显色反应等操作。

（3）加强学生对查找文献、整理文献、设计实验方案、实施实验方案、分析讨论实验结果等的深刻认识，掌握进行科研创新的方法、步骤，以及撰写规范实验报告的技巧。

【实验用品】

（1）仪器　温度计，锥形瓶，酒精灯，离心试管，离心机，表面皿，试管刷子，试管，大试管，烧杯，酸式滴定管，蒸馏烧瓶，铁圈，铁架夹，铁架台。

（2）试剂　自拟。

【实验内容】

（1）区分两片银白色金属片（铝片和锌片）。

（2）鉴别四种黑色和近于黑色的氧化物（Co_2O_3，PbO_2，CuO 和 MnO_2）。

（3）未知混合液所含离子的分离（Cr^{3+}、Al^{3+}、Fe^{3+}、Co^{2+} 和 Ni^{2+}）。

（4）液体试剂的鉴别（$Cu(NO_3)_2$、$Hg_2(NO_3)_2$、$Hg(NO_3)_2$、$Pb(NO_3)_2$、$AgNO_3$、$NaNO_3$、KNO_3、$Al(NO_3)_3$、$Mn(NO_3)_2$、$Zn(NO_3)_2$、$Cd(NO_3)_2$）。

（5）固体试剂的鉴别（Na_2SO_3、$Na_2S_2O_3$、$NaCl$、Na_2CO_3、$NaNO_3$、$NaNO_2$、Na_3PO_4、Na_2S、$NaBr$、$NaHCO_3$）。

6.19　混合物的分析（设计性实验）

【实验目的】

通过设计对具体混合物样品的分析方案和进行实际测定，培养学生综合运用所学知识去分析和解决实际问题的能力。

【设计要求】

针对指定的实验选题，根据实验室现有条件，利用所学理论知识和实验技术，查阅相关文献资料后，独立拟出具体的分析方案，并提交有关指导教师审阅通过后才能进行实验。

设计分析方案时，要求写出下列内容。

① 测定原理简述（包括分析方法的选择及其依据、有关反应方程式）。

② 测定所需的主要仪器和试剂（包括基准物质、试剂浓度等）。

③ 操作步骤（包括标准溶液的配制和标定，试样测定的具体操作过程，所用试样量和试剂量等）。

④ 列出有关计算公式（应与所设计的分析方案、具体操作过程相一致）。

⑤ 列出测量数据记录表。

【实验选题】

（1）NH_3-NH_4Cl 混合溶液中各组分含量的测定（浓度各约 $0.1mol \cdot L^{-1}$）

提示：氨水是较弱的碱（$K_b^{\ominus}=1.76\times10^{-5}$），可用 HCl 标准溶液直接滴定；指示剂的选择应由化学计量点产物的 pH 来决定；NH_4Cl 的测定需加甲醛强化。

（2）HCl-H_3BO_3 混合溶液中各组分含量的测定（浓度各约 $0.1mol \cdot L^{-1}$）

提示：H_3BO_3 需加甘露醇强化后测定。

（3）$NaOH$-Na_3PO_4 混合溶液中各组分含量的测定（浓度各约 $0.1mol \cdot L^{-1}$）

提示：以 HCl 标准溶液滴定，注意第一、二化学计量点的产物及 pH，以此来选择指示剂及确定计量关系和相应的计算式。

（4）硫酸、磷酸混合酸溶液中 H_2SO_4 和 H_3PO_4 含量的测定（浓度各约 $0.1mol \cdot L^{-1}$）

提示：

$$H_2SO_4 + 2NaOH = Na_2SO_4 + 2H_2O$$

$$H_3PO_4 + NaOH = NaH_2PO_4 + H_2O$$

第一计量点 pH＝4.7，以甲基红指示终点。

$$NaH_2PO_4 + NaOH = Na_2HPO_4 + H_2O$$

第二计量点 pH＝9.7，以酚酞指示终点。

（5）保险丝中铅和镉含量的测定

提示：用邻二氮菲或 KI 掩蔽 Cd^{2+}，或用 H_2SO_4 生成 $PbSO_4$ 沉淀，分离后测 Cd^{2+}。

（6）铜合金中铜和锌含量的测定

提示：试样用 HCl-HNO_3 溶解，控制 pH 为 5～6（用六亚甲基四胺为缓冲剂），以二甲酚橙作指示剂，用硫脲掩蔽 Cu^{2+}，用 EDTA 滴定 Zn^{2+}；另取一份不加硫脲，可测得铜锌总量。

（7）鲜牛奶酸度及钙含量的测定

提示：酸碱滴定法测酸度，EDTA 法或 $KMnO_4$ 法测钙。

（8）高锰酸钾法测定钙制剂中的钙含量

提示：钙制剂经 HCl 溶解后，用 $NH_3 \cdot H_2O$ 调节溶液酸度至 pH 约为 9，然后加入 $(NH_4)_2C_2O_4$ 溶液。此时 Ca^{2+} 与 $C_2O_4^{2-}$ 作用生成 CaC_2O_4 沉淀，过滤洗涤后，加酸溶解，加热后用 $KMnO_4$ 标准溶液滴定。

（9）苯酚含量的测定（$KBrO_3$-I_2 法）

提示：$KBrO_3$ 与过量 KBr 作用生成 Br_2，Br_2 与苯酚反应生成三溴苯酚，多余的 Br_2 与过量 I^- 作用后，产生的 I_2 可用 $Na_2S_2O_3$ 标准溶液滴定。

（10）重铬酸钾法测定试液中二价和三价铁含量

提示：在酸性溶液中，可用 $K_2Cr_2O_7$ 标准溶液滴定试液中的 Fe^{2+}；试液经 $SnCl_2$ 等还原后，用 $K_2Cr_2O_7$ 标准溶液滴定总铁含量，从总铁含量中扣除 Fe^{2+}，可得 Fe^{3+} 的含量。

【设计示例】

以 HCl-NH_4Cl 混合液的测定为例，加以说明：

① HCl-NH_4Cl 混合液是酸碱体系考虑能否采用酸碱滴定法，沉淀滴定法测定。

② 判断能否直接滴定？能否分步滴定？若不能，则考虑采取其他滴定方式。

③ 标准溶液的浓度一般为 $0.1mol \cdot L^{-1}$ 左右（配位滴定法为 $0.01mol \cdot L^{-1}$ 左右）。

④ 考虑所用试剂和各操作环节对分析结果准确度的影响。

【实验报告】

根据所设计的分析方案（可以调整）进行实验后，按照实验报告书写的一般要求写出实验报告，并对所设计的分析方案和分析结果作出评价（实践体会、存在问题和建议）。

6.20　水质分析与评价（设计性实验）

【实验目的】

（1）掌握生活污水水质分析与评价的方法。

（2）训练学生独立查阅有关资料，制订实验方案的能力。

【实验提示】

水是维系生命的基本物质。当进入水体中的污染物含量超过了水体的自净能力，就会导致水体的物理、化学及生物特性的改变和水质的变化，这种现象称为水体污染。我国《环境监测技术规范》规定的生活污水监测项目有化学需氧量、悬浮物、总氮、阴离子洗涤剂等。

本实验对水体的测定内容如下。

（1）pH 的测定及悬浮物的测定　pH 是最常用的水质指标之一。天然水的 pH 多在 6～9 之间，饮用水 pH 在 6.5～8.5 之间，某些工业用水的 pH 必须保持在 7.0～8.5 之间，以防止金属设备和管道被腐蚀。测定 pH 常用酸度计。

水质中的悬浮物是指水样通过孔径为 0.45μm 的滤膜，被截留在滤膜上，并于 103～105℃烘干至恒重的物质。由于有机物挥发，结晶水的变化和气体逸失等会造成减重，也会由于氧化而增重。103～105℃下烘干的残渣，保留有结晶水和部分吸附水，有机物挥发逸失量少。在 105℃时不易赶尽吸附水，故达到恒重较慢，需反复烘干，冷却，称量，直到两次称量的质量差不超过 0.4mg 为止。

（2）水硬度的测定　参见实验 4.6 水的硬度测定

（3）COD 值的测定　参见实验 4.11 水样中化学需氧量的测定。

（4）总氮量的测定　总氮包括有机氮和无机氮化合物（氨氮、亚硝酸盐氮和硝酸盐氮）。水体总氮含量是衡量水质的重要指标之一。

总氮量可以用过硫酸钾氧化紫外分光光度法进行测定：在 60℃以上水溶液中，过硫酸钾可分解产生硫酸氢钾和原子态氧。分解出的原子态氧在 120～124℃条件下，可使水样中的含氮化合物的氮元素转化为硝酸盐，并且在此过程中有机物同时被氧化分解。可用紫外分光光度法于波长 220nm 和 275nm 处，分别测出吸光度 A_{220}、A_{275}，并求出校正吸光度 A（$A=A_{220}-2A_{275}$）。按 A 的值查标准曲线并计算总氮含量。

（5）Cl$^-$ 含量的测定　参见实验 4.5　氯化物中氯含量的测定（银量法）。

（6）浑浊度的测定　浑浊度是水中悬浮物对光线透过时所发生的阻碍程度，现行通用的计量方法是把 1L 水中含有相当于 1mg 标准硅藻土所形成的浑浊状况作为一个浑浊度单位，简称 1 度。浑浊度与胶体颗粒的物质种类、粒径大小、表面状态有关。计量浑浊度时应用浑浊度标准品作为对照。

① 目视比浊法。将水样与用硅藻土配制的标准浊度溶液进行比较，该法适用于饮用水、水源水等低浊度水的测定，最低检测浊度为 1 度。

② 吸光光度法。将一定量的硫酸肼与六亚甲基四胺聚合，生成白色高分子聚合物，并

作为浊度标准溶液，在一定条件下与水样浊度比较。该法适用于天然水、饮用水及高浊度水的测定，最低检测浊度为 3 度。

【实验用品】

（1）仪器　酸度计，医用手提蒸气灭菌器，散射式浊度仪，紫外分光光度计，称量瓶，布氏漏斗，吸滤瓶，循环水真空泵，滤膜，电子天平，干燥器，烘箱，无齿扁咀镊子，塑料瓶（装样品），洗瓶，容量瓶（100mL，1000mL），吸量管移液管（10mL，100mL），锥形瓶（250mL）。

（2）试剂

$KMnO_4$ 标准溶液（0.002mol·L^{-1}）　　　　　　NH_3-NH_4Cl 缓冲溶液（pH＝10）

$Na_2C_2O_4$ 标准溶液（0.005mol·L^{-1}）　　　　　钙指示剂

$AgNO_3$（0.10mol·L^{-1}）　　　　　　　　　　　铬黑 T（5g·L^{-1}）

NaCl（基准试剂）　　　　　　　　　　　　　　EDTA（Mg^{2+}-EDTA）溶液（0.02mol·L^{-1}）

K_2CrO_4（3.5％）　　　　　　　　　　　　　　pH 标准溶液（pH＝4.00，pH＝6.86，

H_2SO_4（1＋3）　　　　　　　　　　　　　　　　　　pH＝9.18）

HCl（1＋1）　　　　　　　　　　　　　　　　硫酸肼（s）

NaOH（100g·L^{-1}，s）　　　　　　　　　　　六亚甲基四胺（s）

$CaCO_3$（基准物质）　　　　　　　　　　　　　过硫酸钾（s）

【实验内容】

（1）溶液的配制

① 浊度标准储备液。称取 1.000g 硫酸肼（注意：硫酸肼有毒、致癌，使用时注意安全！）溶于水，定容至 100mL。称取 10.00g 六亚甲基四胺溶于水，定容至 100mL。将上述两种溶液各吸取 5.00mL 于 100mL 容量瓶中，混匀。于 25℃±3℃下静置反应 24h。冷却后用水稀释至标线，混匀。此溶液浊度为 400 度，可保存一个月。

② 碱性过硫酸钾溶液。称取 40g 过硫酸钾和 15g NaOH 溶解在无氨水中，稀释至 1000mL。

（2）pH 的测定及悬浮物的测定

① 样品 pH 测定。参见 1.3.3 酸度计。

② 悬浮物测定。量取充分混合均匀的试样 100mL，抽滤，使水分全部通过滤膜，再以蒸馏水连续洗涤 3 次，每次 10mL，继续抽滤以除去痕量水分。停止抽滤后，仔细取出载有悬浮物的滤膜放在已恒重的称量瓶里，移入烘箱中于 103～105℃下烘干 1h 后移入干燥器中，冷却到室温，称其质量。反复烘干、冷却、称量，直到两次称量的质量差不超过 0.4mg 为止。

$$总不可滤残渣（mg·L^{-1}）＝（A-B）\times 10^6/V$$

式中，A 为总不可滤残渣＋滤膜及称量瓶重，g；B 为滤膜及称量瓶重，g；V 为水样体积，mL。

（3）水硬度的测定　参见实验 4.6　水的硬度测定。

（4）COD 值的测定　准确移取适量水样于 250mL 锥形瓶中，加蒸馏水至 100mL，加 5mL（1+3）H_2SO_4，再加入 0.10mol·L^{-1} 的硝酸银溶液 5mL 以除去水样中的 Cl^-（当水样中 Cl^- 浓度很小时，可以不加硝酸银），并准确加入 10.00mL 0.002mol·L^{-1} $KMnO_4$ 溶液，加热至沸，煮沸 5min，溶液应为浅红色。若此时红色褪去，说明有机物含量较高，应补加适量 $KMnO_4$ 溶液至试样溶液呈现稳定红色（补加体积应加到 $KMnO_4$ 消耗总体积中），立即准确加入 10.00mL 0.005mol·L^{-1} $Na_2C_2O_4$ 标准溶液。红色应完全褪去，然后用 0.002mol·L^{-1} $KMnO_4$ 溶液回滴至淡红色（记录回滴的体积为 V）即为终点。平行测定 3 份，计算水样中化学需氧量（mg·L^{-1}）。

$$\rho(O_2)=\frac{[5c(KMnO_4)(10.00+V)-2c(Na_2C_2O_4)\times10.00]\times8\times1000}{V(水样)}$$

式中　　$\rho(O_2)$——水样中化学需氧量，mg·L^{-1}；

$c(KMnO_4)$——$KMnO_4$ 标准溶液的浓度，mol·L^{-1}；

$c(Na_2C_2O_4)$——$Na_2C_2O_4$ 标准溶液的浓度，mol·L^{-1}；

V——用 $KMnO_4$ 标准溶液回滴消耗的体积，mL；

V（水样）——移取水样的体积，mL。

（5）总氮量的测定　吸取 10.00mL 试样，置于比色管中，加入 5mL 碱性过硫酸钾溶液，塞紧磨口塞，用布及绳等方法扎紧瓶塞。将比色管置于医用手提蒸气灭菌器中，加热，使压力表指针为 1.1～1.4kgf·cm^{-2}，温度达 120～124℃后开始计时。保持此温度加热 30min。取出比色管并冷至室温，加（1+1）盐酸 1mL，用无氨水稀释至 25mL 标线，混匀。移取部分溶液至 10mL 石英比色皿中，在紫外分光光度计上，以无氨水作参比，分别在波长为 220nm 与 275nm 处测定吸光度，计算出校正吸光度 A。

（6）Cl^- 含量的测定　参见实验 4.5　氯化物中氯含量的测定（银量法）。

（7）浑浊度的测定

① 标准曲线的绘制。吸取浊度标准液 0.00mL、0.50mL、1.25mL、2.50mL、5.00mL、10.00mL、12.50mL，分别置于 50mL 的比色管中，加水至标线。摇匀后，即得浊度为 0.0 度、0.4 度、10 度、20 度、40 度、80 度、100 度的标准系列。在 680nm 波长下，用 30mL 比色皿测定吸光度，绘制标准曲线。

② 水样的测定。吸取 5.00mL 摇匀水样，无气泡（如浊度超过 100 度可酌情少取），用无浊度水稀释至 50.00mL 比色管中，按绘制标准曲线步骤测定吸光度，由标准曲线上查得水样浊度。

【数据处理】

$$浊度=\frac{A(V'+V)}{V}$$

式中，A 为稀释后水样的浊度，度；V' 为稀释水体积，mL；V 为原水样体积，mL。

【思考题】

清洁地表水、轻度污染的水源以及较严重污染的水源，其 COD 值有何差别？

6.21　聚硅酸铁的制备与性能研究（设计性实验）

【实验目的】

（1）了解废水处理的原理和方法。

（2）训练学生独立查阅有关资料，制订实验方案的能力。

（3）掌握聚硅酸铁制备的方法。

【实验提示】

目前在废水处理领域应用较广泛，成本较低的方法是絮凝沉淀法。聚硅酸（PSA）是一类无机阴离子型的无机高分子絮凝剂，具有来源广、成本低、无毒、无污染等优点，但是聚硅酸在水溶液中的电中和能力弱，极易凝聚，最终生成硅酸凝胶而失去絮凝作用。在聚硅酸中加入金属离子能增强其稳定性，并能形成一系列的新型聚硅酸絮凝剂，如聚硅酸铁（PS-FS）、聚硅酸铝等。聚硅酸铝处理水后残余的铝会影响人体健康。聚硅酸铁与聚硅酸铝相比具有无毒、絮体颗粒大和沉降速度快等优点，所以，聚硅酸铁的开发利用对水处理具有重要意义。

【实验用品】

（1）仪器　磁力搅拌器，PB-10 型 pH 计，SP-2100 型分光光度计，台秤，秒表，浊度计。

（2）试剂

Na_2SiO_4（20%）　　　　　　H_2SO_4（$3mol \cdot L^{-1}$）　　　　　　$Fe_2(SO_4)_2(s)$

【实验内容】

（1）制备液体 PSFS　制备得到 $n(Fe)/n(Si)$ 分别为 1:6、1:4、1:3、1:2、3:4、1:1 的液体 PSFS。

（2）制备固体 PSFS　上述不同 $n(Fe)/n(Si)$ 的 PSFS 溶液烘干，称重，计算产率。

（3）絮凝实验　在 60mL 水样中加入一定量的絮凝剂后用磁力搅拌器快速搅拌 30s，慢速搅拌 10min，静置 10min，于距上液面 2~3cm 处取清液，测浊度。实验所用水样为实验室废水，自制混浊水或染料水。

【思考题】

（1）pH 对 PSFS 的稳定性有何影响？pH 过大会对实验结果产生什么影响？

（2）硅酸钠的浓度对实验结果有何影响？

第**7**章

现代仪器分析实验

7.1　微量铁的测定（邻二氮菲分光光度法）

【实验目的】

（1）掌握邻二氮菲分光光度法测定微量铁的方法原理。

（2）熟悉绘制吸收曲线的方法，正确选择测定波长。

（3）学习标准曲线的制作。

【实验原理】

邻二氮菲（1,10-二氮杂菲），也称邻菲罗啉，是测定微量铁的高灵敏、高选择性显色剂。在 pH 为 2～9 范围内（一般控制在 5～6 间），Fe^{2+} 与邻二氮菲试剂生成稳定的橙红色配合物 $Fe(phen)_3^{2+}$，$\lg K_{稳}^{\ominus} = 21.3$，在 510nm 下，其摩尔吸光系数为 $1.1 \times 10^4 \ L \cdot cm^{-1} \cdot mol^{-1}$。

Fe^{3+} 也和邻二氮菲生成配合物（呈蓝色）。因此，在显色之前需用盐酸羟胺或抗坏血酸将全部的 Fe^{3+} 还原为 Fe^{2+}。

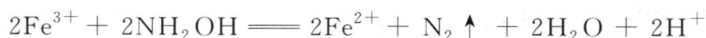

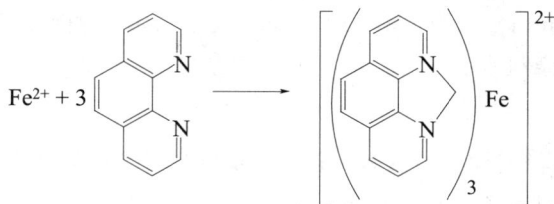

$$2Fe^{3+} + 2NH_2OH \Longrightarrow 2Fe^{2+} + N_2 \uparrow + 2H_2O + 2H^+$$

$$Fe^{2+} + 3 \quad \underset{\text{(邻二氮菲)}}{} \longrightarrow \left[Fe \right]_3^{2+}$$

本方法的选择性很高，相当于含铁量 40 倍的 Sn、Al、Ca、Mg、Zn、Si，20 倍的 Cr、Mn、V、P 和 5 倍的 Co、Ni、Cu 不干扰测定。

本实验采用标准曲线法（又称工作曲线法），即配制一系列浓度由小到大的标准溶液，在确定条件下，依次测量各标准溶液的吸光度（A），以标准溶液的浓度为横坐标，相应的吸光度为纵坐标，在坐标纸上绘制标准曲线。将未知试样按照与绘制标准曲线相同的操作条件操作，测定出其吸光度，再从标准曲线上查出该吸光度对应的浓度值就可计算出被测试样中被测物的含量。

【实验用品】

（1）仪器　SP-2100 型分光光度计[1]，容量瓶（50mL，100mL），吸量管（5mL，10mL），量筒等。

（2）试剂

邻二氮菲（0.1%）　　盐酸羟胺（10%，新配制）　　HAc-NaAc 缓冲溶液（pH=4.6）
HCl（6mol·L^{-1}）　　待测铁水样

铁标准储备溶液：准确称取 0.1760g 分析纯硫酸亚铁铵 $[FeSO_4·(NH_4)_2SO_4·6H_2O]$ 于小烧杯中，加水溶解，加入 6mol·L^{-1} HCl 溶液 5mL，定量转移至 250mL 容量瓶中稀释至刻度，摇匀。所得溶液每毫升含铁 0.1000mg（即 100.0μg·mL^{-1}）。

【实验内容】

（1）10.00μg·mL^{-1} 铁标准使用液配制　用吸量管移取 100.0μg·mL^{-1} 的铁标准储备液 10.00mL，置于 100mL 容量瓶中，加入 2mL 6mol·L^{-1} HCl，用蒸馏水稀释至刻度，摇匀。

（2）标准系列溶液的配制　用吸量管分别移取上一步骤配制的铁标准使用液（10.00μg·mL^{-1}）0、1.00mL、2.00mL、4.00mL、6.00mL、8.00mL、10.00mL 依次放入 7 只 50mL 容量瓶中，分别加入 10%盐酸羟胺溶液 1.0mL，稍摇动，再加入 0.1%邻二氮菲溶液 2.0mL 及 HAc-NaAc 缓冲溶液 5mL，稀释至刻度，充分摇匀。

（3）未知试样测试液的配制　准确移取 10mL（以所测吸光度在标准曲线范围内为宜）未知试样溶液，按同样步骤和方法配制测试液。

（4）绘制吸收曲线　取上述标准系列中铁标准溶液用量为 6.0mL 的显色溶液，在分光光度计上，从波长 440nm 开始，以含铁标准溶液为 0mL 的试液为参比，每隔 20nm 测定一次吸光度 A 值。当临近最大吸收波长附近时应每间隔 5～10nm 测定一次 A 值（注意：每改变一次波长都必须重新用参比溶液校正）。测定到 650nm 波长为止。然后以波长为横坐标，吸光度 A 值为纵坐标，绘制吸收曲线，并找出最大吸收峰的波长，作为下面测定标准曲线时所用的波长。

（5）标准曲线的绘制　以不加铁标准溶液的试液为参比液，上一步骤所选择的最大吸收波长为测定波长，依次测定标准系列中各溶液的吸光度 A 值。

以铁的质量浓度为横坐标，A 值为纵坐标，绘制标准曲线。

（6）未知试样中微量铁的测定　以步骤（3）中所配制测试液，按同样条件和方法测定吸光度 A_x 值。对应标准曲线查出所含铁的浓度，并计算原样中铁的含量。

（7）自来水中微量铁分析（选做）　移取 25.00mL 自来水，按前述同样方法和步骤测定吸光度 A 值。从标准曲线上查出和计算其含铁量。

【注释】

[1] SP-2100 分光光度计的使用方法参见第 1 章的 1.3.4 的内容。

【思考题】

（1）如果试液测得的吸光度不在标准曲线范围内怎么办？

（2）根据自己的实验数据，计算所用波长下的摩尔吸光系数。

7.2 磷的分光光度法分析

【实验目的】

(1) 掌握分光光度法测磷的原理和方法。

(2) 进一步熟悉分光光度计的使用方法。

【实验原理】

微量磷的测定，一般采用钼蓝法。此法是在含 PO_4^{3-} 的酸性溶液中加入 $(NH_4)_2MoO_4$ 试剂，可生成黄色的磷钼酸，其反应式如下：

$$PO_4^{3-} + 12MoO_4^{2-} + 27H^+ \Longrightarrow H_7[P(Mo_2O_7)_6] + 10H_2O$$

若以此直接比色或分光光度法测定，由于磷钼酸的摩尔吸光系数 ε 较小，使得测定方法灵敏度较低，适用于含磷量较高的试样。如在黄色溶液中加入适量还原剂，磷钼酸中部分正六价钼被还原生成低价的蓝色的磷钼蓝，则可显著提高测定的灵敏度，还可消除 Fe^{3+} 等离子的干扰。经显色后可在最大吸收波长下测定其吸光度 A。含磷的质量浓度在 $1mg \cdot L^{-1}$ 以下时服从朗伯—比耳定律。

最常用的还原剂有 $SnCl_2$ 和抗坏血酸。用 $SnCl_2$ 作为还原剂，反应的灵敏度高、显色快。但蓝色稳定性差，对酸度、$(NH_4)_2MoO_4$ 试剂的浓度控制要求比较严格。抗坏血酸的主要优点是显色较稳定，反应的灵敏度高、干扰小，反应要求的酸度范围宽 $[c(H^+) = 0.48 \sim 1.44 mol \cdot L^{-1}$，以 $c(H^+) = 0.8 mol \cdot L^{-1}$ 为宜]，但反应速率慢。为加速反应，可加入酒石酸锑钾，配制成 $(NH_4)_2MoO_4$、酒石酸锑钾和抗坏血酸的混合显色剂（简称为钼锑抗试剂）。本实验采用 $SnCl_2$。

SiO_3^{2-} 会干扰磷的测定。它也与 $(NH_4)_2MoO_4$ 生成黄色化合物，并被还原为硅钼蓝从而形成干扰。但可用酒石酸来控制 MoO_4^{2-} 浓度，使它不与 SiO_3^{2-} 发生反应。

该法可适用于磷酸盐的测定，还可适用于土壤、磷矿石、磷肥等全磷的分析。

【实验用品】

(1) 仪器　分光光度计，容量瓶（50mL），吸量管（10mL），量筒。

(2) 试剂

① $(NH_4)_2MoO_4$-H_2SO_4 混合液：溶解 25g $(NH_4)_2MoO_4$ 于 200mL H_2O 中，加入至冷却的 280mL 浓 H_2SO_4 和 400mL H_2O 相混合的溶液中，并稀释至 1L。

② $SnCl_2$-甘油溶液：将 2.5g $SnCl_2 \cdot 2H_2O$ 溶于 100mL 甘油中。

③ 磷标准溶液：$5mg \cdot L^{-1}$。

【实验内容】

(1) 标准系列及待测试液的配制　取 6 个 50mL 容量瓶编号。分别移入 0、2.00mL、4.00mL、6.00mL、8.00mL、10.00mL $5mg \cdot L^{-1}$ 磷标准溶液于上述六个容量瓶中，各加入约 25mL H_2O。然后再各加入 2.5mL $(NH_4)_2MoO_4$-H_2SO_4 混合试剂，摇匀。然后各加入 4 滴 $SnCl_2$-甘油溶液，用 H_2O 稀释至刻度，充分摇匀，静置 10～12 min。

另取 1 只 50mL 容量瓶，向其中加入 10.00mL 待测磷试液后，与标准系列溶液采用相同方法显色。

（2）吸收曲线和最大吸收波长 λ_{max} 测定　在标准系列中取加入 4.00mL 5mg·L^{-1}磷标准溶液的那只，待颜色稳定后加入 1cm 比色皿中，以加入 0mL 那只作为空白溶液参比，调节分光光度计的透光度为 100%（吸光度为 0）。然后改变入射光的波长在 550～750nm 间每间隔 10nm 测定上述配制的标准溶液的吸光度一次（注意每次改变波长都要先用参比溶液做校正）。

以测得的吸光度 A 为纵坐标，对应波长为横坐标，绘制吸收曲线并确定最大吸收波长。

（3）工作曲线的绘制　于（2）实验中确定的最大波长 λ_{max} 处，使用 1cm 比色皿并以空白溶液作参比，调节分光光度计的透光度为 100（吸光度为 0），相同条件下测定上述各不同标准溶液的吸光度。

以测得的吸光度 A 为纵坐标，对应标液磷的质量浓度为横坐标，绘制工作曲线。

（4）试液中磷含量的测定　同样条件下测定配制的待测试样吸光度。从工作曲线上查出相应磷的含量，并计算原试液的质量浓度（单位为 mg·L^{-1}）。

【思考题】

（1）为什么在测定吸收曲线时每次改变波长都要先用参比溶液做校正？

（2）空白溶液中为何要加入与标准溶液及未知溶液同样量的 $(NH_4)_2MoO_4$-H_2SO_4 和 $SnCl_2$-甘油溶液？

（3）本实验使用的 $(NH_4)_2MoO_4$ 显色剂的用量是否要准确加入？过多过少对测定结果是否有影响？

7.3　分光光度法测定双组分混合物含量

【实验目的】

（1）掌握单波长紫外-可见分光光度计的使用。

（2）学会用解联立方程组的方法，定量测定吸收曲线相互重叠的二元混合物。

【实验原理】

根据朗伯-比耳定律，用紫外-可见分光光度法很容易定量测定在此光谱区内有吸收的单一成分。由两种组分组成的混合物中，若彼此都不影响另一种物质的光吸收性质，可根据相互间光谱重叠的程度，采用相对应的方法来进行定量测定。如：当两组分吸收峰部分重叠时，选择适当的波长，仍可按测定单一组分的方法处理；当两组分吸收峰大部分重叠时，则宜采用解联立方程组或双波长法等方法进行测定。

解联立方程组的方法是以朗伯-比耳定律及吸光度的加合性为基础，同时测定吸收光谱曲线相互重叠的二元组分的一种方法。

从图 7-1 中可以看出，混合组分在 λ_1 的吸收等于 A 组分和 B 组分分别在 λ_1 的吸光度之和 $A_{\lambda_1}^{A+B}$，即

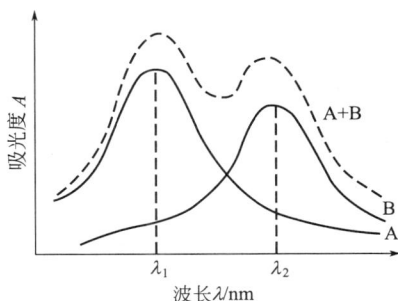

图 7-1　吸收光谱曲线相互重叠的二元组分

$$A_{\lambda_1}^{A+B}=\varepsilon_{\lambda_1}^{A} bc^{A}+\varepsilon_{\lambda_1}^{B} bc^{B}$$

同理，混合组分在 λ_2 的吸光度之和 $A_{\lambda_2}^{A+B}$ 应为

$$A_{\lambda_2}^{A+B}=\varepsilon_{\lambda_2}^{A} bc^{A}+\varepsilon_{\lambda_2}^{B} bc^{B}$$

若首先用 A 组分、B 组分的标样，分别测得 A 组分和 B 组分在 λ_1 和 λ_2 处的摩尔吸收系数 $\varepsilon_{\lambda_1}^{A}$、$\varepsilon_{\lambda_2}^{A}$ 和 $\varepsilon_{\lambda_1}^{B}$、$\varepsilon_{\lambda_2}^{B}$，当测得未知试样在 λ_1 和 λ_2 的吸光度 A_{λ_1} 和 A_{λ_2} 后，解下列二元一次方程组：

$$\begin{cases} A_{\lambda_1}=\varepsilon_{\lambda_1}^{A} bc^{A}+\varepsilon_{\lambda_1}^{B} bc^{B} \\ A_{\lambda_2}=\varepsilon_{\lambda_2}^{A} bc^{A}+\varepsilon_{\lambda_2}^{B} bc^{B} \end{cases}$$

即可求得 A 组分和 B 组分各自的浓度 c_A 和 c_B。

一般来说，为了提高检测的灵敏度，λ_1 和 λ_2 宜分别选择在 A 组分和 B 组分最大吸收峰处或其附近。

【实验用品】

（1）仪器　SP-2100 型分光光度计，吸量管，容量瓶，烧杯。

（2）试剂

$KMnO_4$ 溶液（$0.020 mol \cdot L^{-1}$，含 $0.5 mol \cdot L^{-1}$ H_2SO_4 和 $2g \cdot L^{-1}$ KIO_4）

$K_2Cr_2O_7$ 溶液（$0.020 mol \cdot L^{-1}$，含 $0.5 mol \cdot L^{-1}$ H_2SO_4 和 $2g \cdot L^{-1}$ KIO_4）

【实验内容】

① 分别取一定量的 $0.020 mol \cdot L^{-1}$ $KMnO_4$ 溶液，稀释配制成浓度分别为 $0.0008 mol \cdot L^{-1}$、$0.0016 mol \cdot L^{-1}$、$0.0024 mol \cdot L^{-1}$、$0.0032 mol \cdot L^{-1}$ 和 $0.0040 mol \cdot L^{-1}$ 的标准系列溶液。

② 分别取一定量的 $0.020 mol \cdot L^{-1}$ $K_2Cr_2O_7$ 溶液，稀释配制成浓度分别为 $0.0008 mol \cdot L^{-1}$、$0.0016 mol \cdot L^{-1}$、$0.0024 mol \cdot L^{-1}$、$0.0032 mol \cdot L^{-1}$ 和 $0.0040 mol \cdot L^{-1}$ 的标准系列溶液。

③ 在教师的指导下，开启分光光度计。

④ 绘制上述 10 种标准系列溶液在 375～625nm 范围内的吸收光谱图，并测定它们在 440nm 和 545nm 处的吸光度。

⑤ 测定教师给定的试样在 440nm 和 545nm 处的吸光度。

【数据记录与处理】

①由实验内容④所得的吸光度，分别求得 $KMnO_4$ 和 $K_2Cr_2O_7$ 在 440nm 和 545nm 处的摩尔吸收系数 $\varepsilon_{\lambda_1}^{A}$、$\varepsilon_{\lambda_2}^{A}$ 和 $\varepsilon_{\lambda_1}^{B}$、$\varepsilon_{\lambda_2}^{B}$。

②由实验内容⑤所测得的吸光度 A_{440} 和 A_{545} 列出二元一次方程组，求得 c_A 和 c_B 的浓度。

【思考题】

（1）今有吸收光谱曲线相互重叠的三元体系混合物，能否用解联立方程组的方法测定它们各自的含量？

（2）设计一个用双波长法测定本实验内容的实验方案。

7.4　紫外分光光度法测定三氯苯酚存在下苯酚的含量

【实验目的】

（1）掌握等吸光度测量法消除干扰的原理及实验方法。

（2）掌握应用紫外分光光度计的基本操作和进行定量分析的方法。

【实验原理】

苯酚是工业废水中的一种有害物质，如果流入江河，会使水质受到污染，因此在检测饮用水的卫生质量时，需对水中酚含量进行测定。

苯具有环状共轭体系，由 $\pi \rightarrow \pi^*$ 跃迁在紫外吸收光区产生三个特征吸收带：强度较高的 E_1 带，出现在 180nm 左右；中等强度的 E_2 带，出现在 204nm 左右；强度较弱的 B 带，出现在 255nm。有机溶剂、苯环上的取代基及其取代位置都可能对最大吸收峰的波长、强度和形状产生影响。具有苯环结构的化合物在紫外光区均有较强的特征吸收峰，在苯环上的部分取代基（助色团）使吸收增强，而苯酚在 270nm 处有特征吸收峰，在一定范围内其吸收强度与苯酚的含量成正比，符合朗伯-比耳定律，因此，可用紫外分光光度法直接测定水中总酚的含量。

本实验中，三氯苯酚水溶液和苯酚水溶液的吸收光谱相互重叠，要求测定三氯苯酚存在下苯酚的含量。分光光度法测定多组分混合物时，通过解联立方程式，可求出各组分含量。而对吸收光谱相互重叠的两组分混合物，如果只要测定其中某一组分含量，可利用等吸光度测量法达到目的。对含有 N 和 M 两组分的试样，设它们的吸收光谱相互重叠，如图 7-2 所示。如要求测定 M 组分含量而消除 N 组分的干扰，则可从 N 的吸收光谱上选择两个波长 λ_1、λ_2，在两波长处 N 组分具有相等的吸光度。即对 N 来说，不论其浓度是多少，$\Delta A_N = A_{\lambda_1} - A_{\lambda_2} = 0$，而 $\Delta A_M = A_{\lambda_1} - A_{\lambda_2} = (\varepsilon_{\lambda_2} - \varepsilon_{\lambda_1}) b c_M$。即 ΔA_M 与 M 的浓度 c_M 成正比，这样，可从两个波长测得 M 的吸光度差值 ΔA_M 确定 M 组分的含量。

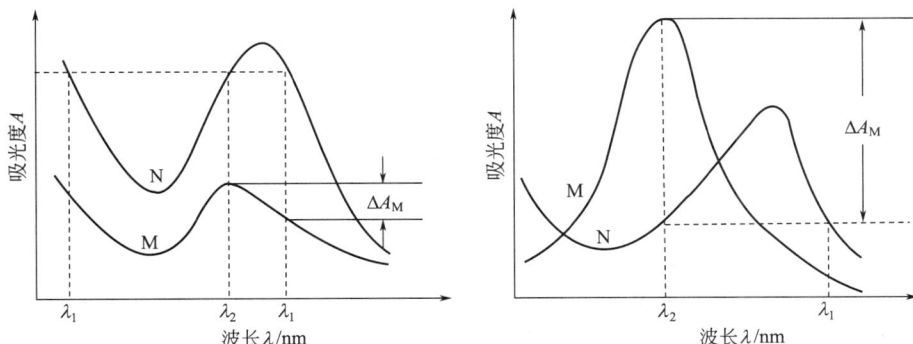

图 7-2　二元组分吸收光谱曲线

所选波长必须满足两个基本条件：①两波长处干扰组分应具有相同的吸光度，即 ΔA_N 等于零；②两波长处待测组分的吸光度差值 ΔA_M 足够大。为选择有利于测量的 λ_1、λ_2，应先分别测定它们单一组分时的吸收光谱，再用作图法确定 λ_1 和 λ_2。在待测组分 M 的吸收峰处或其附近选择一测定波长 λ_2，作一垂直于 X 轴的直线，交于干扰组分 N 的吸收光谱上的某一点，再从此点画一平行于 X 轴的直线，在组分 N 的吸收光谱上便可得到一个或几个交点，交点处的波长可作为参比波长 λ_1。当 λ_1 有几个位置可供选择时，所选择的 λ_1 应能获得较大的待测组分的吸光度差值。

【实验用品】

（1）仪器　岛津 UV2450 型紫外-可见分光光度计，石英比色皿（2 只），容量瓶（25mL，7 只），吸量管（5mL），烧杯。

（2）试剂

苯酚水溶液（250mg·L^{-1}）　　　　2,4,6-三氯苯酚水溶液（100mg·L^{-1}）

【实验内容】

（1）标准系列溶液的配制　取 5 只 25mL 容量瓶，分别加入 1.00mL、2.00mL、3.00mL、4.00mL、5.00mL 浓度为 250mg·L^{-1} 的苯酚标准溶液，用去离子水稀释至刻度，摇匀。计算其浓度（mg·L^{-1}）。

（2）苯酚水溶液及三氯苯酚水溶液吸收光谱曲线的绘制　分别用苯酚水溶液（30.0mg·L^{-1}）及三氯苯酚水溶液（20.0mg·L^{-1}），用 1cm 石英比色皿，以溶剂空白（去离子水）作参比，在 220～350nm 波长范围，用紫外分光光度计扫描测绘它们的吸收光谱。得到两条吸收光谱绘于同一坐标上，选择合适的 λ_1 及 λ_2。其中 λ_1 为苯酚的最大吸收波长，λ_2 为三氯苯酚吸收曲线上与 λ_1 处有等吸收同时苯酚吸收较小的点对应的波长。在选择的波长 λ_1 及 λ_2 处，再用三氯苯酚水溶液复测其吸光度是否相等。

（3）苯酚水溶液的标准曲线绘制　在所选择的测定波长及 λ_2 及参比波长 λ_1 处，用去离子水作参比溶液，分别测定苯酚系列标准溶液中的吸光度，并得到两者的差值。

（4）未知样的测定　在与上述测定标准曲线相同的条件下，取 5.00mL 样稀释至 25.00mL，测定含有三氯苯酚的未知试样溶液在两个波长下的吸光度和吸光度差。

【数据记录与处理】

① 在同一坐标上绘制苯酚水溶液及三氯苯酚水溶液的吸收光谱，并选择合适的测定波长 λ_2 及参比波长 λ_1。

以吸光度为纵坐标，波长为横坐标绘制吸收曲线，找出最大吸收波长 λ_{max}，并计算其 ε_{max}。

② 求出系列标准溶液在两波长处吸光度的差值 $\Delta A_{\lambda_2 - \lambda_1}$。以 $\Delta A_{\lambda_2 - \lambda_1}$ 为纵坐标，苯酚水溶液的浓度 c 为横坐标，绘制标准曲线。由未知试样溶液的 $\Delta A_{\lambda_2 - \lambda_1}$ 值，从标准曲线上求得未知试样溶液中苯酚的浓度（mg·L^{-1}）。

【思考题】

（1）紫外分光光度法与可见分光光度法有何异同？

（2）紫外分光光度计与可见分光光度计的仪器部件有什么不同？

（3）如需测定未知试样溶液中苯酚及三氯苯酚两组分的含量，应如何设计实验？测量波长要如何选择？

附　UV-2450 型紫外-可见分光光度计使用操作指南

（1）打开仪器主机电源，再启动计算机。点击计算机中的紫外分光光度计图标，启动紫外-可见分光光度计。

（2）点击界面工具栏中的"连接"按钮，仪器进行自检，自检通过后按"确定"按钮，然后进行零点校正和基线校正。

（3）在窗口栏中选择测量方式，创建测定方法，选择"编辑"-"方法"，打开"光谱方法向导"。设置扫描波长范围（230～330nm 即可），取样间隔 0.5nm，中速扫描，转换波长 350nm。

（4）在窗口栏中选择测量方式，创建测定方法，选择"编辑"-"方法"，打开"光度测定方法向导"。

① 设置测定波长——然后选择"点"，表示在固定波长点测定样品。选择"范围"，表示在设置的波长范围内测量样品光谱的峰、谷、最大、最小或面积。

② 设置方法创建校准曲线。

③ 输入文件的名称和信息。

（5）输入样品信息：在对话框中输入样品的编号 ID 和浓度。

（6）测定：在样品室中放入样品。在标准样品测量时点击"标准表"中对应样品编号，再点击"读数"按钮即可获得数据；在未知样品测量时点击"样品表"对应编号。

（7）测量完成后，保存图谱，关机。

7.5　紫外分光光度法测定色氨酸的含量

【实验目的】

（1）掌握 UV-2450 型紫外-可见分光光度计的原理及其可分析物质的结构特征。

（2）学会制作吸收曲线和标准曲线，能正确选择合适的测定波长，并对未知浓度的色氨酸溶液进行测定。

（3）了解运用紫外-可见分光光度法分析未知化学物质的思路。

【实验原理】

组成蛋白质的二十多种氨基酸，在可见光区均无吸收，由于酪氨酸、色氨酸和苯丙氨酸特有的共轭结构，它们在紫外光区有吸收且符合朗伯-比耳定律（酪氨酸的 $\lambda_{max}=278nm$、色氨酸的 $\lambda_{max}=279nm$、苯丙氨酸的 $\lambda_{max}=259nm$），因此，利用紫外分光光度法可测定这三种氨基酸的含量。

【实验用品】

（1）仪器　UV-2450 型紫外-可见分光光度计，石英比色皿（1cm，一套），吸量管（5mL），容量瓶（25mL，50mL），烧杯，洗瓶。

（2）试剂

色氨酸标准溶液（$1.0mg \cdot mL^{-1}$）　　　未知液

【实验内容】

（1）吸收光谱曲线的绘制　用吸量管取色氨酸标准溶液 5.00mL 于 50mL 的容量瓶中，稀释至刻度，摇匀，选用 1cm 石英比色皿，以蒸馏水为参比，在 240～320nm 波长范围内使用仪器自动扫描。每间隔 5nm 记录相应的吸光度 A 值。在峰值附近，每隔 2nm 取 A 值，绘出 A-λ 吸收曲线，该曲线确定的最大吸收波长即为测定波长。

（2）标准曲线的绘制及未知试样的测定　在 5 只 25mL 的容量瓶中分别取色氨酸标准溶

液 0.50mL、1.00mL、1.50mL、2.00mL 和 2.50mL，用蒸馏水稀释至刻度处，摇匀。

在最大波长处，用 1cm 石英比色皿，以蒸馏水为参比测吸光度 A 值，并绘制标准曲线。

另取 25mL 的容量瓶，移入含色氨酸的未知样 2.00mL，用蒸馏水稀释至刻度，摇匀；条件同上测定吸光度值，从标准曲线上查出对应浓度值，并换算未知样的含量。

【数据记录与处理】

① 记录对应不同波长下的吸光度，绘制色氨酸的吸收曲线，找到色氨酸的最大吸收波长。

② 记录不同标准溶液的吸光度，绘制标准曲线，并由此计算色氨酸未知样的平均值 $x(\mathrm{mol \cdot L^{-1}})$ 及标准偏差。

【思考题】

(1) 色氨酸的紫外吸收主要来源于其结构中的哪些部分？

(2) 绘制标准曲线时，色氨酸的纯度对样品测量结果有影响吗？

(3) 如何利用紫外吸收光谱进行物质的纯度检查？

7.6 原子吸收光谱法测自来水中镁的含量

【实验目的】

(1) 掌握原子吸收分光光度法的基本原理。

(2) 了解原子吸收分光光度计的主要结构及操作方法。

(3) 学会定量分析结果的评价方法。

【实验原理】

溶液中的镁离子在火焰温度下变成镁原子，由光源-镁空心阴极灯辐射出的镁原子光谱锐线（镁特征共振线波长为 285.2nm）在通过镁原子蒸气时被强烈吸收，其吸收的程度与火焰中镁原子蒸汽浓度的关系是符合朗伯-比耳定律的。即：

$$A = \lg(1/T) = KNL$$

式中，A 为吸光度；T 为透光度；L 为镁原子蒸气的厚度；K 为吸光系数；N 为单位体积镁原子蒸气中吸收辐射共振线的基态原子数。

其中 N 是与溶液中离子的浓度成正比的。当测定条件一定时，$A = kc$

式中，c 为溶液中 Mg^{2+} 的浓度；k 为与测定条件有关的比例系数。

在既定条件下，测一系列不同镁含量的标准溶液的 A 值，得 $A\text{-}c$ 的标准曲线，再根据未知溶液的吸光度值即可求出未知液中 Mg^{2+} 的浓度。

由于自来水中除 Mg^{2+} 外还有其他离子，它们的存在使 Mg^{2+} 的测定偏低，故加入锶盐作干扰抑制剂，以得到准确的结果。

【实验用品】

(1) 仪器 原子吸收分光光度计，镁空心阴极灯，电子打火枪，乙炔钢瓶，空气压缩机，容量瓶 (50mL)，移液管 (10mL，25mL)，吸量管 (5mL)，洗瓶。

(2) 试剂

Mg^{2+} 标准溶液 $(10\mu g \cdot mL^{-1})$ $SrCl_2$ 溶液 $(10mg \cdot mL^{-1})$ 自来水样

【实验内容】

(1) 仪器操作条件的选择 原子吸收分光光度计严格按操作步骤启动点火后将波长调在 285.2nm，灯电流 4mA，狭缝选择为 20.1nm，光电倍滑管工作电压（高压）−250V，空气流量 5L·min^{-1}，乙炔流量 1L·min^{-1}，燃烧器高度 9mm。

(2) 抑制剂加入量的选择 移取自来水样 25mL 共 6 份，分别置于 6 只 50mL 容量瓶中，再用吸量管分别量取 SrCl$_2$ 溶液 0、1mL、2mL、3mL、4mL、5mL 于容量瓶中。稀释摇匀，在上面设定的操作条件下，每次用蒸馏水调吸光度为零，依次测定各试样的吸光度值，由测得的最大吸光度选择出抑制干扰的 SrCl$_2$ 溶液的加入量。

(3) 标准曲线的绘制 在 6 只 50mL 容量瓶中，分别加入 Mg^{2+} 标准溶液 0、1mL、2mL、3mL、4mL、5mL，再加入已选定的最佳量的 SrCl$_2$ 溶液，以蒸馏水稀释至刻度，摇匀。然后以未加 Mg^{2+} 标准溶液的稀释液为空白分别测其 A 值，得 A-c 标准曲线。

(4) 自来水样中 Mg^{2+} 含量的测定 移取 25mL 自来水样于 50mL 容量瓶中，加入最佳的 SrCl$_2$ 溶液。稀释至刻度，摇匀，在上步条件下测吸光度，由标准曲线求出自来水样中的镁含量。

(5) 回收率的测定 移取 25mL 自来水样于 50mL 容量瓶中，加入镁标准溶液（10μg·mL^{-1}）10mL，再加入最佳量的 SrCl$_2$ 溶液。稀释至刻度，摇匀，按实验内容（3）条件测吸光度值，并由标准曲线上求出此混合液中总的镁含量，按下式计算回收率：

回收率＝［测得总镁量（μg）−水样中的镁含量（μg）］/加入的镁标准溶液的量（μg）×100%

附 WYX-402C 型原子吸收分光光度计操作步骤

步骤	操作内容	显示内容
1	打开风机使室内空气流通几分钟,检查废液管水封是否严密(操作的整个过程中,废液管要绝对保持良好的水封,否则可能发生重大事故);置仪器板面上的所有开关(燃气、空气流量计旋钮、电源开关、灯源开关)于"关"的位置,检查空心阴极灯的装置是否得当	
2	打开主机电源开关,灯源开关;打开空气压缩机开关,使空气压缩机输出气压为 2kg·cm^{-1};打开空气流量计控制钮;开启乙炔钢瓶,调乙炔减压器,使输出气压在 0.5kg·cm^{-1};打开燃气流量计控制钮,用电子打火枪点燃火焰;调节两流量计旋钮,使火焰呈最佳状态	402C
3	按"确定"键（y 为原子吸收符号,t 为能量符号、x.xxx 表示当前能量值大小的有效数字）;再调节波长手轮,将波长调节在 285.2nm 处	y t x.xxx
4	在 y t x.xxx 状态下按"电流"键(此时可以通过灯1、灯2键进行两路元素灯的选择)(0.00 为当前待输入的电流值, x.xxx 为当前的能量值)	0.00 x.xxx
5	然后通过数字键输入电流值(x.xx 为当前输入的电流值,其值可用"↑""↓"微调, x.xxx 为当前的能量值)	x.xx x.xxx
6	按"确定"键	y t x.xxx
7	在 y t x.xxx 状态下按"高压"键(150 为当前待输入的负高压值, x.xxx 为当前的能量值;调节过程与电流调节过程相同,此时还可以对灯位、波长轮甚至电流进行微调以保证能量达到 0.8 以上)	150 x.xxx
8	按"确定"键	y t x.xxx
9	在 y t x.xxx 状态下按 A/T 键切换到吸光度状态	y A x.xxx

续表

步骤	操作内容	显示内容
10	吸入空白液待消光值稳定后按"基准"键	0.00
11	第一个坐标点的建立：按数字键"1"（1表示标样1）	0.00＝0.00
12	输入1的理论浓度值，然后按"确定"，再按"↑"键，待读数稳定（左、右分别表示理论浓度值和试样的消光值）	x.xx　x.xx
13	按"确定"键	x.xx＝x.xx
14	按"取消"键	y　A　x.xxx
15	输入"2"的理论浓度值……（建立标准曲线）	……
16	测量结束后，降低灯电流和高压至最低，关闭空心阴极灯电源开关，继续吸收蒸馏水清洗燃烧系统；关闭乙炔减压阀，使管路中残气燃尽，火焰熄灭，然后关闭乙炔止通阀；几分钟后，切断空气压缩机电源，关闭主机总电源开关	
说明	对于学生实验，从步骤11开始，逐个测定标准溶液的吸光度值并记录，从而得到 A-c 标准曲线	

注：乙炔气体的高压阀逆时针旋转为打开，打开高压阀之前应确保低压阀关闭，即逆时针旋转低压阀旋柄使顶头放松；开气瓶时操作动作要缓慢小心，出气口处不应有人，以免发生意外。

7.7　红外吸收光谱定性分析

【实验目的】

(1) 了解红外光谱仪的结构和原理，掌握红外光谱仪的操作方法。

(2) 掌握溶液试样红外光谱图的测绘方法。

(3) 学习利用红外光谱图进行化合物的鉴定的方法。

【实验原理】

在红外光谱分析中，固体试样和液体试样都可采用合适的溶剂制成溶液，置于光程为 0.01~1mm 的液槽中进行测定。当液体试样量很小或没有合适的溶剂时，就可直接测定其纯液体的光谱。通常是将一滴纯液体夹在两块盐片之间以得到一层液膜，然后放入光路中进行测定，这种方法适用于定性分析。

制作溶液试样时常用的溶剂有 CCl_4（适用于高频范围）、CS_2（适用于低频范围）、$CHCl_3$ 等，对于高聚物则多采用四氢呋喃（适用于氢键研究）、甲乙酮、乙醚、二甲基亚砜、氯苯等。一般选择溶剂时应做到：①要注意溶剂与溶质间的相互作用，以及由此引起的特征谱带的位移和强度的变化，例如在测定含羟基及氨基的化合物时，要注意配成稀溶液，以避免分子间的缔合；②由于溶剂本身存在着吸收，所以选择时要注意溶剂的光谱，通常其透光率小于 35% 的范围内将会有干扰，大于 70% 的范围内则认为是透明的；③使用的溶剂必须干燥，以消除水的强吸收带，防止损伤槽盐片；④有些溶剂由于易挥发、易燃且有毒性，使用时必须小心。

进行红外光谱定性分析，通常有以下两种方法。

① 用标准物质对照。在相同的制样和测定条件下（包括仪器条件、浓度、压力、湿度

等），分别测绘被分析化合物（要保证试样的纯度）和标准的纯化合物的红外光谱图。若两者吸收峰的频率、数目和强度完全一致，则可认为两者是相同的化合物。

② 查阅标准光谱图。标准的红外谱图集，常见的有萨特勒（Sadtler）红外谱图集、"API"红外光谱图、"DMS"周边缺口光谱卡片。

上述的定性分析方法，一般是验证被分析的化合物是否为所期待的化合物的一种鉴定方法。如果要用红外光谱定性未知物的结构，则必须结合其他分析手段进行谱图解析。如果解析结果是前人鉴定过的化合物，则可继续采用上述方法进行鉴定。如是未知物，就需得到其他方面的数据（如核磁共振谱、质谱、紫外光谱等），以提出最有可能的结构式。

【实验用品】

（1）仪器　红外分光光度计，压片和压膜设备，镊子，玛瑙研钵，洗耳球，注射器（2mL），可拆式液槽，固定式液槽（0.5mm 或 0.1mm）。

（2）试剂

一组已知分子式的未知试　　　溴化钾粉末（A. P.）　　　氯仿
　样（C_8H_{10}，$C_4H_{10}O$，　　　四氯化碳　　　　　　　　丙酮
　$C_4H_8O_2$，$C_7H_6O_2$）

【实验内容】

（1）液膜法　用滴管吸取未知液体试样，滴 1～2 滴于一盐片上，再压上另一盐片，两块盐片将会由于毛细作用而粘在一起，中间形成一层厚度小于 0.01mm 的液膜层。将两盐片小心地放置在可拆液槽的后框片上，盖上前框片，旋上四个螺帽。为避免用力不均匀导致盐片破碎，必须同时对角地小心旋紧，然后放入仪器的光路中测绘其吸收光谱，用同样方法测绘 2～3 个未知试样的红外光谱图。

（2）压片法　取 1～2mg 的未知试样粉末，与 200mg 干燥的溴化钾粉末（颗粒大小在 2μm 左右）在玛瑙研钵中混匀后压片，测绘红外谱图。

（3）液槽法　按教师要求，配制 1～2 种未知试样的四氯化碳溶液（1%）和氯仿溶液（5%），用 2mL 注射器将溶液注入进 0.5mm 液槽或 0.1mm 液槽的试样注入口，直至试样溶液由液槽上部试样出口小孔溢出为止，并立即用塞子塞住入口和出口，然后将液槽放到仪器的测量光路中。另取一相同厚度的液槽，注入相应量的溶剂（与试样中的溶剂量应大致相同）后，放到参比光路中，随即测绘它们的红外光谱图。

注意：测量完毕后应立即倒出试样，并清洗液槽，可用注射器从试样注入口注入溶剂，由试样出口将溶剂抽出，速度要慢，以防溶剂迅速蒸发时空气中湿气凝集在盐片上而损坏盐片。清洗三次后，用洗耳球吹入干燥空气使之干燥，对于可拆式液槽，应卸下盐片，用棉花浸丙酮后擦去试样，再使其干燥。

（4）查阅萨特勒红外光谱图　按教师给出的未知试样的分子式，使用萨特勒红外光谱图的分子式索引，根据分子式中各元素的数目顺序查出可能的光谱号（光栅），再根据光谱号找出与未知试样光谱图相同的标准谱图，进行对照，并确定该试样是什么化合物。

【数据记录与处理】

① 在测绘的谱图上准确标出所有吸收峰的波数。

② 根据标准谱图查到的结构，列表讨论谱图上的主要吸收峰，并分别指出其归属。

【思考题】

（1）用固定液槽测量溶液试样时，为什么要用另一液槽装入溶剂后作出参比？

（2）配制试样溶液后，应如何选择溶剂？

7.8 红外光谱法测定苯甲酸的结构

【实验目的】

（1）掌握红外光谱分析固体样品的制备技术。

（2）了解如何根据红外光谱识别官能团，了解苯甲酸的红外光谱图。

【实验原理】

将固体样品与卤化碱（通常是 KBr）混合研细，并压成透明片状，然后放到红外光谱仪上进行分析，这种方法就是压片法。压片法所用的碱金属的卤化物应尽可能纯净和干燥，试剂纯度一般应达到分析纯，可以用的卤化物有 NaCl、KCl、KBr、KI 等。由于 NaCl 的晶格能较大，不易压成透明薄片，而 KI 又不易精制，因此大多采用 KBr 或者 KCl 作样品载体。

由于氢键的作用，苯甲酸通常以二分子缔合体的形式存在。只有在测定气态样品或非极性溶剂的稀溶液时，才能看到游离态苯甲酸的特征吸收。用固体压片法得到的红外光谱中显示的是苯甲酸二分子缔合体的特征，在 $2400 \sim 3000 cm^{-1}$ 处是 O—H 伸展振动峰，峰宽且散，由于受氢键和芳环共轭两方面的影响，苯甲酸缔合体的 C=O 伸缩振动吸收位移到 $1700 \sim 1800 cm^{-1}$（而游离 C=O 伸缩振动吸收是在 $1710 \sim 1730 cm^{-1}$，苯环上的 C=C 伸缩振动吸收出现在 $1480 \sim 1500 cm^{-1}$ 和 $1590 \sim 1610 cm^{-1}$），这两个峰是鉴别有无芳环存在的标志之一，一般后者峰较弱，前者峰较强。

【实验用品】

（1）仪器 傅里叶变换红外光谱仪及附件，KBr 压片模具及压片机，玛瑙研钵，红外烘箱，干燥器，天平。

（2）试剂

苯甲酸（A.R.）　　　　　　KBr（A.R.）　　　　　无水乙醇等

【实验内容】

① 空气中 CO_2 的测定：不放样品的情况下测试空气中的红外吸收谱图，在不扣除背景的情况下可以看到 CO_2 的红外吸收谱图，分别在分辨率为 $4 cm^{-1}$ 和 $1 cm^{-1}$ 两种情况下测试。

② 在玛瑙研钵中分别研磨 KBr 和苯甲酸至 $2 \mu m$ 细粉，然后置于烘箱中烘 $4 \sim 5 h$；烘干后的样品置于干燥器中待用。

③ 取 $1 \sim 2 mg$ 的干燥苯甲酸和 $100 \sim 200 mg$ 的干燥 KBr，在红外灯照射下一并倒入玛瑙研钵中进行研磨直至混合均匀。

④ 取少许上述混合物粉末倒入压片模中压制成透明薄片，然后放到调试好的红外光谱仪上进行测试，得到红外光谱图（需要扣除背景），并与机存标准谱图对照。

⑤ 测定一个未知样的红外光谱图。

【数据记录与处理】

① 解析苯甲酸红外谱图中的各官能团的特征吸收峰，并作出标记。

② 将未知化合物官能团区的峰位列表，并根据其他数据指出可能结构。

【思考题】

(1) 测定苯甲酸的红外光谱，还可以用哪些制样方法？

(2) 影响样品红外光谱图质量的因素是什么？

7.9　荧光光度分析法测定维生素 B_2 含量

【实验目的】

(1) 学习和掌握荧光光度分析法测定的基本原理和方法。

(2) 熟悉荧光分光光度计的结构和使用方法。

【实验原理】

在紫外或波长较短的可见光照射下，一些物质会发射出比入射光波长更长的荧光。以测量荧光的强度和波长为基础的分析方法叫做荧光光度分析法。

对同一物质而言，若 $alc \ll 0.05$，即对很稀的溶液，荧光强度 F 与该物质的浓度 c 有以下关系：

$$F = 2.3\phi_f I_0 alc$$

式中，ϕ_f 为荧光过程的量子效率；I_0 为入射光强度；a 为荧光分子的吸收系数；l 为试液的吸收光程。

当 I_0 和 l 不变时，$F = Kc$。式中，K 为常数。因此，在低浓度的情况下，荧光物质的荧光强度与浓度呈线性关系。

维生素 B_2 又叫核黄素，是橘黄色无臭的针状结晶。维生素 B_2 易溶于水而不溶于乙醚等有机溶剂。在中性或酸性溶液中稳定，光照易分解，对热稳定。其在 $430 \sim 440nm$ 蓝光或紫外光照射下会发生绿色荧光，荧光峰峰值波长为 $535nm$。维生素 B_2 水溶液的荧光在pH 为 $6 \sim 7$ 时最强，在 $pH = 11$ 时消失。而维生素 B_2 在碱性溶液中经光线照射，会发生光分解而转化为光黄素，后者的荧光比核黄素的荧光强得多。因此，测量维生素 B_2 的荧光时，溶液要控制在酸性范围内，且须在避光条件下进行。

荧光分析实验首先选择滤光片（包括激发滤光片和荧光滤光片），基本原则是使测量获得最强荧光，且受背景影响最小。激发光谱是选择激发滤光片的依据，该滤光片的最大透射比与待测物质激发光谱的最大峰值波长相近。荧光物质的激发光谱是指在荧光最强的波长处，改变激发波长测量荧光强度的变化，用荧光强度激发光波长作图所得的谱图。荧光光谱是选择荧光滤光片的主要依据。它是将激发光波长固定在最大激发波长处，然后扫描发射波长，测定不同发射波长处的荧光强度即得荧光（发射）光谱。

本实验采用标准曲线法来测定维生素 B_2 的含量。

【实验用品】

(1) 仪器　LS-55 型荧光分光光度计，电子天平，容量瓶（50mL，1000mL），吸量管（5mL），棕色试剂瓶。

（2）试剂

① 维生素 B_2 标准溶液（10.0mg·L^{-1}）：准确称取 10.0mg 维生素 B_2，将其溶解于少量的 1% 的 HAc 中，转移至 1000mL 容量瓶中，用 1% HAc 稀释至刻度，摇匀。该溶液应装于棕色试剂瓶，置于阴凉处保存。

② 待测液：取市售维生素 B_2 一片，用 1%HAc 溶液溶解，定容成 1000mL，储于棕色试剂瓶中，置阴凉处保存。

③ 冰乙酸（A. R.）。

【实验内容】

（1）标准系列溶液的配制　在 5 个洁净的 50mL 容量瓶中，分别加入 1.00mL、2.00mL、3.00mL、4.00mL 和 5.00mL 维生素 B_2 标准溶液，用稀释至刻度，摇匀备用。

（2）标准溶液的测定　将适当的滤光片置于光路中，选择激发波长为 435nm，发射波长为 535nm。进入"标准曲线"菜单，以蒸馏水为空白测"本底值"。然后按浓度由低到高顺序依次测定 5 个标准溶液的荧光强度，并点击"拟合"，绘制标准曲线并保存。

（3）待测试样的测定　取待测溶液 2.50mL 置于 50mL 容量瓶中，稀释至刻度，摇匀。打开（2）中保存的标准曲线，在相同条件下测定其荧光强度并记录其浓度。

【数据记录及处理】

以相对荧光强度为纵坐标，维生素 B_2 的质量为横坐标绘制标准曲线。

从标准曲线上查出待测试液中维生素 B_2 的质量，并计算出试样中维生素 B_2 的含量。

【思考题】

（1）试解释荧光光度法较吸收光度法灵敏度高的原因。

（2）维生素 B_2 在 pH 为 6～7 时最强，本实验为何在酸性溶液中测定？

（3）怎样选择激发滤光片和荧光滤光片？荧光仪中为什么不把他们安排在一条直线上？

附　LS-55 荧光分光光度计的使用

（1）打开电脑，打开荧光仪电源。

（2）荧光仪预热 5min 后，双击计算机上 FL-Winlab 图标。

（3）点击主窗口快捷图标出现彩色光路图，表明连接成功，若两分钟内不能连接，则需重启计算机。

（4）点击（Application）菜单，选择（Scan）扫描，出现新窗口 Scan。

（5）点击 Set Parameters，设定参数（注意更改文件名）。

（6）开始扫描。

（7）扫描结束后，保存文件退出。

7.10　电位滴定法测定 HCl 和 HAc 含量

【实验目的】

（1）通过实验了解电位滴定仪的构造、原理和使用方法。

（2）学会电位滴定法的结果处理方法。

【实验原理】

电位滴定法是根据指示电极在等电点处产生"电位突跃"，从而确定滴定终点的一种方法。碳酸盐和重碳酸盐的电位滴定是以 HCl 为滴定剂，以玻璃电极为指示电极，饱和甘汞电极为参比电极，和试液组成电池，指示电极的电位随 H^+ 活度不同而变化，根据加入滴定剂的体积和电位变化，利用切线法和一阶微商、二阶微商法求出滴定终点体积，根据 HCl 的浓度可以计算出碳酸盐和重碳酸盐的浓度，设置好滴定终点的 pH 可以由电位仪自动控制滴定。

【实验用品】

(1) 仪器　PB-10 酸度计，pH 玻璃电极-饱和甘汞电极组，磁力搅拌器，酸式滴定管，移液管（25mL）。

(2) 试剂

pH 分别为 4.00、6.86、9.18 的标准缓冲溶液（20℃）　　　HCl＋HAc 混合液

NaOH 标准溶液（0.1000mol·L^{-1}，已标定）

【实验内容】

(1) 校正　用标准缓冲溶液校正酸度计的 pH（参见 1.3.3 酸度计）。

(2) 测定滴定过程的 pH　吸取内含 HCl 和 HAc 的混合液 25.00mL 于 50mL 的烧杯中，浸入 pH 玻璃电极-饱和甘汞电极组，利用磁力搅拌器搅拌，以 0.1000mol·L^{-1} 的 NaOH 标准溶液作滴定剂，进行电位测定。每加入一定体积的滴定剂记录其相应的平衡 pH，在开始滴定时每加入 0.5mL 的滴定剂记录一次 pH，接近滴定终点附近时，每加入 0.1mL 的滴定剂记录一次 pH，滴定终点过后仍每加入 0.5mL 的滴定剂记录一次 pH 至过量 20% 时止。

(3) 以记录的 pH 对应消耗 NaOH 标准溶液的体积绘制滴定曲线　采用"三切线法"获得第一计量点和第二计量点时消耗的 NaOH 标准溶液体积值；也可采用微商法获得滴定终点。

【数据记录与处理】

① 将数据填入表 7-1，列表记录 pH-V（mL）数据。

表 7-1　以 0.1000mol·L^{-1} 的 NaOH 标准溶液滴定 HCl 和 HAc 的混合液

NaOH 加入体积 V/mL	pH	pH/V	ΔpH/ΔV	Δ^2pH/ΔV^2

根据 NaOH 加入体积和相应 pH 计算 ΔpH、ΔV、$\Delta pH/\Delta V$、$\Delta^2 pH/\Delta V^2$，绘制 pH-V 曲线，确定滴定到第一化学计量点时消耗的 NaOH 的体积 V_1（mL）和第二化学计量点时消耗的 NaOH 的体积 V_2（mL）值。

② 按下式计算未知样中 HCl 和 HAc 的浓度：

$$c(\text{HCl}) = \frac{0.1000V_1}{25.00}$$

$$c(\text{HAc}) = \frac{0.1000 \times (V_2 - V_1)}{25.00}$$

式中　$c(\text{HCl})$——混合液中 HCl 的浓度，$mol \cdot L^{-1}$；

　　　$c(\text{HAc})$——混合液中 HAc 的浓度，$mol \cdot L^{-1}$；

　　　V_1——第一化学计量点时消耗 NaOH 的体积，mL；

　　　V_2——第二化学计量点时消耗 NaOH 的体积，mL。

【思考题】

(1) 在该混合体系中，如何判断哪种成分先被滴定？

(2) 可以预计混合体系中哪种成分的滴定突跃会较大吗？为什么？

7.11　电位滴定法连续测定碘氯混合液中 I⁻、Cl⁻ 的浓度

【实验目的】

(1) 熟练掌握电位滴定实验技术。

(2) 熟悉电位滴定法连续测定 I⁻、Cl⁻ 的基本原理。

【实验原理】

用电位滴定法测定 I⁻ 或连续滴定卤素离子混合液以分别测定 I⁻、Cl⁻、Br⁻，通常用 $AgNO_3$ 溶液作滴定剂，银电极作指示电极（负极）、双液接饱和甘汞电极作参比电极（正极），插入样液中组成电池。滴定反应式如下：

$$\text{Ag}^+ + \text{X}^- \Longrightarrow \text{AgX} \downarrow$$

滴定过程中，电池的电动势可根据沉淀的溶度积和被测离子浓度（或 Ag^+ 浓度）由 Nernst 方程式算出：

$$E = \varphi_{\text{SCE}} - \varphi_{\text{Ag}^+/\text{Ag}}$$
$$= \varphi_{\text{SCE}} - [\varphi_{\text{Ag}^+/\text{Ag}}^{\ominus} + 0.059 \lg c(\text{Ag}^+)]$$

25℃时，$\varphi_{\text{SCE}} = 0.244V$，$\varphi_{(\text{Ag}^+/\text{Ag})}^{\ominus} = 0.799V$

代入 Nernst 方程得：$E = -0.555 - 0.059 \lg c(\text{Ag}^+)$

对于 I⁻ 的滴定，在化学计量点前，Ag 电极的电极电位取决于 I⁻ 浓度：

$$c(\text{Ag}^+) = K_{\text{sp}}^{\ominus}(\text{AgI})/c(\text{I}^-) = 8.3 \times 10^{-17}/c(\text{I}^-)$$

化学计量点时：

$$c(\text{Ag}^+) = c(\text{I}^-) = K_{\text{sp}}(\text{AgI}) = 9.1 \times 10^{-9} (\text{mol} \cdot \text{L}^{-1})$$

代入 Nernst 方程得：$E_{ep} = -0.080V$

化学计量点后，Ag 电极的电极电位取决于过量滴定 Ag^+ 的浓度，电池的电动势可算出。

随着滴定剂的加入，待测离子和 Ag^+ 的浓度在不断变化，化学计量点前后 Ag^+ 浓度的突变，将使电池电动势（即 Ag 电极的电位）呈现明显的突跃。

如果滴定 I^-、Cl^-、Br^- 的混合物，根据分步沉淀原理，首先生成 AgI 沉淀，再依次生成 AgBr 沉淀、AgCl 沉淀，滴定将产生三个电位突跃，可根据各个终点所用滴定剂体积分别求得碘、溴、氯的含量。

由 $K_{sp}^{\ominus}(AgI)/K_{sp}^{\ominus}(AgCl) = 4.7 \times 10^{-7}$ 知：当 AgCl 开始沉淀时，I^- 已沉淀。因此，可准确地连续滴定 I^- 和 Cl^-。

【实验用品】

（1）仪器　PB-10 酸度计，附 Ag 极和 217 型双液接饱和甘汞电极（或用饱和 KNO_3 溶液琼脂盐桥与 SCE 相连），磁力搅拌器，酸式滴定管（25mL，棕色），移液管（25mL），烧杯，量筒，细砂纸。

（2）试剂

$AgNO_3$ 标准溶液（$0.1mol \cdot L^{-1}$）　　　　　HNO_3（$6mol \cdot L^{-1}$）

未知液 I（约 $0.025mol \cdot L^{-1}$）　　　　　$Ba(NO_3)_2$ 或 $Ca(NO_3)_2$（A. R.，S）

未知液 II（约 $0.025mol \cdot L^{-1}$ I^-、　　　KNO_3 溶液（饱和）

　　Cl^-、Br^- 混合液）　　　　　　　　$NH_3 \cdot H_2O$（浓）

【实验内容】

（1）仪器安装与调校　将 Ag 电极打磨光亮并洗净后接酸度计负极上，将饱和甘汞电极（套管内充饱和 KNO_3 溶液）接在正极上。接通电源，预热后按照酸度计的使用说明调校好仪器（开"+mV"挡）。

（2）测定

① 准确移取未知液 I 25.00mL 于 100mL 烧杯中，加蒸馏水 25mL、$6mol \cdot L^{-1}$ HNO_3 溶液 3 滴和 $Ba(NO_3)_2$ 0.5g，放入搅拌器，插入电极，开动搅拌器，即可用 $0.1mol \cdot L^{-1}$ $AgNO_3$ 标准溶液进行滴定。记录各点所用 $AgNO_3$ 标准溶液的体积和相应电池电动势值（静态下）。滴定始、末每次滴加 0.5~1mL 标准溶液记录一次，化学计量点附近每次滴加 0.1mL 标准溶液记录一次。两次平行滴定结果相对误差在 1% 以内即可。

② 再移取未知液 II 25.00mL，按上述步骤用 $AgNO_3$ 标准溶液滴定。

实验完毕，用镜头纸擦去电极上的沉淀，并插入浓 $NH_3 \cdot H_2O$ 中溶解沉淀，用蒸馏水洗净干燥。

【数据记录与处理】

① 用电动势对加入 $AgNO_3$ 标准溶液的体积作图，绘出 E-V（$AgNO_3$）滴定曲线。

② 用三切线法求出终点时消耗的 $AgNO_3$ 标准溶液体积，算出未知液中各离子的含量。以 $mol \cdot L^{-1}$ 和 $g \cdot L^{-1}$ 表示。

【注意事项】

① 每次滴定前都需用细砂纸将 Ag 电极轻轻打光，用水洗净，以保证滴定数据的重

复性。

② 若无双液接甘汞电极，可用饱和硫酸亚汞电极（$\varphi^{\ominus}=0.620V$）或玻璃电极作参比电极插入未知液中。也可用 232 型 SCE 插入盛有饱和 KNO_3 溶液烧杯中，用盐桥与被滴液相连。

③ 将未知液用 HNO_3 酸化或加入强电解质 $Ba(NO_3)_2$、$Ca(NO_3)_2$ 等可消除沉淀吸附，提高测定的准确度。

④ 盛未知液的烧杯必须洗净，以防止自来水中 Cl^- 对结果的严重影响。

⑤ 为使突跃更明显，可在被滴液中加入一些有机溶剂（乙醇、丙酮等），以降低沉淀的溶解度。

【思考题】

（1）试计算 I^-、Cl^- 开始被滴定时电池电动势的值（以 mV 表示）（设 I^-、Cl^- 的浓度都为 $0.01mol\cdot L^{-1}$）。所用电极对中哪一电极是正极？

（2）滴定 Cl^- 时，化学计量点时的电动势是多少？

（3）化学计量点后电池的电动势是多少？此时电极对中哪一电极是正极？

（4）滴定过程中电池的正负极为什么要调换方向？是否可以不调？

（5）在沉淀滴定中玻璃电极为什么可作参比电极使用？还有什么电极可作为指示电极使用？

7.12 离子选择性电极分析水样中的氟含量

【实验目的】

（1）了解用氟离子选择电极测定水中微量氟的原理和方法。

（2）了解总离子强度调节缓冲溶液的组成和作用。

（3）掌握用标准曲线法测定水中微量 F^- 的方法。

【实验原理】

饮用水中氟含量的高低，对人体健康有一定影响，含量太低时易得龋齿，含量高时又产生氟中毒现象，一般比较适宜的含量为 $0.51mg\cdot mL^{-1}$。离子选择电极电位法测定氟含量操作简便，干扰少，不必进行预处理，故而已成为氟的常规分析方法。

氟离子选择电极是一种均相晶体膜电极，它与甘汞参比电极可组成电池：

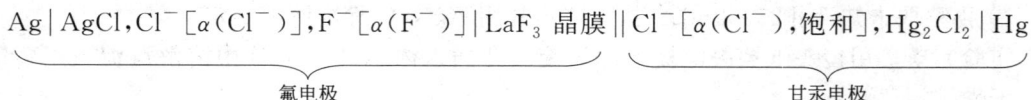

$$Ag\,|\,AgCl,Cl^-\,[\alpha(Cl^-)],F^-\,[\alpha(F^-)]\,|\,LaF_3\ 晶膜\,||\,Cl^-\,[\alpha(Cl^-),饱和],Hg_2Cl_2\,|\,Hg$$

氟电极   甘汞电极

此时整个电池的电动势为：$E=\varphi_{参}-\varphi_{F^-}$

甘汞电极电位在测定中保持不变，氟离子选择电极电位在测定中要随氟离子活度的变化而变化，加入总离子强度调节缓冲溶液（TISAB）后，电池的电动势 E 在一定条件下与 F^- 的活度的对数值成直线关系：

$$E=K+\frac{2.303RT}{F}\lg\alpha(F^-)$$

式中，K 值为包括内外参比电极的电位、液接电位等的常数；R 为气体常数；T 为热力学温度；F 为法拉第常数；$\alpha(F^-)$ 为 F^- 的活度。通过测量电池电动势可以测定 F^- 的活度。当溶液的总离子强度不变时，离子的活度系数为一定值，则

$$E = K' + \frac{2.303RT}{F}\lg c(F^-)$$

E 与 F^- 的浓度 $c(F^-)$ 的对数值成线性关系。因此，为了测定 F^- 的浓度，常在标准溶液与试样溶液中同时加入相等的足够量的惰性电解质作总离子强度调节缓冲溶液，使它们的总离子强度相同。F^- 选择电极适用的范围很宽，当 F^- 的浓度在 $1\sim10^{-6}\,mol\cdot L^{-1}$ 范围内时，氟电极电位与 $pc(F^-)$（F^- 浓度的负对数）成线性关系。因此可用标准曲线法或标准加入法进行测定，本实验采用标准曲线法。

应该注意，由于直接电位法测得的是该体系平衡时的 F^- 浓度，因而氟电极只对游离 F^- 有响应。在酸性溶液中，H^+ 与部分 F^- 形成 HF 或 HF_2^-，会降低 F^- 的浓度。在碱性溶液中 LaF_3 薄膜与 OH^- 发生交换作用而使溶液中 F^- 浓度增加。因此溶液的酸度对测定有影响，氟电极适宜测定的 pH 范围为 $5\sim7$。另外测定氟含量时，温度、离子强度、共存离子也会影响测定的准确度。因此，需向标准溶液和待测试样中加入 TISAB。

【实验用品】

（1）仪器　PB-10 离子计，氟离子选择电极，甘汞电极，电磁搅拌器，容量瓶，移液管，洗耳球，小烧杯。

（2）试剂

① $100\,\mu g\cdot mL^{-1}$ 氟标准溶液。准确称取在 120℃ 干燥 2h 并冷却的分析纯 NaF 0.2210g，溶于去离子水中，转入 1000mL 容量瓶中稀释至刻度，储于聚乙烯瓶中。使用时可逐步稀释得到其他浓度氟标准溶液。

② TISAB（总离子强度调节缓冲溶液）。于 1000mL 烧杯中加入 500mL 去离子水和 57mL 冰醋酸，58g NaCl、12g 柠檬酸钠（$Na_3C_5H_5O_7\cdot2H_2O$），搅拌使之溶解，将烧杯放在冷水浴中，缓缓加入 $6\,mol\cdot L^{-1}$ NaOH 溶液，直至 pH 在 $5.0\sim5.5$ 之间（约 125mL，用 pH 计检查）。冷至室温，转入 1000mL 容量瓶中，用去离子水稀释至刻度。

③ 自来水样。

【实验内容】

（1）氟离子选择电极的准备　氟离子选择电极在使用前于 $10^{-3}\,mol\cdot L^{-1}$ 的 NaF 溶液中浸泡活化 $1\sim2h$，用蒸馏水清洗电极（其在蒸馏水中的电位值约 $-200mV$）。

（2）测定　预热仪器 20min，置离子计于 mV 挡，校正仪器，调仪器零点。氟电极接仪器负极接线柱，甘汞电极接仪器正极接线柱。将两电极插入蒸馏水中，开动搅拌器，使测得的电位（即电池电动势）小于 $-200mV$，若读数大于 $-200mV$，则更换蒸馏水，如此反复几次即可达到电极的空白值。若仍不能使电位小于 $-200mV$，可用金相砂纸轻轻擦拭氟电极，继续清洗至 $-220mV$。

（3）标准曲线的绘制　取 50mL 容量瓶 5 只编号，先取 $100\mu g\cdot mL^{-1}$ 氟标准溶液 5.00mL 加入容量瓶，再取 10.00mL TISAB 液加入容量瓶，并用去离子水稀释至刻度，其浓度为 $100\times10^{-1}\,\mu g\cdot mL^{-1}$。再取此液 5.00mL 加入另一只容量瓶，加入 9.00mL TISAB 液并稀释至刻度，此液浓度为 $100\times10^{-2}\,\mu g\cdot mL^{-1}$。依此逐步稀释获得 $100\times10^{-3}\,\mu g\cdot mL^{-1}$、$100\times10^{-4}\,\mu g\cdot mL^{-1}$、$100\times10^{-5}\,\mu g\cdot mL^{-1}$ 氟标准溶液系列。将标准系列溶液由低

浓度到高浓度依次转入塑料烧杯中，插入氟电极和参比电极，在电磁拌器上搅拌 4 min，停止搅拌半分钟，开始读取平衡电位，然后每隔 0.5min 读一次，直至 3min 内读数不变为止，记下读数。以测得的电位值为纵坐标，以 F^- 浓度为横坐标在半对数坐标纸上作 mV-$[F^-]$ 图，或在普通坐标纸上作 mV-pF 图，即得标准曲线。

（4）水样中 F^- 活度的测定　吸取含氟水样 5.00mL 于 50mL 容量瓶中，加入 0.1% 溴甲酚绿溶液 1 滴，加 2mol/L NaOH 使溶液由黄变蓝，再加 1mol·L^{-1} HNO$_3$ 溶液至由蓝恰好变黄色。加入 TISAB 10mL，用去离子水稀释至刻度，摇匀。在与标准曲线相同的条件下测定电位 V_x，重复 3 次。

（5）加标回收检验　步骤（4）的含氟水样中再加入 1.00mL 100 μg·mL^{-1}氟标准溶液，混匀后再次与标准曲线相同的条件下测定电位 V_s，重复 3 次。

（6）清洗电极　测定结束后，用蒸馏水清洗电极多次，收入电极盒保存。

【数据记录与处理】
① 在标准曲线的线性区间，计算其斜率 k，截距 b，相关系数 r。
② 分别以标准曲线法和标准加入法计算水样中 F^- 活度的平均值 x μg·mL^{-1}、标准偏差，并比较两种方法的结果。

【思考题】
（1）氟电极测定 F^- 的原理是什么？
（2）用氟电极测得的是 F^- 浓度还是活度？如果要测定 F^- 的浓度，应该怎么办？
（3）总离子强度调节缓冲溶液包含哪些组分？各组分的作用是什么？

7.13　循环伏安法判断电极过程

【实验目的】
（1）了解电化学工作站仪器的基本构造和使用方法。
（2）掌握伏安扫描测定法，理解并掌握循环伏安法判断电极行为的原理和方法。

【实验原理】
循环伏安法与单扫描极谱法相似。在电极上施加线性扫描电压，当到达某设定的终止电压后，再反向回扫至某设定的起始电压，若溶液中存在氧化型物质 Ox，电极上将发生还原反应：

$$Ox + ne^- \rightleftharpoons Red$$

反向回扫时，电极上生成的还原型物质 Red，电极上将发生氧化反应：

$$Red \rightleftharpoons Ox + ne^-$$

峰电流可表示为：

$$i_p = Kv^{\frac{1}{2}}c$$

其峰电流与被测物质浓度 c、扫描速度 v 等因素有关。K 为常数。

从循环伏安图可确定氧化峰峰电流 i_{pa} 值和还原峰峰电流 i_{pc} 值，氧化峰峰电位 φ_{pa} 值和还原峰峰电位 φ_{pc} 值。

对于可逆体系，氧化峰峰电流与还原峰峰电流比：

$$\frac{i_{pa}}{i_{pc}} \approx 1$$

氧化峰峰电位与还原峰峰电位差：

$$\Delta\varphi = \varphi_{pa} - \varphi_{pc} \approx \frac{0.058}{n}$$

式中，n 为电极反应得失的电子数。

条件电位 $\varphi^{\ominus\prime}$：

$$\varphi^{\ominus\prime} = \frac{\varphi_{pa} + \varphi_{pc}}{2}$$

根据阳极峰电位和阴极峰电位之差和氧化峰峰电流与还原峰峰电流之比，可判断电极在铁氰化钾溶液中的可逆性。

【实验用品】

（1）仪器　电化学分析仪（LK2005A，连接到计算机），金相砂纸，小烧杯。

以铂电极为辅电极，Ag｜AgCl 电极（或甘汞电极）为参比电极，玻碳电极为工作电极构成三电极系统。

（2）试剂

去离子水　　　　　　　　　　　　　　KNO_3 溶液（$0.5 mol \cdot L^{-1}$）

无水乙醇（A.R.）　　　　　　　　　　$K_3Fe(CN)_6$ 溶液（$1.00 mmol \cdot L^{-1}$）

【实验内容】

① 洗净电解池（小烧杯），加入 $0.5 mol \cdot L^{-1}$ KNO_3、$1.00 mmol \cdot L^{-1}$ $K_3Fe(CN)_6$ 溶液作为试液。

② 电极预处理：用金相砂纸从粗到细逐渐磨光电极表面，再用 Al_2O_3 粉将铂电极表面抛光。用丙酮或乙醇擦洗，用蒸馏水冲洗干净，用滤纸吸干电极面的水，将它接入电解池，接好各电极接线。

③ 点击电化学系统图标，打开操作界面。在测量技术中选择 CV（循环伏安法）方法，在测量参数中输入合适的参数，以扫描速度 60mV/s 扫描 $-0.20 \sim +0.80$V 的循环伏安图两圈，记录结果。

④ 不同扫描速率 v 下体系的循环伏安曲线及峰值记录。以不同扫描速率 10mV/s、40mV/s、60mV/s、80mV/s、100mV/s 和 200mV/s 进行扫描；分别记录从 $-0.20 \sim +0.80$V 扫描的循环伏安图。注意每次扫描之间，为使电极表面恢复初始条件，应将电极提起后再放入溶液中或用搅拌子搅拌溶液，等溶液静置 $1 \sim 2$min 再扫描。

⑤ 选择 LSV（线性扫描伏安法），改变扫描速度（从 $10 \sim 500$mV/s）进行扫描。

【数据记录与处理】

① 从 $K_3Fe(CN)_6$ 溶液的循环伏安图测定 i_{pa}、i_{pc} 和 φ_{pa}、φ_{pc} 值。

② 分别以 i_{pc} 和 i_{pa} 对 $v^{\frac{1}{2}}$ 和 v 作图，比较其相关性，说明峰电流与扫描速率间的关系。

③ 计算 $\dfrac{i_{pa}}{i_{pc}}$ 值、$\varphi^{\ominus\prime}$ 值和 $\Delta\varphi$ 值。

④ 从实验结果说明 $K_3Fe(CN)_6$ 在 KNO_3 溶液中进行的极谱电极过程的可逆性，氧化还原过程得失电子数目，电极过程主要控制因素（吸附控制？扩散控制？）。

【注意事项】

① 指示电极表面必须仔细清洗，否则严重影响循环伏安图图形。

② 每次扫描之前，为使电极表面恢复初始条件，应将电极提起后再放入溶液中或用搅拌子搅拌溶液，等溶液静置 $1\sim2min$ 再扫描。

【思考题】

（1）该电极反应的可逆性如何？

（2）LSV 数据能说明哪些问题？

7.14　溶出伏安法测定水中微量铅和镉

【实验目的】

（1）熟悉溶出伏安法的基本原理。

（2）掌握同位镀汞阳极溶出法的技术特点和汞膜电极的使用方法。

（3）了解一些新技术在溶出伏安法中的应用。

（4）了解废液中汞、铅的处理方法，加强环保意识。

【实验原理】

溶出伏安法的测定包含两个基本过程，即首先将工作电极控制在某一条件下，使被测物质在电极上富集，然后施加线性变化电压于工作电极上，使被富集的物质溶出，同时记录电流（或者电流的某个关系函数）与电极电位的关系曲线，根据溶出峰电流（或者电流函数）的大小来确定被测物质的含量。

溶出伏安法主要分为阳极溶出伏安法、阴极溶出伏安法和吸附溶出伏安法。如果以还原电位为富集电位，线形变化的氧化电位为溶出电位，则称此方法为常规阳极溶出伏安法。本实验采用溶出伏安法测定水中的 Pb^{2+}、Cd^{2+}，其两个过程可表示为：

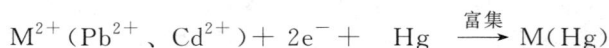

$$M^{2+}(Pb^{2+}、Cd^{2+})+ 2e^- +　Hg \xrightarrow{\text{富集}} M(Hg)$$

本法使用玻碳电极为工作电极，采用同位镀汞膜测定技术。这种方法是将分析溶液中加入一定量的汞盐［通常是 $10^{-5}\sim10^{-4}\,mol\cdot L^{-1}\,Hg(NO_3)_2$］，在被测物质所加电压下富集时，汞与被测定物质同时在玻碳电极的表面上析出形成汞膜（汞齐）。然后在反向电位扫描时，被测物质从汞中"溶出"，而产生"溶出"电流峰。所产生的溶出电流峰与被测物浓度成正比。

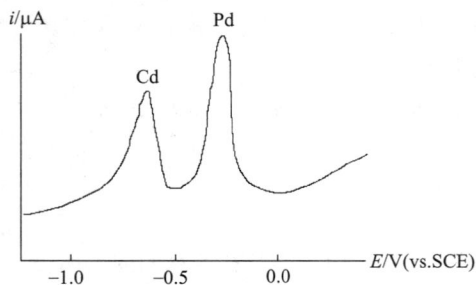

在酸性介质中，当电极电位控制为 $-1.0V$（vs. SCE）时，Pb^{2+}、Cd^{2+} 与 Hg^{2+} 同时富集在玻碳工作电极上形成汞齐膜。然后当阳极化扫描至 $-0.1V$ 时，可得到两个清晰的溶出电流峰。铅的波峰电位约为 $-0.4V$ 左右，而镉的为 $-0.6V$（vs. SCE）左右。如图 7-3 所示。

图 7-3　溶出电流峰

本法可分别测定低至 10^{-11} mol·L^{-1} 的 Pb^{2+}、Cd^{2+}。

【实验用品】

（1）仪器　LK2005A 电化学工作站，玻碳工作电极，甘汞参比电极及铂辅助电极组成测量电极系统，金相砂纸（6♯），移液管（25mL），量筒，吸量管，磁力搅拌器，秒表，容量瓶（50mL）。

（2）试剂

Pb^{2+} 标准储备溶液（0.01mol·L^{-1}）　　Cd^{2+} 标准储备溶液（0.01mol·L^{-1}）

硝酸汞溶液（0.005mol·L^{-1}）　　　　　盐酸（1mol·L^{-1}）

纯氮气（99.9%以上）

【实验内容】

（1）预处理工作电极　将玻碳电极在 6♯ 金相砂纸上小心轻轻打磨光亮，成镜面。用蒸馏水多次冲洗，最好是用超声波清洗器清洗 1～2min。用滤纸吸去附着在电极上的水珠。

（2）配制试液　取两份 25.0mL 水样置于 2 个 50mL 容量瓶中，分别加入 1mol·L^{-1} HCl 5mL，0.005mol·L^{-1} 硝酸汞溶液 1.0mL。在其中一个容量瓶中加入 1.0×10^{-5} mol·L^{-1} Pb^{2+} 标准溶液 1.0mL 和 1.0×10^{-5} mol·L^{-1} Cd^{2+} 标准溶液 1.0mL（Pb^{2+}、Cd^{2+} 标准溶液用标准储备溶液稀释配制）。均用蒸馏水稀释至刻度，摇匀。

（3）测定　将未添加 Pb^{2+}、Cd^{2+} 标准溶液的水样置电解池中，通 N_2 5min 后放入清洁的搅拌磁子，插入电极系统。将工作电极电位恒至于 -0.1V 处再通入 N_2 2min。启动搅拌器，调工作电极电位至 -1.0V，在连续通 N_2 和搅拌下，准确计时，富集 3min。停止通 N_2 和搅拌，静置 30s。以扫描速度为 150mV/s 反向从 -1.0～-0.1V 阳极化扫描，记录伏安图。

将电极在 -0.1V 电位停留，启动搅拌器 1min，解脱电极上的残留物。按上述重复测定一次。

按上述操作手续，测定加入 Pb^{2+}、Cd^{2+} 标准溶液的水样，同样进行两次测定。

测量完成后，置工作电极电位在 $+0.1$V 处，开动磁力搅拌器清洗电极 3min，以除掉电极上的汞。取下电极清洗干净。

【数据记录与处理】

① 列表记录所测定的实验结果。

② 取两次测定的平均峰高，按下述公式计算水样中 Pb^{2+}、Cd^{2+} 的浓度。

$$c_x = \frac{hc_s V_s}{(H-h)V}$$

式中，c_x 为待测样浓度，mol·L^{-1}；h 为测得水样的峰电流高度；H 为水样加入标准溶液后测得的总高度；c_s 为标准溶液的浓度，mol·L^{-1}；V_s 为加入标准溶液的体积，mL；V 为取水样的体积，mL。

【思考题】

（1）溶出伏安法有哪些特点？

（2）哪几步实验操作应该严格控制？

7.15 归一化法测定分析环己烷、甲苯、正己烷混合物

【实验目的】

(1) 了解气相色谱仪的结构及气路组成，熟悉热导池检测器的操作及使用。

(2) 初步了解气相色谱法常用的定性方法。

(3) 学习使用微量注射器取样和进样技术。

(4) 熟悉归一法定量分析方法的原理、操作及计算。

【实验原理】

色谱定性分析的任务是确定色谱图上各个色谱峰代表何种组分，根据各色谱峰的保留值进行定性分析。

非极性色谱柱利用沸点分离，极性柱利用极性分离的特点。

在一定的色谱操作条件下，每种物质都有一确定不变的保留值（如保留时间），故可以作为定性分析的依据。只要在相同色谱条件下，对已知纯样和待测试样进行色谱分析，分别测量各组分峰的保留值，若某组分峰的保留值与已知纯样相同，则可以认为两者为同一物质。这种色谱定性分析方法要求色谱条件稳定，保留值测定准确。

确定了各个色谱峰代表的组分后，即可对其进行定量分析。色谱定量分析的依据是混合物中各组分的质量含量与其相应的响应信号（峰高或峰面积）成正比，当样品中所有组分都能从色谱柱流出，而且每一流出组分在使用的检测器上都产生信号，利用归一法即可计算出各组分的含量。若已知各组分的相对质量校正因子（或相对摩尔校正因子），某组分的质量分数 w_i 可用下式计算：

$$w_i = \frac{A_i f_i'}{\sum A_i f_i'} \times 100\%$$

式中，A_i 为某一组分的峰面积；f_i' 为某一组分的相对质量校正因子。

【实验用品】

(1) 仪器　SE-30 填充柱（非极性），氢气发生器一台（载气），微量进样器（$5\mu L$ 或 $10\mu L$）。

(2) 试剂　标准样：甲苯、正己烷、环己烷；未知混合样（由教师配制）。

【实验内容】

色谱条件如下：柱温，$80℃$；检测器温度，$110℃$；汽化温度，$110℃$；桥流 $80mA$，检测器为 TCD。

载气如下：氢气流速 $40\sim60mL\cdot min^{-1}$。

(1) 开启仪器　开启氢气瓶，调减压阀、稳压阀等使氢气流速为 $40\sim60mL\cdot min^{-1}$。按上述色谱条件控制有关操作条件，直到仪器稳定，基线平直方可实验。

(2) 纯样保留时间的测定　分别用微量进样器吸取环己烷、甲苯、正己烷纯样 $1\mu L$，直接由进样口注入色谱仪，测定各样品的保留时间。

(3) 环己烷、甲苯、正己烷混合物的分析　用微量进样器吸取混合物样品 $2\mu L$ 注入色谱仪，连续记录各组分的保留时间、峰高和峰面积。

（4）实验完毕后的操作　首先关闭氢气、空气，主机电源，待分离柱温降至室温后再关闭载气，关闭计算机。

【数据记录与处理】

（1）实验结果　将数据记录于表 7-2。

表 7-2　环己烷、甲苯、正己烷混合物分析

项目		保留时间	峰高	峰宽度	峰面积	浓度
标准样品	正己烷					
	环己烷					
	甲苯					
未知样品	组分 1					
	组分 2					
	组分 3					
	组分 4					

（2）计算各组分的质量分数和相邻两峰的分离度　沸点参考值：甲苯为 $110.8℃$，环己烷为 $80.7℃$，正己烷为 $68.7℃$。

【注意事项】

用微量进样器取样时，芯子不能拉过最大刻度，更不允许拉出。进样时，手指不能离开拉杆的上端，以免使拉杆冲出。进样操作时手指不可接触到拉杆。

【思考题】

（1）本实验是如何定量的？归一化法可以适用在什么情形下？

（2）柱温一般是如何确定的？复杂样品的分离与柱温有关吗？

附　岛津 GC-14 气相色谱仪及气相色谱工作站操作方法

（1）打开钢瓶，高压调整为 130MPa，低压调整为 0.5MPa；调稳压表为 300kPa，N_1 稳流显示为 100kPa，说明有载气到毛细管柱。N_2 稳流显示为 100kPa 左右说明有载气到填充柱，MAKE UP 为吹扫压力（已调好仪表无显示）。

（2）打开主机电源，先自检 SYSTEM（系统）显示 OFF，再按为 ON。

（3）设置温度：

① 先设检测器温度 DET，按回车键结束。

② 再设 AUX_1 温度（毛细管柱），进样口 INJ 温度（填充柱），设好后按回车键结束。

③ 最后设柱箱温度 COL，先设为 50℃ 按回车键，温度设置好后按 SYSTEM 键开始升温。

④ 等到 DET、AUX_1、INJ 升到设置温度后，再设 COL 到预定温度。

（4）如使用 FID 检测器，则等温度升到设置温度后，打开氢气、空气开关，等到氢气流量显示为 0 时，调氢气压力为 50kPa，空气压力为 30～50kPa，然后点火。

如使用 TCD 检测器，则在系统加热前，按 DET♯，确保 1TCD 在 OFF 状态，然后按 Enter，保证电流（CURR）为 0，1TCD 为 OFF。待温度升到设置温度后，再设置桥流。按 DET♯，先变 1TCD 为 ON（按 ON 键），按回车键，调到电流设置（CURR），先设为

10mA，再设置到所需要的桥流。一般设置为 80 mA，不能超过 100mA。

（5）打开电脑，进入色谱在线工作站，设置"保存路径"和"实验参数"等信息后进入采样界面，用微量进样器吸取样品进样（同时按下采样按钮）即可开始采样分析。进样动作要迅速，快速拔出进样器后，立即按采集键。

（6）分析完毕后，点击"结束采样"即停止采样，保存图谱。

（7）进入"离线工作站"，进行"谱图积分""归一法计算"，即可得到各组分保留时间和相应物质含量。

（8）设置降温程序。

① 熄火，先关闭仪表 H_2，1、2 为零。

② 关 H_2 电源，关 AIR 压力表，关 AIR 电源。

③ 设 DET、AUX_1、INJ、COL 为 50℃，待 DET 温度降到 100℃以下，才能关载气。

（9）关闭色谱主机电源，电脑电源。

7.16　程序升温毛细管色谱法分析白酒中若干微量成分的含量

【实验目的】

（1）了解毛细管色谱法在复杂样品分析中的应用。

（2）了解程序升温色谱法的操作特点。

（3）进一步熟悉使用内标法进行定量的操作。

【实验原理】

程序升温是指色谱柱的温度，按照适宜的程序连续地随时间呈线性或非线性升高。在程序升温中，采用较低的初始温度，使低沸点组分得到良好分离，然后随着温度不断升高，沸点较高的组分就逐一"推出"。由于高沸点组分能较快地流出，因而峰形尖锐，与低沸点组分类似。显然在初始温度期间，高沸点组分几乎停留在柱入口，处于"初期冻结"状态。随着柱温升高，它的移动速度逐渐加快。当某组分的浓度极大值流出色谱柱时的柱温，称为该组分的保留温度 T_r，这是一个可用来定性的特征参数。在程序升温操作时，宜采用双柱双气路，也就是使用两支完全相同的色谱柱，两个检测器并保持色谱条件完全一致，这样可以补偿由于固定液流失和载气流量不稳定等因素引起的检测器噪声和基线漂移，保持基线平直。当使用单柱时，应先不进样运行，把空白色谱信号（即基线信号）储存起来，然后进样，记录样品信号与储存的空白色谱信号之差。这样虽然也能补偿基线漂移，但效果不如采用双柱双气路理想。

白酒中微量芳香成分十分复杂，可分为醇、醛、酮、酸等多类物质，共百余种。它们的极性和沸点变化范围很大，以致用传统的填充柱色谱法不可能做到一次同时分析它们。采用毛细管色谱技术并结合程序升温操作，利用 PEG-20M 交联石英毛细管柱，以内标法定量，就能直接进样分析白酒中的醇、酯、醛、有机酸等几十种物质。

【实验用品】

（1）仪器　GC-14C 型气相色谱仪，配毛细管色谱柱［30m × 0.32mm（i. d.），

$0.25\mu m$]，氢火焰离子化检测器，色谱数据处理系统，微量进样器，容量瓶（10mL）。

（2）试剂

乙醛	乙酸乙酯	甲醇
正丙醇	正丁醇	异戊醇
己酸乙酯	乙酸正戊酯和乙醇（以上均为色谱纯）	乙醇（$\varphi=60\%$）
白酒样		

【实验内容】

（1）按照 GC-14C 型气相色谱仪操作方法使仪器正常运行并调节至如下操作条件

① 柱温：60℃恒温 2min 后，以 5℃·min^{-1}升至 180℃。按下列步骤设置一阶柱温程序。

INIT VALUE → 6 → 0 → ENTER

INIT TIME → 2 → ENTER

RATE → 5 → · → 0 → ENTER

FINAL VALUE → 1 → 8 → 0 → ENTER

FINAL TIME → 2 → ENTER

② 检测器、进样器工作温度：250℃。

③ 氢气和空气流量分别为 30mL·min^{-1}和 400mL·min^{-1}；载气（N_2）线速为 20cm/s；分流比为 1：50；辅助气流量 20mL·min^{-1}。

（2）标准溶液的配制　在 10mL 容量瓶中，预先放入约 3/4 60% 乙醇水溶液，然后分别加入 4.0μL 乙醛、乙酸乙酯、甲醇、正丙醇、正丁醇、乙酸正戊酯、异戊醇、己酸乙酯和乙醇，用乙醇水溶液稀释至刻度，摇匀。

（3）样品制备　预先用被测白酒荡洗 10mL 容量瓶，移取 10μL 乙酸正戊酯至容量瓶中，再用白酒样稀释至刻度，摇匀。

（4）单柱补偿基线设置　待仪器状态稳定，基线平直后，按下列顺序输入命令：

COL COMP1 B ENTER

该命令的功能是：①启动程序升温；②进行空白色谱运行（不进样运行），并把此次运行所得的 B 检测器数据作为一条基线储存起来，作为下次进样运行的补偿基线。

待升温程序结束后，输入补偿基线命令：

SIG1 B − COL COMP1 ENTER

该命令的功能是设置 B 检测器的输出信号，为测试数据减速去补偿数据。

（5）注入　注入 1.0μL 标准溶液至色谱处理机记录各组分保留时间和峰面积。并重复两次。

（6）确定　用标准对照，确定所测质在色谱图上的位置。

（7）计算　按内标法操作步骤，用色谱数据处理系统计算各组分以乙酸正戊酯为标准的相对校正因子。

（8）注入 1.0μL 白酒样品　同（5）操作。分析结束后，按"STOP"键，色谱数据处理系统将按分析文件中设置好的色谱峰处理方法进行数据处理，并打印出计算结果。

【数据记录与处理】

计算样品中需分析的各组分含量的平均测定值和标准差，并以列表的形式总结实验结果。

【注意事项】

① 在一个温度程序拟行完成后，需等待色谱仪回到初始状态并稳定后，才能进行下一次进样。

② 如果所需测定的组分沸点范围变化大，应采用多内标法定量。

③ 该方法对乙酸乙酯和乙缩醛、乳酸乙酯和正己醇分离不理想，乳酸在该柱上分离不出来。

【思考题】

（1）简述程序升温法的优缺点。

（2）白酒分析为什么需采用多内标法定量？

7.17 反相 HPLC 分析茶叶主要成分

【实验目的】

（1）学习高效液相色谱仪的基本操作方法。

（2）了解高效液相色谱法在天然产物分析中的应用。

（3）了解指纹图谱的概念。

【实验原理】

高效液相色谱法是以液体作为流动相，借助于高压输液泵获得相对较高流速的液流以提高分离速度、并采用颗粒极细的高效固定相制成的色谱柱进行分离和分析的一种色谱方法。

在高效液相色谱中，若采用非极性固定相，如十八烷基键合相、极性流动相，即构成反相色谱分离系统。反之，则称为正相色谱分离系统。反相色谱系统所使用的流动相成本较低，应用也更为广泛。

中国是茶的故乡，制茶、饮茶已有几千年历史，名品荟萃，主要品种有绿茶、红茶、乌龙茶、花茶、白茶、黄茶。茶有健身、治疾之药物疗效，又富情趣，可陶冶情操。

茶叶的营养价值和药理作用是与它的化学成分分不开的。它的化学组成约有四百多种，其中对人体营养价值与药理作用关系比较密切的是多酚类、生物碱和维生素。

茶多酚类物质是茶叶主要的呈味物质，苦味。茶叶中其含量比较高，总量占干茶物质的 $18\% \sim 36\%$，是茶叶药用价值的最主要的物质基础。具有降血脂、抗肿瘤、抗脂质过氧化、抗菌和抗病毒、调节免疫功能等功效。茶多酚实际上是多种多酚类化合物的总称，其中最重要的是儿茶素类化合物，它占茶多酚总量的 $50\% \sim 70\%$。

茶叶指纹图谱是利用茶叶内含物质的信息、茶树遗传的密码，用图谱的方式来表述具有不同特性的茶叶，可包含种类、产区、树龄、特性、制成品的年份等。本实验用 HPLC 对茶叶的主要成分进行分离，这是建立茶叶指纹图谱的基础。

实验过程中有可能会带入一些杂质，因此实验结束后必须清洗柱子。

【实验用品】

（1）仪器 Agilent1100 高效液相色谱仪，微量进样器（50μL），台秤，滤膜

（0.45μm）。

（2）试剂　甲醇（色谱纯）　　　　乙腈（色谱纯）　　　　甲酸（分析纯）

【实验内容】

色谱条件为：色谱柱，XB-Phenyl 液相苯基色谱柱，5μm，4.6mm×150mm；柱温，室温；流动相，乙腈＋1%甲酸；检测器，DAD；检测波长，276nm；进样体积，20μL 定量环，实际注射每次可控制在 50μL。

梯度洗脱见表 7-3。

表 7-3　梯度洗脱

t/min	乙腈/%	1%甲酸/%
0	5	95
18	13	87
38	18	82
41	5	95

（1）待测溶液的配制　取两种不同的绿茶，分别标记为绿茶 1、绿茶 2。各取约 0.8000g，用 50mL 沸水冲泡，分别在 10min、30min 取上清液，过 0.45μm 滤膜，即得样品 1（绿茶 1 冲泡 10min）、样品 2（绿茶 1 冲泡 30min）、样品 3（绿茶 2 冲泡 10min）、样品 4（绿茶 2 冲泡 30min）。

（2）色谱测定

① 按操作规程开启电脑，开启脱气机、泵、检测器等的电源，启动 Agilent 1100 在线工作软件，设定操作条件。流量为 1.00mL·min^{-1}。

② 待仪器稳定后，开始进样。将进样阀柄置于"LOAD"位置，用微量注射器吸取混合物溶液 50μL，注入仪器进样口，顺时针方向扳动进样阀至"INJECT"位置，此时显示屏显示进样标志。

③ 记下各组分色谱峰的保留时间及峰面积。并将测试报告打印成 htm 式，以便直接贴到实验报告中。

④ 实验完毕，清洗系统及色谱柱。

【思考题】

（1）流动相在使用前为什么要用砂芯漏斗过滤？

（2）清洗柱子时，为什么要一步步清洗？

（3）应如何选择流动相和柱子？应如何控制样品的 pH？

（4）实验中遇到哪些实际问题？有何体会？

7.18　液相色谱法测定土壤中阿特拉津残留

【实验目的】

（1）熟悉和掌握高效液相色谱法的原理。

（2）掌握液相色谱法的进样方法。

（3）熟悉液相色谱法的操作规程和注意事项。

【实验原理】

本实验采用反相高效液相色谱法，甲醇＋水作为流动相，阿特拉津在色谱柱中经多次分配后，流出色谱柱，进入紫外检测器，检测器将浓度信号转变成电信号，在色谱流出曲线中表示为色谱峰面积，峰面积与载气中组分的浓度成正比。在一定的色谱条件下，可以用保留值进行定性，用峰面积进行定量。

【实验用品】

（1）仪器　电子天平，具塞锥形瓶，容量瓶（100mL），液相色谱仪（Agilent1100），紫外检测器，ZORBAX Reversed-Phase Columns（Agilent 高效液相配套反相色谱柱），保护柱，振荡器。

（2）试剂　阿特拉津标准品，甲醇（色谱纯），水等。

【实验内容】

色谱条件为：柱温，30℃恒温；检测波长 230nm；流动相，甲醇/水＝60/40；流速 $0.5mL\cdot min^{-1}$。

（1）标准溶液的配制　称取 0.0100g 阿特拉津标准品，用少量甲醇（色谱纯）溶解并定容至 100mL，配成浓度为 $100.0mg\cdot L^{-1}$ 的标准储备液，在 4℃下保存。

分别取上述储备液 0.25mL、0.50mL、1.00mL、2.00mL、5.00mL 于 100mL 容量瓶中，甲醇定容至刻度，配成质量浓度为 0.25 $\mu g\cdot mL^{-1}$、0.50 $\mu g\cdot mL^{-1}$、1.00 $\mu g\cdot mL^{-1}$、2.00 $\mu g\cdot mL^{-1}$、5.00$\mu g\cdot mL^{-1}$ 的标准溶液，待测。

（2）样品处理　称取土壤样品 10.0g，置于 250mL 具塞锥形瓶中，加甲醇 20mL。在 $200r\cdot min^{-1}$ 下振荡 2h。用 $0.45\mu m$ 微孔滤膜减压抽滤，滤液经净化，待测。

（3）测定　按照仪器操作规程开机，调试实验条件，待基线稳定后，每次分别吸取 $50\mu L$ 不同浓度的标准溶液或样品溶液进入进样环，然后拨动进样阀使样品进入色谱柱，并进行测定。

（4）数据处理　按操作规程建立定量表，计算样品浓度。

（5）结束　按照要求清洗色谱柱，关机。

【数据记录与处理】

计算样品中阿特拉津的浓度。

【思考题】

土壤样品中的阿特拉津色谱峰如何定性？

附　录

化学式	$M_B/(\text{g}\cdot\text{mol}^{-1})$	化学式	$M_B/(\text{g}\cdot\text{mol}^{-1})$
AgBr	187.77	CuSCN	121.62
AgCN	133.89	CuI	190.45
AgCl	143.32	$Cu(NO_3)_2$	187.55
Ag_2CrO_4	331.73	CuO	79.55
AgI	234.77	Cu_2O	143.09
$AgNO_3$	169.87	$CuSO_4$	159.61
AgSCN	165.95	$CuSO_4 \cdot 5H_2O$	249.69
$AlCl_3$	133.34	Cu_2O	143.09
Al_2O_3	101.96	$CuSO_4$	159.61
$Al(OH)_3$	78.00	$CuSO_4 \cdot 5H_2O$	249.69
$Al_2(SO_4)_3$	342.14	$FeCl_2$	126.75
As_2O_3	197.84	$FeCl_3$	162.21
As_2O_5	229.84	$FeCl_3 \cdot 6H_2O$	270.30
$BaCO_3$	197.34	$Fe\ NH_4(SO_4)_2 \cdot 12H_2O$	482.20
$BaCl_2$	208.23	$Fe\ (NH_4)_2(SO_4)_2 \cdot 6H_2O$	392.13
$BaCl_2 \cdot 2H_2O$	244.26	$Fe(NO_3)_3$	241.86
BaO	153.33	FeO	71.85
$Ba(OH)_2$	171.34	Fe_2O_3	159.69
$BaSO_4$	233.39	Fe_3O_4	231.54
$BiCl_3$	315.34	$Fe(OH)_3$	106.87
$Bi(NO_3)_3$	395.00	FeS	87.91
CO	28.01	FeS_2	119.98
CO_2	44.01	$FeSO_4$	151.91
$CO(NH_2)_2$	60.06	$FeSO_4 \cdot 7H_2O$	278.02
$CaCO_3$	100.09	H_3AsO_3	125.94
CaC_2O_4	128.10	H_3AsO_4	141.94
$CaCl_2$	110.98	H_3BO_3	61.83
$CaCl_2 \cdot 6H_2O$	219.08	HBr	80.91
CaO	56.08	HCN	27.02
$Ca(OH)_2$	74.09	HCOOH	46.02
$Ca_3(PO_4)_2$	310.18	CH_3COOH	60.05
$CaSO_4$	136.14	$HC_7H_5O_2$(苯甲酸)	122.12
$CoCl_2$	129.84	H_2CO_3	62.02
$CoCl_2 \cdot 6H_2O$	237.93	$H_2C_2O_4$	90.04
$Co(NO_3)_2$	182.94	$H_2C_2O_4 \cdot 2H_2O$	126.07
$Co(NO_3)_2 \cdot 6H_2O$	291.03	HCl	36.46
$CrCl_3$	158.35	HF	20.01
$CrCl_3 \cdot 6H_2O$	266.44	HI	127.91
Cr_2O_3	151.99	HNO_2	47.01

化学式	$M_B/(\text{g·mol}^{-1})$	化学式	$M_B/(\text{g·mol}^{-1})$
HNO_3	63.01	$Mg(OH)_2$	58.32
H_2O	18.01	$Mg_2P_2O_7$	222.55
H_2O_2	34.01	MnO	70.94
H_3PO_4	98.00	MnO_2	86.94
H_2S	34.08	MnS	87.00
H_2SO_3	82.08	$MnSO_4$	151.00
H_2SO_4	98.08	NH_3	17.03
P_2O_5	141.94	$NH_4C_2H_3O_2$（乙酸盐）	77.08
$HgCl_2$	271.50	$(NH_4)_2C_2O_4 \cdot H_2O$	142.11
Hg_2Cl_2	472.09	NH_4Cl	53.49
HgI_2	454.40	$(NH_4)_2CO_3$	96.09
$HgSO_4$	296.65	NH_4F	37.04
$Hg(NO_3)_2$	324.60	NH_4NO_3	80.04
HgO	216.59	NH_4SCN	76.12
$KAl(SO_4)_2 \cdot 12H_2O$	474.38	$(NH_4)_2SO_4$	132.14
KBr	119.00	NO	30.01
$KBrO_3$	167.00	NO_2	46.01
KCl	74.55	$Na_2B_4O_7 \cdot 10H_2O$	381.37
$KClO_3$	122.55	$NaC_2H_3O_2$（乙酸盐）	82.03
$KClO_4$	138.55	$NaCN$	49.01
KCN	65.12	Na_2CO_3	105.99
K_2CO_3	138.21	$Na_2C_2O_4$	134.00
$KHC_2O_4 \cdot H_2O$	146.14	$NaCl$	58.44
$KHC_2O_4 \cdot H_2C_2O_4 \cdot 2H_2O$	254.19	$NaHCO_3$	84.01
$KHC_4H_4O_6$（酒石酸盐）	188.18	NaH_2PO_4	119.98
$KHC_8H_4O_4$（苯二甲酸盐）	204.22	Na_2HPO_4	141.96
K_2SO_4	174.26	$Na_2H_2Y \cdot 2H_2O$（乙二胺四乙酸盐）	372.24
KI	166.00	$NaNO_3$	84.99
KIO_3	214.00	Na_2O	61.98
$KMnO_4$	158.03	$NaOH$	40.00
$KNaC_4H_4O_6 \cdot 4H_2O$	282.22	Na_3PO_4	163.94
KNO_3	101.10	Na_2SO_3	126.04
K_2O	94.20	Na_2SO_4	142.04
KOH	56.10	$Na_2S_2O_3$	158.11
$KSCN$	97.18	$Na_2S_2O_3 \cdot 5H_2O$	248.19
K_2CrO_4	194.19	P_2O_5	141.94
$K_2Cr_2O_7$	294.18	$Pb(C_2H_3O_2)_2$（乙酸盐）	325.30
$K_3[Fe(CN)_6]$	329.25	$PbCrO_4$	323.20
$K_4[Fe(CN)_6]$	368.36	$Pb(NO_3)_2$	331.20
$MgCO_3$	84.31	PbO	223.20
$MgCl_2$	95.21	PbO_2	239.20
$MgNH_4PO_4$	137.31	PbS	239.30
MgO	40.30	$ZnCO_3$	125.39
$PbSO_4$	303.30	$ZnCl_2$	136.29
SO_2	64.06	$Zn(NO_3)_2$	189.39
SO_3	80.06	$Zn(NO_3)_2 \cdot 6H_2O$	297.48
SiO_2	60.08	ZnO	81.39
$SnCl_2$	189.60	ZnS	97.46
$SnCl_2 \cdot 2H_2O$	225.63	$ZnSO_4$	161.54
$SnCl_4$	260.50	$ZnSO_4 \cdot 7H_2O$	287.55
$SnCl_4 \cdot 5H_2O$	350.58		

附录 Ⅱ 常用酸碱在水中的解离常数（25℃）

弱电解质	解离常数 $K^{\ominus}$	$pK^{\ominus}$	弱电解质	解离常数 $K^{\ominus}$	$pK^{\ominus}$
H_3AsO_4	$K_1^{\ominus}=6.03\times10^{-3}$	2.22	HNO_2	$K^{\ominus}=4.60\times10^{-4}$	3.33
	$K_2^{\ominus}=1.70\times10^{-7}$	6.77	H_3PO_4	$K_1^{\ominus}=7.52\times10^{-3}$	2.12
	$K_3^{\ominus}=3.95\times10^{-12}$	11.40		$K_2^{\ominus}=6.23\times10^{-8}$	7.20
H_3BO_3	$K^{\ominus}=7.30\times10^{-10}$	9.14		$K_3^{\ominus}=2.20\times10^{-13}$	12.66
H_2CO_3	$K_1^{\ominus}=4.20\times10^{-7}$	6.37	H_2SiO_3	$K_1^{\ominus}=1.70\times10^{-10}$	9.77
	$K_2^{\ominus}=5.61\times10^{-11}$	10.25		$K_2^{\ominus}=1.58\times10^{-12}$	11.80
$H_2C_2O_4$	$K_1^{\ominus}=5.90\times10^{-2}$	1.23	H_2SO_3	$K_1^{\ominus}=1.54\times10^{-2}$	1.81
	$K_2^{\ominus}=6.40\times10^{-5}$	4.19		$K_2^{\ominus}=1.02\times10^{-7}$	6.99
H_2CrO_4	$K_1^{\ominus}=1.80\times10^{-1}$	0.74	$HCOOH$	$K^{\ominus}=1.77\times10^{-4}$	3.75
	$K_2^{\ominus}=3.16\times10^{-7}$	6.49	CH_3COOH	$K^{\ominus}=1.75\times10^{-5}$	4.75
HCN	$K^{\ominus}=4.93\times10^{-10}$	9.31	$C_6H_4(COOH)_2$	$K_1^{\ominus}=1.12\times10^{-3}$	2.95
HF	$K^{\ominus}=3.53\times10^{-4}$	3.45		$K_2^{\ominus}=3.91\times10^{-6}$	5.41
H_2S	$K_1^{\ominus}=1.07\times10^{-7}$	6.97	C_6H_5OH	$K^{\ominus}=1.1\times10^{-10}$	9.95
	$K_2^{\ominus}=1.26\times10^{-13}$	12.90	$NH_3\cdot H_2O$	$K^{\ominus}=1.76\times10^{-5}$	4.75
$HClO$	$K^{\ominus}=2.98\times10^{-8}$	7.53	$(CH_2)_6N_4$	$K^{\ominus}=1.4\times10^{-9}$	8.85

附录 Ⅲ 常用酸碱溶液的密度和浓度

试剂名称	化学式	密度(20℃)/(g·mL^{-1})	质量分数/%	浓度/(mol·L^{-1})
浓盐酸	HCl	1.19	37	12
稀盐酸		1.10	20	6
浓硝酸	HNO_3	1.42	72	16
稀硝酸		1.20	32	6
浓硫酸	H_2SO_4	1.84	98	18
稀硫酸		1.18	25	3
冰醋酸	CH_3COOH	1.05	99	17
稀醋酸		1.04	34	6
高氯酸	$HClO_4$	1.75	72	12
磷酸	H_3PO_4	1.71	85	15
氢氟酸	HF	1.14	40	23
浓氨水	$NH_3\cdot H_2O$	0.90	28	15
稀氨水		0.96	10	6
稀氢氧化钠	$NaOH$	1.22	20	6

附录 Ⅳ 常用试剂的基本性质
（Ⅰ）常用指示剂
常用酸碱指示剂

指示剂	变色范围 pH	颜色 酸色	碱色	$pK^{\ominus}$(HIn)	配制方法
百里酚蓝（第一次变色）	1.2~2.8	红色	黄色	1.6	0.1%的20%酒精溶液
甲基黄	2.9~4.0	红色	黄色	3.3	0.1%的90%酒精溶液
甲基橙	3.1~4.4	红色	黄色	3.4	0.05%的水溶液
溴酚蓝	3.1~4.6	黄色	紫色	4.1	0.1%的20%酒精溶液或其钠盐的水溶液
溴甲酚绿	4.0~5.6	黄色	蓝色	4.9	0.1%的20%酒精溶液或其钠盐的水溶液
甲基红	4.4~6.2	红色	黄色	5.2	0.1%的60%酒精溶液或其钠盐的水溶液
溴百里酚蓝	6.0~7.6	黄色	蓝色	7.3	0.1%的20%酒精溶液或其钠盐的水溶液
中性红	6.8~8.0	红色	亮黄色	7.4	0.1%的60%酒精溶液
酚红	6.7~8.4	黄色	红色	8.0	0.1%的60%酒精溶液或其钠盐的水溶液
酚酞	8.0~9.6	无色	红色	9.1	0.5%的90%酒精溶液
百里酚蓝	8.0~9.6	黄色	蓝色	8.9	0.1%的20%酒精溶液
百里酚酞	9.4~10.6	无色	蓝色	10.0	0.1%的90%酒精溶液

常用金属指示剂

名称	适用范围 pH	颜色		配制方法
		游离态	化合物	
铬黑 T	8～10	蓝色	酒红色	与 NaCl 按 1∶100 研磨
钙指示剂	12～13	蓝色	酒红色	与 NaCl 按 1∶100 研磨
二甲酚橙	<6	亮黄色	红色	0.2％水溶液
磺基水杨酸	1.5～3	无色	紫红色	1％水溶液
PAN 指示剂	2～12	黄色	红色	1％乙醇溶液
酸性铬蓝 K	8～13	蓝色	红色	与 NaCl 按 1∶100 研磨

常用氧化还原指示剂

名称	$\varphi_{In}^{\ominus}/V$ $c(H^+)=1mol \cdot L^{-1}$	颜色		配制方法
		氧化态	还原物	
二苯胺	0.76	紫色	无色	1％的浓硫酸溶液
二苯胺磺酸钠	0.85	紫红色	无色	0.5％水溶液
N-邻苯氨基苯甲酸	1.08	紫红色	无色	0.1g 指示剂加 20mL 5％的 Na_2CO_3 溶液,用水稀释至 100mL
邻二氮菲-铁(Ⅱ)	1.06	浅蓝色	红色	1.485g 邻二氮菲加 0.695g $FeSO_4 \cdot 7H_2O$,溶于 100mL 水中
5-硝基邻二氮菲-铁(Ⅱ)	1.25	浅蓝色	紫红色	1.608g 5-硝基邻二氮菲加 0.695g $FeSO_4 \cdot 7H_2O$,溶于 100mL 水中

(Ⅱ) 常用缓冲溶液

缓冲溶液组成	$pK_a^{\ominus}$	缓冲溶液 pH	缓冲溶液配制方法
氨基乙酸-HCl	2.35($pK_{a_1}^{\ominus}$)	2.3	取 150g 氨基乙酸溶于 500mL 水中,加 80mL 浓 HCl,加水稀释至 1L
H_3PO_4-柠檬酸盐		2.5	取 113g $Na_2HPO_4 \cdot 12H_2O$ 溶于 200mL 水中,加柠檬酸 387g,溶解过滤后稀释至 1L
一氯乙酸-NaOH	2.86	2.8	取 200g 一氯乙酸溶于 200mL 水中,加 40g NaOH,溶解后稀释至 1L
邻苯二甲酸氢钾-HCl	2.95($pK_{a_1}^{\ominus}$)	2.9	取 500g 邻苯二甲酸氢钾溶于 500mL 水中,80mL 加浓 HCl,稀释至 1L
甲酸-NaOH	3.76	3.7	取 95g 甲酸和 40g NaOH 于 500mL 水中,溶解后稀释至 1L
NaAc-HAc	4.74	4.7	取 83g 无水 NaAc 溶于水中,加 60mL 冰 HAc,稀释至 1L
六亚甲基四胺-HCl	5.15	5.4	取 40g 六亚甲基四胺溶于 200mL 水中,加 10mL 浓 HCl,稀释至 1L
Tris-HCl [三羟甲基氨甲烷 $CNH_2(HOCH_3)_3$]	8.21	8.2	取 25g Tris 试剂溶于水中,加 8mL 浓 HCl,稀释至 1L
NH_3-NH_4Cl	9.26	9.2	取 54g NH_4Cl 溶于水中,加 63mL 浓氨水,稀释至 1L

（Ⅲ）常用基准物质

应用范围	基准物质	干燥处理及保存	标定对象
酸碱滴定	碳酸钠 （Na_2CO_3）	铂坩埚中 $500\sim650℃$ 保持 $40\sim50min$ 后，于硫酸干燥器中冷却	酸
	邻苯二甲酸氢钾 （$KHC_8H_4O_4$）	$110\sim120℃$ 下干燥至恒重，于干燥器中冷却	碱
	硼砂 （$Na_2B_4O_7\cdot10H_2O$）	室温下（低于 $35℃$）在装有 NaCl 和蔗糖饱和溶液的干燥器（湿度 70%）中干燥	酸
	二水合草酸 （$H_2C_2O_4\cdot2H_2O$）	室温空气干燥	碱 $KMnO_4$
	氨基磺酸 （$HOSO_2NH_2$）	于真空硫酸干燥器中保持 48h	碱
氧化还原滴定	重铬酸钾（$K_2Cr_2O_7$）	粉碎后于 $100\sim110℃$ 保持 $3\sim4h$ 后，硫酸干燥器中冷却	还原剂
	草酸钠（$Na_2C_2O_4$）	$150\sim200℃$ 保持 $2h$ 后，于硫酸干燥器中冷却	氧化剂
	碘酸钾（KIO_3）	$120\sim140℃$ 保持 $1.5\sim2h$ 后，于硫酸干燥器中冷却	还原剂
	金属铜 （Cu）	依次用乙酸（2∶98）、水和 95% 乙醇洗净，立即放入 $CaCl_2$ 或硫酸干燥器中，放置 24h 以上。	还原剂
	三氧化二砷 （As_2O_3）	于硫酸干燥器中干燥至恒重，或常温下于真空硫酸干燥器中保持 24h	氧化剂
配位滴定	碳酸钙（$CaCO_3$）	$110℃$	EDTA
	金属锌（Zn）	依次用盐酸（1∶3）、水和丙酮洗净，立即放入 $CaCl_2$ 或硫酸干燥器中放置 24h 以上	EDTA
沉淀滴定	氯化钠（NaCl）	铂坩埚中 $500\sim650℃$ 保持 $40\sim50min$ 后，于硫酸干燥器中冷却	$AgNO_3$

附录 Ⅴ 不同温度下水的饱和蒸气压

温度/℃	压力/kPa	温度/℃	压力/kPa	温度/℃	压力/kPa	温度/℃	压力/kPa
0	0.61129	26	3.3629	52	13.623	78	43.665
1	0.65716	27	3.5670	53	14.303	79	45.487
2	0.70605	28	3.7818	54	15.012	80	47.373
3	0.75813	29	4.0078	55	15.752	81	49.324
4	0.81359	30	4.2455	56	16.522	82	51.342
5	0.87260	31	4.4953	57	17.324	83	53.428
6	0.93537	32	4.7578	58	18.159	84	55.585
7	1.0021	33	5.0335	59	19.028	85	57.815
8	1.0730	34	5.3229	60	19.932	86	60.119
9	1.1482	35	5.6267	61	20.873	87	62.499
10	1.2281	36	5.9453	62	21.851	88	64.958
11	1.3129	37	6.2795	63	22.868	89	67.496
12	1.4027	38	6.6298	64	23.925	90	70.117
13	1.4979	39	6.9969	65	25.022	91	72.823
14	1.5988	40	7.3814	66	26.163	92	75.614
15	1.7056	41	7.7840	67	27.347	93	78.494
16	1.8185	42	8.2054	68	28.576	94	81.465
17	1.9380	43	8.6463	69	29.852	95	84.529
18	2.0644	44	9.1075	70	31.176	96	87.688
19	2.1978	45	9.5898	71	32.549	97	90.945
20	2.3388	46	10.094	72	33.972	98	94.301
21	2.4877	47	10.620	73	35.448	99	97.759
22	2.6447	48	11.171	74	36.978	100	101.32
23	2.8104	49	11.745	75	38.565		
24	2.9850	50	12.344	76	40.205		
25	3.1690	51	12.970	77	41.905		

参 考 文 献

［1］ 蔡维平．基础化学实验（一）［M］．北京：科学出版社，2004.
［2］ 段玉峰．综合训练与设计［M］．北京：科学出版社，2001.
［3］ 杨世珧．近代化学实验［M］．2 版．北京：石油工业出版社，2010.
［4］ 刘瑾．基础化学实验［M］．2 版．合肥：安徽科学技术出版社，2008.
［5］ 郭伟强．大学化学基础实验［M］．2 版．北京：科学出版社，2005.
［6］ 龚福忠．大学化学基础实验［M］．武汉：华中科技大学出版社，2008.
［7］ 北京师范大学无机化学教研室等．无机化学实验［M］．3 版．北京：高等教育出版社，2001.
［8］ 张金艳，滕占才．大学化学基础实验［M］．北京：中国农业大学出版社，2006.
［9］ 武汉大学．分析化学实验（上册）［M］．6 版．北京：高等教育出版社，2021.
［10］ 南京大学《无机及分析化学实验》编写组．无机及分析化学实验［M］．5 版．北京：高等教育出版社，2015.
［11］ 叶芬霞．无机及分析化学实验［M］．4 版．北京：高等教育出版社，2024.